沉香品质研究

李改云 等著

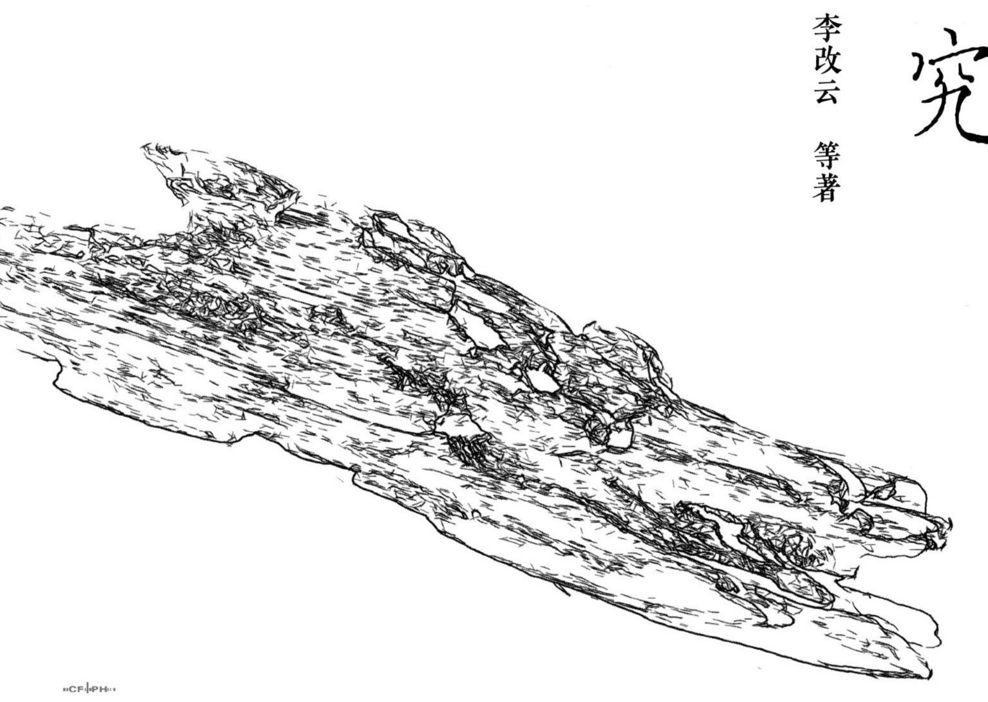

CFPH
中国林業出版社

审图号：GS（2025）0298号

图书在版编目（CIP）数据

沉香品质研究 / 李改云等著. -- 北京 : 中国林业出版社, 2025. 1. -- ISBN 978-7-5219-3104-4（2025.4 重印）

Ⅰ. R282.71

中国国家版本馆CIP数据核字第2025FG4046号

策划编辑：孙　瑶
责任编辑：孙　瑶
装帧设计：刘临川

出版发行：中国林业出版社
（100009，北京市西城区刘海胡同7号，电话010-83143629）
电子邮箱：cfphzbs@163.com
网址：https://www.cfph.net
印刷：河北鑫汇壹印刷有限公司
版次：2025年1月第1版
印次：2025年4月第2次印刷
开本：787mm×1092mm　1/16
印张：14.5
字数：204千字
定价：68.00元

前言

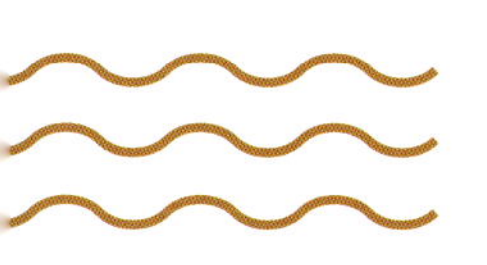

沉香自古以来就是药香两用物质，是中国、日本、印度及东南亚国家的传统珍贵药材，同时又是一种名贵香料，位列“沉檀龙麝”四大名香之首。有文字记载以来，沉香一直是价格昂贵的稀缺资源，尤其是高品质沉香——奇楠。但野生沉香需要经过数十年甚至上百年才逐渐形成沉香，并且结香率低，“有香者百无一二”，产量极低，供需严重失衡。近年来，沉香种植业和现代结香技术快速发展，沉香的供应量大幅提高。重要的是，因白木香易结香新品种的发现，以及人工嫁接试验成功，濒临灭绝的奇楠沉香迎来了大发展的新局面。明确评价沉香品质特性的科学知识，揭示人工与野生、不同产地、来源于不同基原植物的沉香品质差异，已成为当前沉香产业和市场消费者关注的重点和热点。

沉香的内在品质与其含有的香气和药效活性成分密切相关。这些成分是沉香基原植物受到自然或人为外界刺激后，产生防御反应分泌出的应激次生代谢产物。因此，沉香的药香物质基础——化学成分受树种，温度、光照、土壤等生态环境，树龄、结香时间、结香方法等因素的影响。沉香成分复杂，从国内外沉香中已分离鉴定出600多个化合物。采用多种研究手段，多角度揭示沉香的内在品质，建立沉香品质特性的科学评价体系，是推动沉香产业健康可持续发展的重要保障。

2013年始，在林业行业标准《沉香》《沉香质量分级》和《沉香栽培和人工结香取香技术规程》的制定过程中，以及在中央级公益性

科研院所基本科研业务费专项资金项目“沉香真伪的化学指纹图谱分析”（编号：CAFINT2015C05）、“沉香品质评价和分级技术研究”（编号：CAFYBB2018SY033）、“白木香易结香品种定向选育和应用研究”（编号：CAFYBB2021QD003），中国林业科学研究院林业新技术研究所专项资金“沉香产业现状与质量评价技术研究”（编号：XJS202003）的资助下，著者团队收集了国内外大量的人工和野生沉香样品，并对其品质特性开展了系统深入的研究，建立了沉香化学指纹图谱库，揭示了不同来源沉香化学组成的变异规律，明确了对沉香气味形成有重要影响的香气活性成分，对比研究了不同沉香的功能活性，为沉香真伪鉴定、沉香质量分级等品质评价奠定了科学基础。

本书是著者团队10余年研究工作的归纳、总结。聚焦沉香的品质特性，从沉香的感官特征、化学和构造特征、香气属性及生物活性等方面进行系统论述，并对沉香真伪识别、质量分级、燃香和珠串等相关标准制定依据进行解析，旨在为沉香的生产、消费、贸易和高效加工利用提供理论支撑。

全书共5章：第一章沉香药香物质基础，由马生、陈媛、晏婷婷和李改云撰写；第二章不同产区野生沉香特性和比较，由晏婷婷、祝正东、王茜和李改云撰写；第三章现代结香技术与评价，由晏婷婷、尚丽丽和李改云撰写；第四章野生奇楠和栽培奇楠，由陈媛、晏婷婷、祝正东、胡泽坤和李改云撰写；第五章沉香相关标准和解析，由陈媛和李改云撰写。值得说明的是，为了更好地描述沉香的感官特征，相关内容由沉香界经验丰富的资深人士祝正东撰写。全书由李改云审核和统稿。

特别感谢殷亚方、付跃进、张淑娟、周飞、戴好富、张晓武、李军、李凤荣、官茂有、苏六河、尹丰田、魏希望等在沉香起步研究阶段给予的样品提供和技术合作等支持。还有许多长期以来给予支持和关心的人，在此一并表示感谢。

由于作者水平有限，书中疏漏和不妥之处在所难免，敬请读者批评指正！

著　者

2024年10月

目录

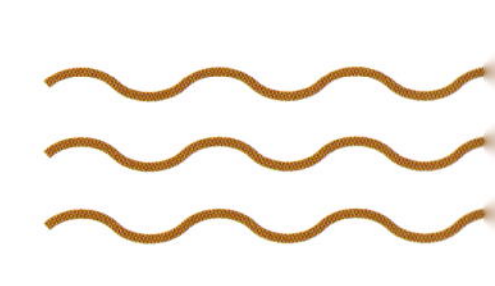

沉
香
CHEN
XIANG

第一章

沉香药香物质基础

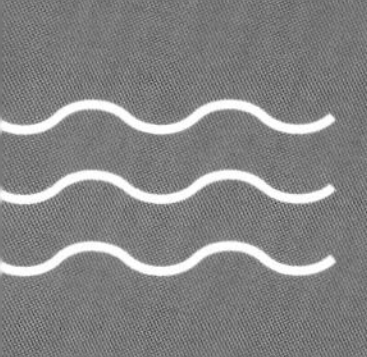

沉香，这个古老而神秘的香料，散发的香气清雅持久，位列『沉檀龙麝』四大名香之首，有着『香中之王』的美誉，在佛教、道教等传统香文化中占据着重要地位，是中国香文化的重要载体。沉香也是一味名贵的中药材，药用历史悠久、应用范围广泛。沉香以其美妙的香气、丰富的文化内涵、药理价值和在宗教仪式中的重要地位，成为人们收藏的宝贝，香文化中的瑰宝、中药材中的珍品。

早些年，野生沉香树遭遇过度采伐，导致野生沉香产量不断下降。而近年来，人工种植沉香树的规模不断攀升，现代结香技术日趋成熟，有效地提高了沉香产量。随着人们对沉香药香物质基础，即所含化学成分的认识不断深入，对其综合开发利用也日益重视。

本章节将围绕沉香资源、沉香的化学成分、沉香的药理活性以及沉香的香气活性等多个方面展开探讨，以期为沉香的研究、开发和利用提供全面和深入的视角和思路。

第一节　沉香概述

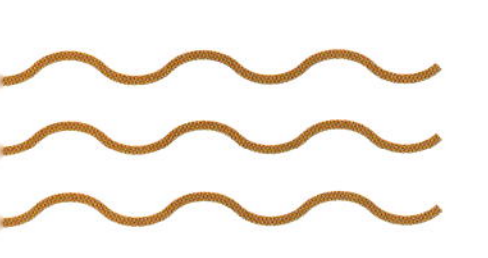

沉香是瑞香科（Thymelaeaceae）沉香属（*Aquilaria*）或拟沉香属（*Gyrinops*）植物在生长过程中受到自然或人为外界刺激后，产生防御反应，分泌应激次生代谢产物，逐渐形成的由木质部组织及其分泌物共同组成的天然混合物质。沉香有品质优劣之分，而在古时，沉香是一个狭义的称谓，仅指密度大，能沉于水的优质沉香。

目前，被世界植物在线（Plants of the World Online）收录的沉香属植物有21种，拟沉香属植物有9种（表1-1），至少有15种沉香属植物和8种拟沉香属植物可产生沉香。沉香属和拟沉香属尽管在形态特征上有所区别，但分泌物的特征化学成分类别一致，这两属植物是国际上普遍认可的能产生沉香的物种。

野生沉香资源主要分布在亚洲地区，包括印度尼西亚、马来西亚、越南、柬埔寨、老挝、泰国、缅甸、印度、菲律宾、文莱、不丹及我国等，但分布密度低，数量稀少。其中东南亚地区的沉香属种类最多，包括柯拉斯那沉香（*Aquilaria crassna*）、突尖沉香（*Aquilaria apiculata*）、马来沉香［*Aquilaria malaccensis*（同物异名：*Aquilaria agallocha*）］等15种。原产我国的有白木香（*Aquilaria sinensis*）（又名土沉香）和云南沉香（*Aquilaria yunnanensis*），主要分布在广东、海南、广西、云南和香港等地。白木香为我国主要的沉香

表 1-1 沉香属和拟沉香属植物

属名	编号	学名	中文名	分布
沉香属 *Aquilaria*	1	*A. apiculate*	突尖沉香	菲律宾
	2	*A. baillonii*	巴永沉香*	柬埔寨、越南
	3	*A. banaensis*	巴那沉香*	越南
	4	*A. beccariana*	贝卡利沉香*	马来西亚、文莱、印度尼西亚、加里曼丹岛
	5	*A. brachyantha*	短药沉香	菲律宾
	6	*A. citrinicarpa*	柠檬果沉香	菲律宾
	7	*A. crassna*	柯拉斯那沉香*（厚叶沉香）	柬埔寨、老挝、泰国、越南
	8	*A. cumingiana*	卡明沉香*	菲律宾、印度尼西亚、马咕噜群岛
	9	*A. decemcostata*	十肋沉香	菲律宾
	10	*A. filaria* (Oken)	丝沉香*	菲律宾、马咕噜群岛、巴布亚新几内亚
	11	*A. hirta*	毛沉香*	新加坡、马来西亚、泰国、印度尼西亚
	12	*A. khasiana*	喀西沉香*	印度
	13	*A. malaccensis* (*A. agallocha*)	马来沉香*	加里曼丹岛、印度、缅甸、印尼、马来西亚、文莱、菲律宾、新加坡、泰国、不丹
	14	*A. microcarpa*	小果沉香*	加里曼丹岛、印尼、马来西亚、文莱、新加坡
	15	*A. parvifolia*	小叶沉香	菲律宾
	16	*A. rostrata*	具喙沉香*	马来西亚
	17	*A. rugosa*	皱纹沉香*	越南
	18	*A. sinensis*	白木香*（土沉香）	中国
	19	*A. subintegra*	近全缘沉香*	泰国
	20	*A. urdanetensis*	乌坦尼塔沉香	菲律宾
	21	*A. yunnanensis*	云南沉香*	中国
拟沉香属 *Gyrinops*	1	*G. caudata*	尾叶拟沉香*	巴布亚新几内亚
	2	*G. decipiens*	易混淆拟沉香*	苏拉威西岛
	3	*G. ledermannii*	莱德曼拟沉香*	巴布亚新几内亚
	4	*G. moluccana*	摩鹿加拟沉香*	马咕噜群岛
	5	*G. podocarpa*	柄果拟沉香*	巴布亚新几内亚
	6	*G. salicifolia*	柳叶拟沉香*	巴布亚新几内亚
	7	*G. versteegii*	维斯特格拟沉香*	小巽他群岛、巴布亚新几内亚、苏拉威西岛
	8	*G. vidalii* P. H. Hô	维达尔拟沉香	老挝、泰国
	9	*G. walla* Gaertn.	瓦拉拟沉香*	印度、斯里兰卡

* 可产生沉香的物种。

树种，也是《中华人民共和国药典》(2020版，以下简称《中国药典》）规定的我国药用沉香的唯一基原植物。云南沉香主要分布于云南，数量较少。目前，国际上交易的沉香主要来源于沉香属的白木香、柯拉斯那沉香、马来沉香和丝沉香。

沉香的产地多达十几个国家，每个产地的树种、地理气候环境、生长条件等因素，造成所产沉香的品质各异，香气各具特色。按照产地和贸易集散地，市场上通常将沉香划分为惠安系、星洲系和国香系（图1-1)。惠安系以越南惠安为集散地，范围包括越南、柬埔寨、老挝、泰国、缅甸等，主要基原植物为柯拉斯那沉香。星洲系以新加坡为集散地，范围包括印度尼西亚、马来西亚、文莱、巴布亚新几内亚等，主要基原植物为马来沉香和小果沉香。国香系即我国所产的沉香，也常被称为莞香系，主要基原植物为白木香（图1-2)。

沉香资源虽然分布广泛，但受经济利益的驱使，人们长期进行掠夺式开采，野生沉香资源遭到了严重破坏，2005年沉香基原植物均已被列入《濒危

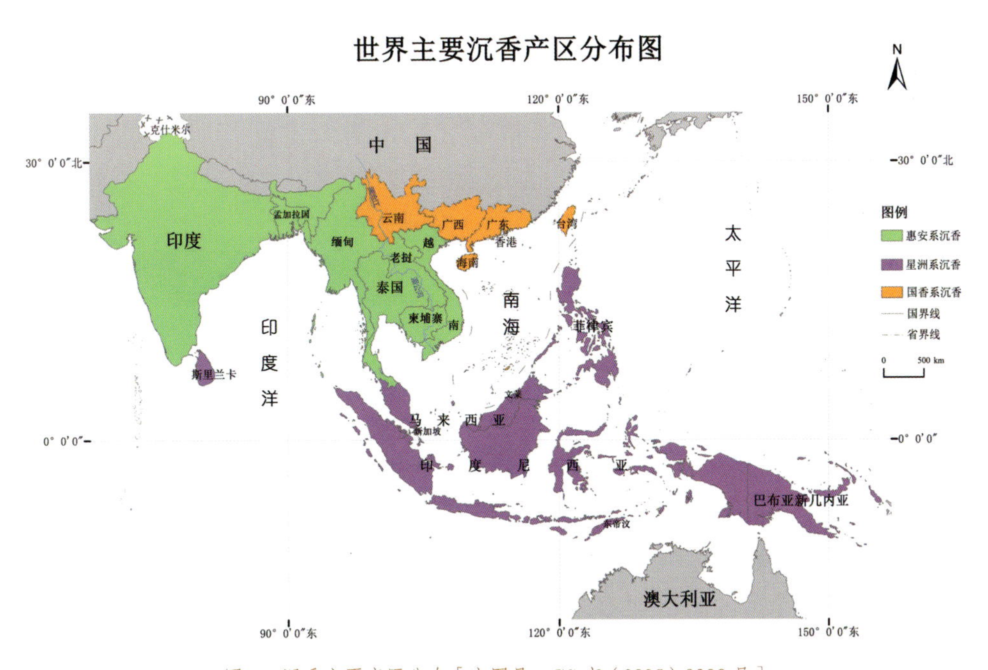

图1-1 沉香主要产区分布［审图号：GS京（2025）0298号］

图 1-2　人工种植白木香及所产沉香

野生动植物种国际贸易公约》附录Ⅱ，国际贸易受到严格控制。同时我国将白木香列为《国家重点保护野生植物名录（第一批）》（1999 年）的二级保护植物。东南亚各国对野生沉香资源的保护采取了不同的措施，如印度尼西亚和马来西亚实行出口限额管理，印度禁止野生沉香的采集，并且仅允许沉香精油出口。近几十年来，随着经济的发展和社会需求的增加，野生沉香供不应求，价格不断上涨，人工种植沉香树已成为保护野生资源和满足市场需求的重要手段。

市场的强烈需求促使沉香种植业和现代结香技术得到大力发展。越南、马来西亚、印度尼西亚、泰国、印度、柬埔寨及老挝等传统沉香生产国家均已进行沉香树的规模化种植。我国广东、广西、海南和云南等地是沉香树的种植大省，其中尤以广东省种植面积最大。近年来，福建、四川、重庆、江西以及贵州等地也开展了少量种植。与此同时，为加快沉香树的结香速率和提高沉香产量，促使沉香树发生防御反应形成沉香的现代结香技术蓬勃发展，如打火洞法、输液法，形成的沉香常称为“人工沉香”，这在一定程度上满足了市场的需求。

在所有沉香种类中，奇楠沉香有着独特的地位，且颇具话题性。奇楠一词来自梵文，写法和叫法众多，如“奇楠”“棋楠”“伽南”“伽蓝”“伽楠”“伽椭”等。野生奇楠油脂多，质地软，嚼之黏牙，室温即可散发持久的幽香，味微苦麻辣。野生奇楠量少质优，被认为是沉香中的珍品。根据颜色，市场上常将奇楠沉香分为白奇楠、绿奇楠（图 1-3）、紫奇楠（图 1-4）、黄奇楠和黑奇楠。这些称谓与其自身特征药香功能之间的相关性目前尚无科学依据。寻找奇楠沉香的人工栽培方法，一直是业界追求的目标。

2000 年前后，广东电白香农在惠东、深圳、海丰、陆河等地发现易结香白木香新品种（母树）。这种白木香新品种结香容易，速度快，产量高，并且缩短了生产年限。但采用母树的种子进行种苗繁育，后代并没有继承母树的易结香特点，也无法形成奇楠沉香。只有通过嫁接、扦插等无性繁殖方式接繁育的“奇楠苗”，方能保持母树的优良性状，形成的奇楠沉香常称为“栽培奇楠”（图 1-5）。

图 1-3
野生绿奇楠沉香

图 1-4
野生紫奇楠沉香

图 1-5　栽培奇楠沉香树及所产沉香

2016—2017 年，奇楠苗在我国南部得到大规模的商业化种植。市场上的“奇楠苗”种类繁多，主要依靠树木外形、叶片性状、结香性能以及气味特征等进行区分命名。这些不同名目的“奇楠苗”长大后形成的奇楠沉香，主要特征化学成分相似度极高，并无明显区别。栽培奇楠结香周期短、产量高的特点弥补了传统人工沉香的不足，为沉香市场的原料供应提供了新途径。

第二节　沉香的化学成分

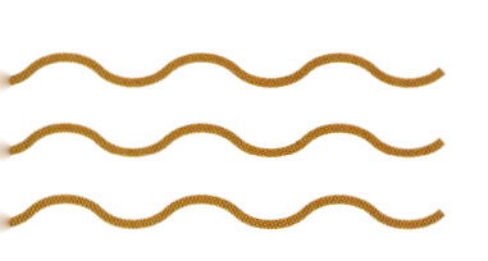

沉香的化学成分不仅赋予了它独特的香气和功效，也为其在不同领域的应用提供了科学依据。在香料和香熏产品中，了解沉香的化学成分有助于科学利用，提升沉香产品的质量，发现沉香潜在的利用新途径。在药用和保健领域中，了解沉香的化学成分可以更好地挖掘其药用价值，开发更多的药品和保健品。20 世纪中期，国内外学者开始研究沉香的化学成分，主要通过正相硅胶柱色谱、反相硅胶柱色谱、葡聚糖凝胶柱、半制备高效液相色谱等技术手段对沉香成分进行分离，采用核磁共振波谱、质谱、红外光谱、紫外光谱等技术手段完成分离单体化合物的鉴定。研究发现沉香的主要化学成分为倍半萜类、2-(2- 苯乙基) 色酮类、倍半萜 - 色酮类聚合体、单萜、二萜、三萜以及芳香族化合物等物质，其中倍半萜类和 2-(2- 苯乙基) 色酮类物质是沉香中最主要的两大类成分，这些化学成分是沉香具有药效和香气的物质基础。通过了解沉香的化学成分，可以更好地挖掘其潜在价值，推动沉香产业的发展。

一、倍半萜类物质

倍半萜类化合物是一类具有特殊结构和生物活性的天然产物，它们在植物界中广泛存在，是植物精油的主要成分，且具有多种生物活性和药用价值。

而在沉香中，倍半萜类成分占据着重要地位，其丰富的含量不仅赋予了沉香独特的香气，同时也赋予了沉香许多药用价值。因此，对沉香的倍半萜类成分进行深入研究具有重要的意义。目前，从沉香中分离与鉴定得到的倍半萜类物质超过 260 种，根据其骨架类型可分为螺旋烷型（Agarospiranes）、呋喃型（Agarofuran）、桉烷型（Eudesmane）、艾里莫芬烷型（Eremophilane）、愈创木烷型（Guaiane）、前香草烷型（Prezizaane）、蛇麻烷型（Humulane）、菖蒲烷型（Acorane）、杜松烷型（Cadinane）等。

1. 螺旋烷型倍半萜

螺旋烷型倍半萜的分子结构中包含螺旋烷环，这种环状结构使其具有较为稳定的化学性质，同时也赋予了其独特的生物活性。螺旋烷型倍半萜在植物中起着防御、保护和通讯的重要作用，对植物的生长、发育和适应环境具有重要影响。目前，从沉香中分离鉴定出的螺旋烷型倍半萜共有 12 种（图 1-6）。其中，沉香螺醇是在 1965 年从国产沉香中首次分离出的一种螺旋烷型倍半萜。随后，越来越多的螺旋烷型倍半萜类化合物被从沉香中分离出来。例如，1983 年，国内学者从国产沉香的挥发油中分离得到了白木香酸和白木香醛。最近，从沉香乙醇提取物中分离与鉴定得到两种新的螺旋烷型倍半萜物质——沉香螺旋烷醛 A 和 B。这些新发现将进一步丰富我们对沉香的认识，为沉香的药用和香气特性的开发提供更多可能性。

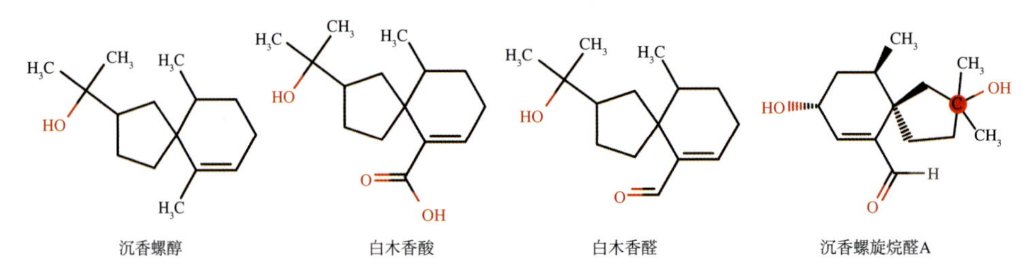

图 1-6 部分螺旋烷型倍半萜结构式

2. 桉烷型倍半萜

随着科学技术的不断进步，国内外学者对沉香中的桉烷型倍半萜的研究也日益深入。桉烷型倍半萜是沉香中重要的一类倍半萜，其分子骨架中含有十氢化萘和异丙基型结构片段（图 1-7）。1959 年，从沉香中分离鉴定得到第一个桉烷型倍半萜——琼脂唑 [11(13)- 桉叶烯 -12 醇]。(4*S*,5*S*,7*R*,10*S*)-5,7- 二羟基 -11 烯 - 桉叶烷和 (7*R*,10*S*)- 桉叶烷 -4- 烯 -11,15- 二醇两个桉烷型倍半萜则从沉香提取物的石油醚部分分离得到。2023 年，国内学者从国产沉香提取物乙酸乙酯部位分离、鉴定得到了 Aquisinenoids F ~ G 共 5 种新的桉烷型倍半萜，但这 5 种倍半萜并未显示出抗炎和抗肿瘤活性。目前，研究人员从白木香、马来沉香等沉香属植物所产的沉香中分离鉴定出的桉烷型倍半萜已累计 63 种，为沉香化学成分的研究作出了巨大贡献。

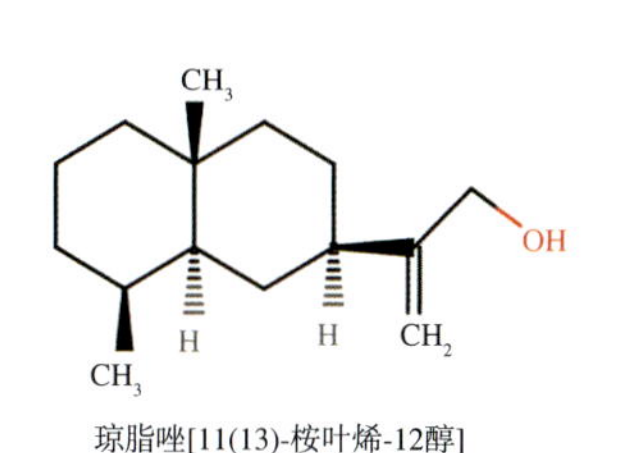

琼脂唑[11(13)-桉叶烯-12醇]　　(4*S*,5*S*,7*R*,10*S*)-5,7-二羟基-11-烯-桉叶烷　　(7*R*,10*S*)-桉叶烷-4-烯-11,15-二醇

图 1-7　部分桉烷型倍半萜结构式

3. 呋喃型倍半萜

呋喃型倍半萜是一类迷人的天然产物，它们是沉香香气的重要组成部分。这些化合物具有特定的分子结构，包括十氢化萘骨架和骨架外的甲氧基连接形成的呋喃环（图 1-8）。目前，国内外学者从多种沉香属中分离鉴定出了 15 种呋喃型倍半萜。1963 年，国外学者从马来沉香中分离得到了 3 种呋喃型倍半萜，包括 *α*- 沉香呋喃、3,4- 二羟基 - 二氢 - 琼脂呋喃和 4- 羟基 - 二氢 - 琼脂呋喃，其中 *α*- 沉香呋喃为第一个从沉香分离得到的呋喃型倍半萜；随后，从马来沉香中又分离得到了 5 种呋喃型倍半萜类物质，如环氧 -*β*- 沉香呋喃等。我国对呋喃型倍半萜类成分的研究较晚，但也取得了较大的进展，相继分离出了 7 种呋喃型倍半萜化合物，如 4- 羟基 - 白木香醇等。

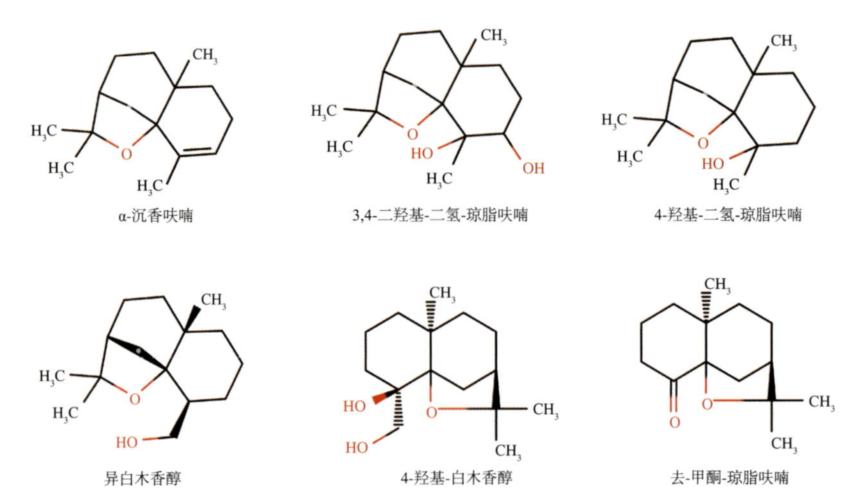

图 1-8　部分呋喃型倍半萜结构式

4. 艾里莫芬烷型倍半萜

艾里莫芬烷型倍半萜是沉香中数量较多的倍半萜之一，其基本骨架由 2 个六元环和 4 个甲基组成，目前已分离得到了 33 种艾里莫芬烷型倍半萜（图 1-9）。其中，16 种艾里莫芬烷型倍半萜来自于国产沉香，包括新紫蜂斗莱烯、7α-H-11α,13- 二羟基 -9(10)- 烯 -8α,12- 环氧艾里莫芬烷和 7β-H-9(10)- 烯 -11,12- 环氧 -8- 羰基艾里莫芬烷（佛术烷）等；从马来沉香中陆续分离得到了 10 种艾里莫芬烷型倍半萜，如沉香脱氢雅榄蓝醇；另外 7 种艾里莫芬烷型倍半萜，

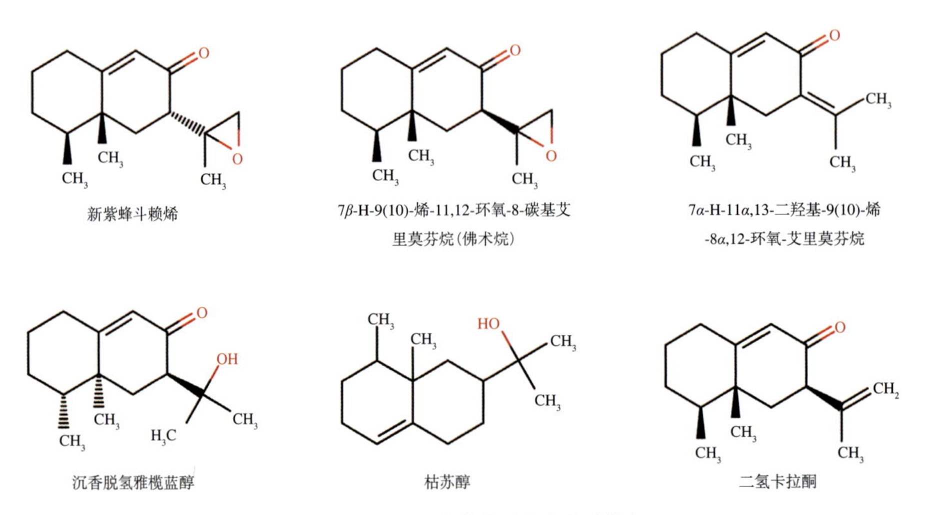

图 1-9　部分艾里莫芬烷型倍半萜结构式

如 11,13- 二羟基 -9(10)- 烯 -8β,12- 环氧艾里莫芬烷等，则是来自柯拉斯那沉香的提取物。

5. 愈创木烷型倍半萜

愈创木烷型倍半萜类天然产物骨架中含有一个典型的 [5.7] 并环结构单元，其中七元环通过半缩酮的氧桥形成了一个五元环和六元环（图 1-10）。愈创木烷型倍半萜多种物质已被证明带有香气，也是目前从沉香分离得到较多的倍半萜类型物质，累计 46 种。其中，18 种从国产沉香中分离得到，包括呋喃白木香醛和 1,5;8,12- 双环氧愈创木 -12- 酮等愈创木烷型倍半萜；α- 愈创木烯、(-)- 愈创木 -1(10),11- 二烯 -15- 醛、(-)- 愈创木 -1(10),11- 二烯 -15- 羧酸以及甲基愈创木 -1(10),11- 二烯 -15- 羧酸酯等 21 种愈创木烷型倍半萜均来自马来沉香；1(5)- 烯 -7,10- 环氧 - 愈创木 -12- 酮和 (4*R*,5*S*)-3- 氧代 -5,6- 二氢 - 桂莪术内酯等愈创木烷型倍半萜则从丝沉香分离得到。

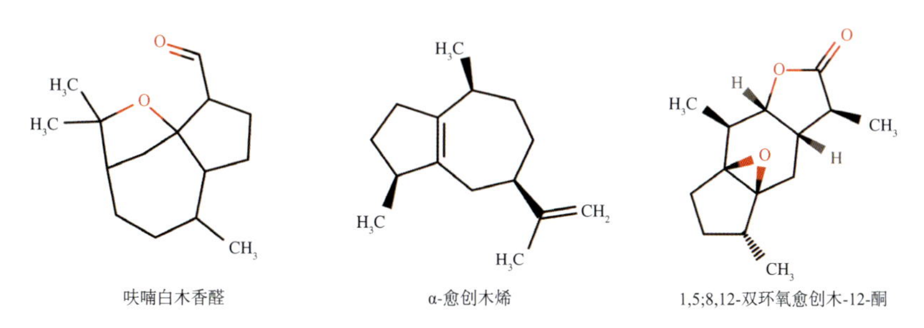

图 1-10　部分愈创木烷型倍半萜结构式

6. 前香草烷型

前香草烷型倍半萜是从沉香中分离得到的罕见三环型倍半萜，具有浓郁的香气和药用价值。目前累计分离得到 17 种（图 1-11）。国外学者在 1981 年和 1983 年分别从马来沉香中分离得到了 Jinkoho Ⅰ和 Jinkohol Ⅱ 2 种前香草烷型倍半萜。2019 年，研究人员又从沉香属植物形成的沉香中分离得到 Agarozizanol A~D、Aquilarene A~K 和 Jinkoholic acid 等 15 种前香草烷型倍半萜类化合物。

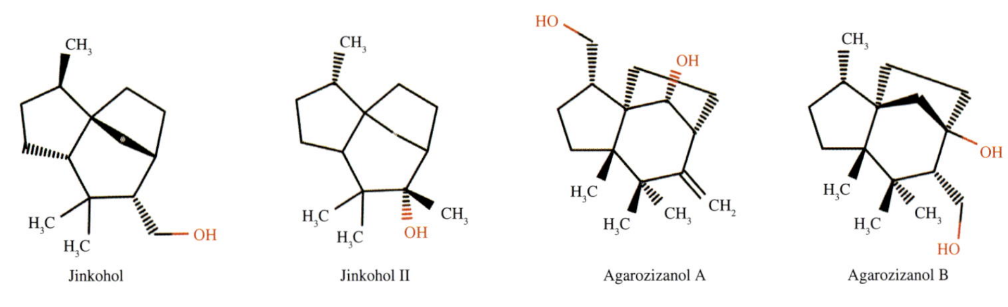

图 1-11　部分前香草烷型倍半萜结构式

7. 蛇麻烷型倍半萜

蛇麻烷型倍半萜是一类具有蛇麻烷环结构的倍半萜类化合物。目前，从沉香提取物中分离与鉴定的蛇麻烷型倍半萜共有 10 种（图 1-12）。其中，蛇麻烯二环氧化和 14- 羟基 -*α*- 蛇麻烯由国产沉香中分离得到；从柯拉斯那沉香分离得到了 *β*- 石竹烯；Aquilanol A、Aquilanol B、12- 羟基蛇麻 -2Z,6*E*,9*E*- 三烯和 2,3,6,7- 二环氧 -9*E*- 蛇麻 -12- 醇等 7 种则来自马来沉香的提取物。

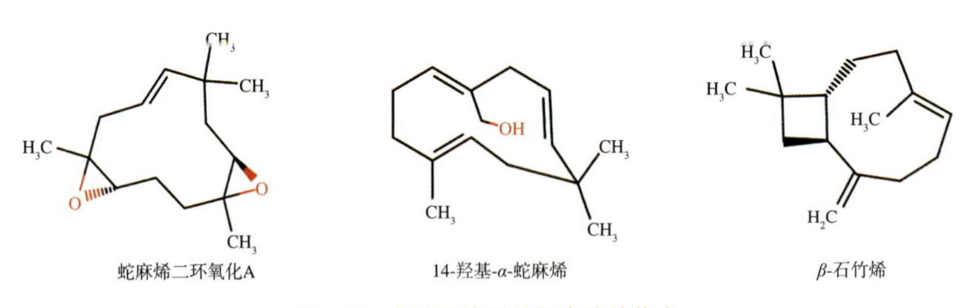

图 1-12　部分蛇麻型烷倍半萜结构式

8. 菖蒲烷型倍半萜

从沉香中分离与鉴定得到的菖蒲烷型倍半萜类物质较少，目前仅有 3 种，均是具有气味性的倍半萜（图 1-13），包括 15- 羟基菖蒲烯酮、4- 表 -10- 羟基菖蒲酮烯及 4- 表 -15- 羟基菖蒲烯酮。

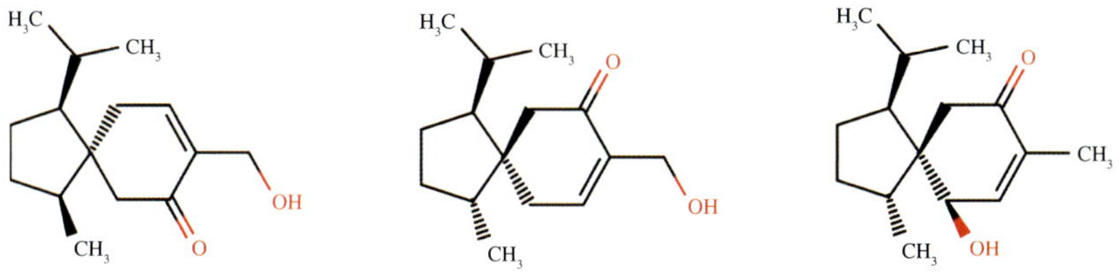

15-羟基-菖蒲烯酮　　4-表-15-羟基-菖蒲烯酮　　4-表-10-羟基-菖蒲烯酮

图 1-13　菖蒲烷型倍半萜的结构式

9. 杜松烷型倍半萜

杜松烷型属于萘环倍半萜类，即双环型倍半萜（图 1-14），从沉香中分离得到的顺 -7- 羟基菖蒲萜烯、琼脂醇、石梓呋喃、(7β, 8β, 9β)- 环氧菖蒲萜烯 -10- 酮和 8,9- 环氧菖蒲萜烯 -10- 酮等属于该类型倍半萜。

琼脂醇　　石梓呋喃　　(7β,8β,9β)-环氧菖蒲萜烯-10-酮

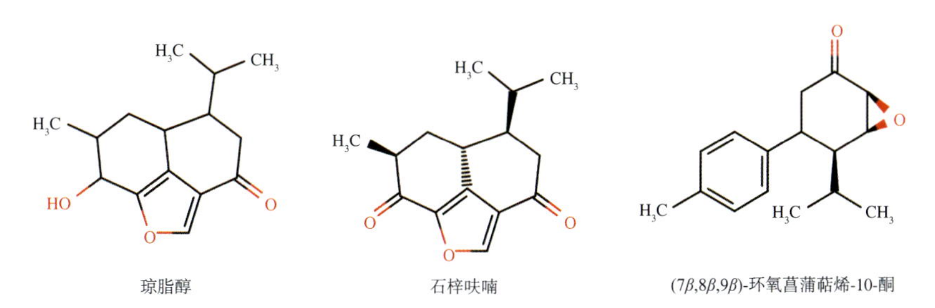

图 1-14　部分杜松烷型倍半萜结构式

10. 其他类型倍半萜

除了上述 9 种类型倍半萜类化合物，从沉香中还分离与鉴定了其他类型的倍半萜成分（图 1-15），包括 Daphnauranol B、1,5,9- 三甲基 -1,5,9- 环十二碳三烯、Malacinone A 和 Malacinone B 等。

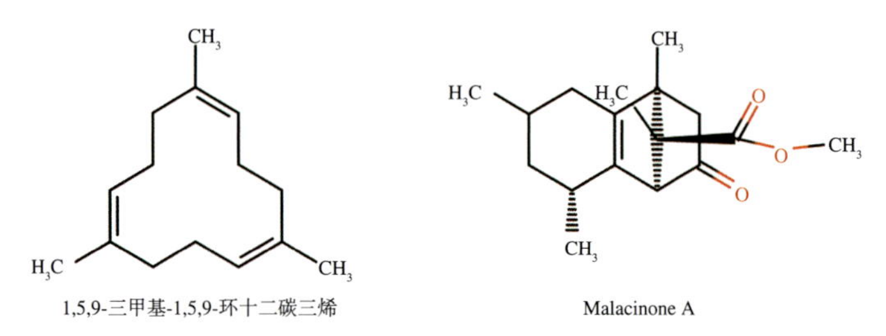

图 1-15 部分其他类型倍半萜结构式

二、2-(2-苯乙基)色酮类成分

2-(2- 苯乙基) 色酮类成分是沉香的主要特征类成分，具有多种药理活性，在《中国药典》(2020 版) 中被规定作为沉香品质检验项目，同时也是沉香香气神秘、变化莫测以及持久的因素之一。根据 2-(2- 苯乙基) 色酮类成分骨架类型的差异性可分为 flindersia 型 2-(2- 苯乙基) 色酮、5,6,7,8- 四氢 -2-(2- 苯乙基) 色酮、环氧 5,6,7,8- 四氢 -2-(2- 苯乙基) 色酮和 2-(2- 苯乙基) 色酮聚合物。

1. Flindersia型2-(2-苯乙基)色酮

Flindersia 型 2-(2- 苯乙基) 色酮是沉香中极性相对小些的一类色酮类物质，也是目前从沉香中分离鉴定得到数量最多的色酮种类，累计 87 种，其基本母核为 2-(2- 苯乙基) 色酮，主要通过羟化酶或邻甲基转移酶等酶在苯乙基片段或者苯环形成甲氧基、羟基或者含氯取代，从而形成多种多样的 Flindersia 型 2-(2- 苯乙基) 色酮 (图 1-16)。据文献记载，1985 年，从马来沉香中分离得到的 2-(2- 苯乙基) 色酮为第一个在沉香中发现的 Flindersia 型色酮。后来，经过科研人员不懈的努力，陆续从国产沉香、柯拉斯那沉香等沉香提取物中分离得到 6,7- 二羟基 -2-(2- 苯乙基) 色酮、6- 羟基 -2-(2- 苯乙基) 色酮以及 6- 甲氧基 -2-［2-(2- 羟基苯基) 乙基］色酮等色酮类物质。

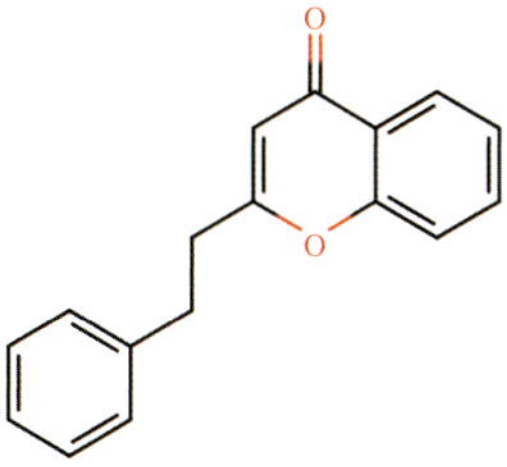

2-(2-苯乙基)色酮

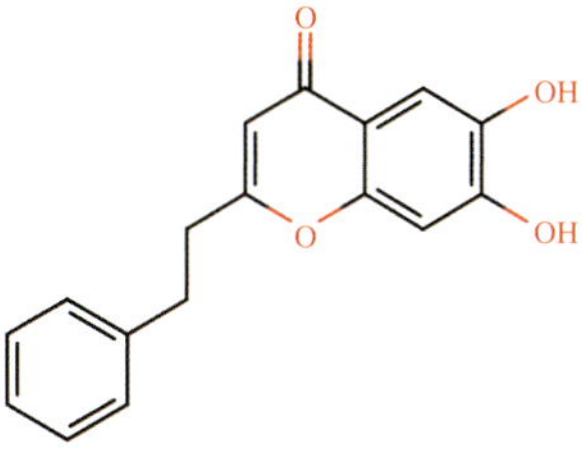

6,7-二羟基-2-(2-苯乙基)色酮

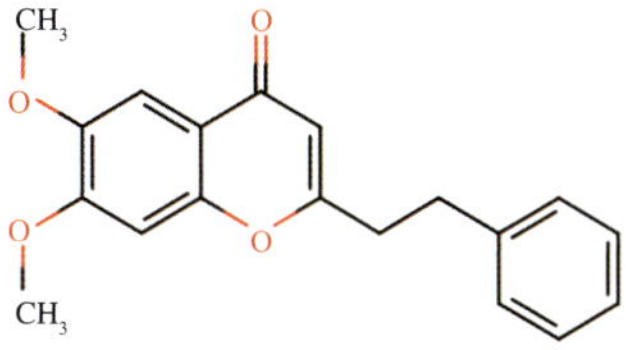

6,7-二甲氧基-2-(2-苯乙基)色酮

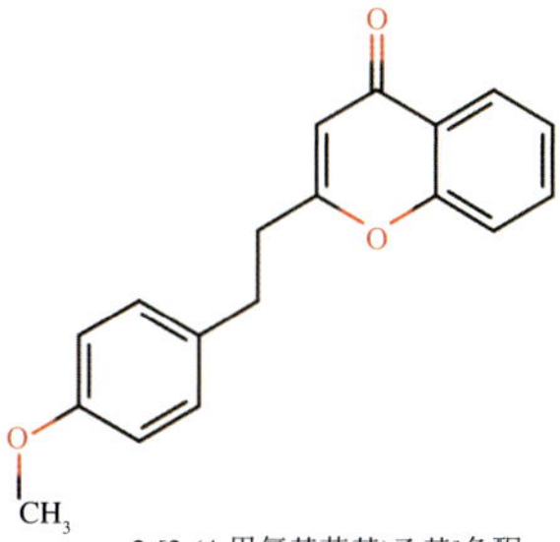

2-[2-(4-甲氧基苯基)乙基]色酮

图 1-16　部分 Flindersia 型 2-(2- 苯乙基) 色酮

2. 环氧5,6,7,8-四氢-2-（苯乙基）色酮类

环氧 5,6,7,8- 四氢 -2-（苯乙基）色酮类的环氧基一般在色酮片段上的 5、6、7、8 号位置（图 1-17），根据环氧类型又可分为单环氧 -5,6,7,8- 四氢 -2-（苯

羟基琼脂色酮A

羟基琼脂色酮 C

rel-(la*R*,2*R*,3*R*,7b*S*)-1a,2,3,7b-四氢-2,3-二羟基-5-(2-苯基乙基)-7*H*-噁丙烯并[f][1]苯并吡喃-7-酮

四氢色酮K

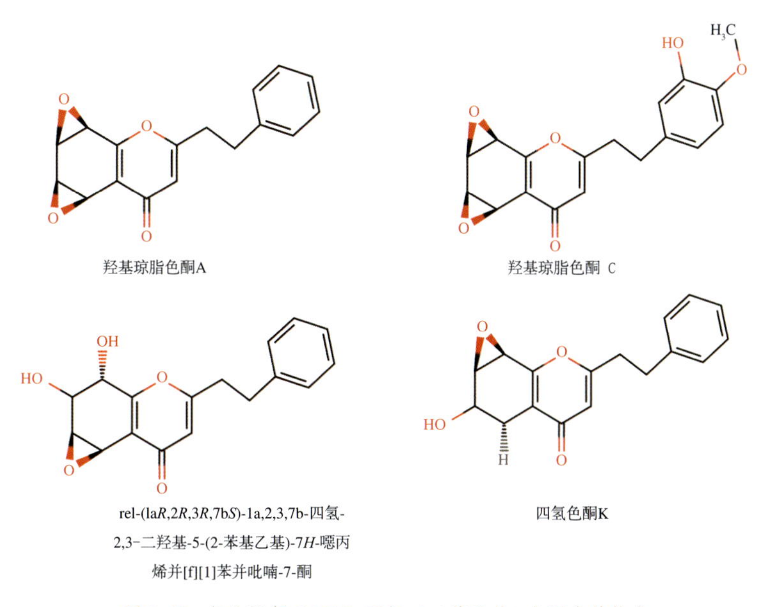

图 1-17　部分环氧 5,6,7,8- 四氢 -2-(苯乙基) 色酮类结构式

乙基）色酮类和双环氧 -5,6,7,8- 四氢 -2-(苯乙基）色酮类，其中双环氧 -5,6,7,8- 四氢 -2-（苯乙基）色酮类化合物较少，目前仅分离鉴定出了羟基琼脂色酮 A ~ C 3 个单体化合物，也是最早发现的环氧 5,6,7,8- 四氢 -2-（苯乙基）色酮。从人工国产沉香和马来沉香中分离得到的单环氧 -5,6,7,8- 四氢 -2-（苯乙基）色酮类物质相对较多，目前已有 13 种，如 rel-（1a*R*,2*R*,3*R*,7b*S*）-1a,2,3,7b- 四氢 -2,3- 二羟基 -5-（2- 苯基乙基）-7H- 噁丙烯并 [f][1] 苯并吡喃 -7- 酮和四氢色酮 K 等。

3. 5,6,7,8-四氢-2-(2-苯乙基)色酮

高程度氧化的 5,6,7,8- 四氢 -2-(2- 苯乙基) 色酮类成分仅在沉香中发现，具有专属性，可作为高效液相色谱法鉴别沉香真伪和质量控制的特征性化合物。目前，采用多种色谱技术从沉香属形成的沉香中分离得到了 56 种 5,6,7,8- 四氢 -2-(2- 苯乙基) 色酮类成分（图 1-18），主要是在苯乙基上的 C_5、C_6、C_7、C_8 号位置有 4 个羟基取代，如沉香四醇，该物质为《中国药典》（2020 版）规定沉香的指标性成分；或者在 C_6、C_7 上有羟基取代，如 6,7- 二羟基 -2-(2- 苯乙基)-5,6,7,8- 四氢色酮；以及少数在 C_5、C_8 上有氯或甲氧基取代，如 rel-

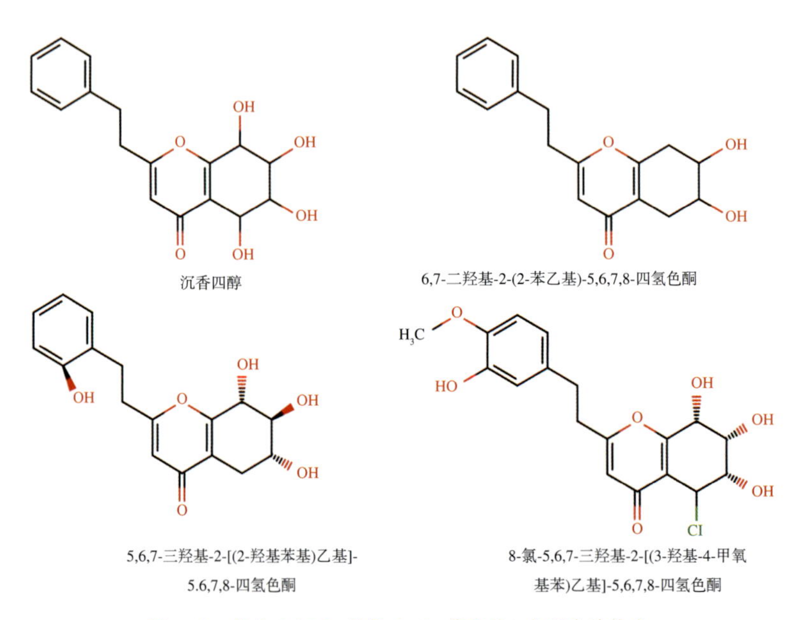

图 1-18　部分 5,6,7,8- 四氢 -2-(2- 苯乙基) 色酮类结构式

（5*R*,6*S*,7*S*,8*R*）-8- 氯 -5,6,7,8- 四氢 -5,6,7- 三羟基 -2-[2-(4- 甲氧基苯基）乙基]-四氢色酮和 8- 氯 -5,6,7- 三羟基 -2-[(3- 羟基 -4- 甲氧基苯）乙基]-5,6,7,8- 四氢色酮等色酮类物质；极少数在苯乙基上的 C_5、C_6、C_7 号位置只有 2 个或 3 个羟基取代，如（5*S*,6*S*,7*R*）-5,6,7- 三羟基 -2-[(2- 羟基苯基）乙基]-5,6,7,8- 四氢色酮、6,7- 二羟基 -2-(2- 苯基乙基)-5,6,7,8- 四氢色酮等。

4. 2-(2-苯乙基)色酮聚合物

2-(2- 苯乙基）色酮聚合物是从沉香分离出相对分子质量较高的色酮化合物，相对分子质量基本在 530 以上，其骨架是由 2 ~ 3 个 2-(2- 苯乙基）色酮基本骨架组成的色酮二聚体或者三聚体，此外沉香中存在一类比较罕见的二聚体新型化合物——倍半萜 - 色酮类聚合体。目前，从沉香中分离与鉴定得到的 2-(2- 苯乙基）色酮聚合物有 79 种（图 1-19）。20 世纪 80 年代末，国外学者从沉香中陆续分离得到了（5*S*,6*S*,7*R*,8*S*）-2-(2- 苯乙基)-6,7,8- 三羟基 -5,6,7,8- 四氢 -5-[2-(2- 苯乙基）铬酮基 -6- 氧代]色酮、（5*S*,6*S*,7*R*,8*S*）-2-(2-苯乙基)-6,7,8- 三羟基 -5,6,7,8- 四氢 -5-[2-(2- 苯乙基)-7- 羟基 - 铬酮基 -6- 氧代]色酮以及（5*S*,6*R*,7*R*,8*S*）-2-(2- 苯乙基)-5,6,7- 三羟基 -5,6,7,8- 四氢 -8-

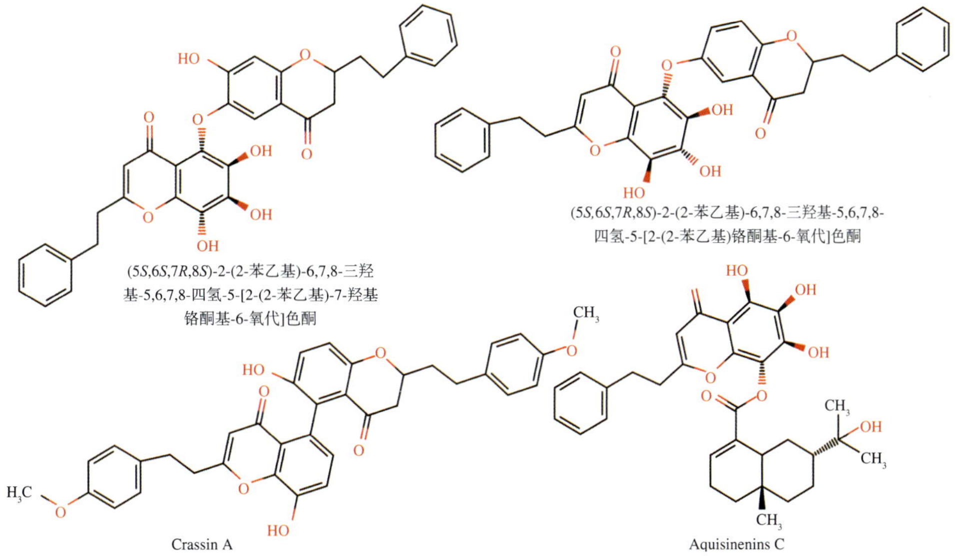

(5*S*,6*S*,7*R*,8*S*)-2-(2-苯乙基)-6,7,8-三羟基-5,6,7,8-四氢-5-[2-(2-苯乙基)-7-羟基铬酮基-6-氧代]色酮

(5*S*,6*S*,7*R*,8*S*)-2-(2-苯乙基)-6,7,8-三羟基-5,6,7,8-四氢-5-[2-(2-苯乙基)铬酮基-6-氧代]色酮

Crassin A

Aquisinenins C

图 1-19　部分 2-(2- 苯乙基）色酮聚合物结构式

[2-(2- 苯乙基) 铬酮基 -6- 氧代] 色酮等色酮聚合物。而国内学者也陆续分离与鉴定出了数十个色酮聚合物，包括 Aquilasinenone A、Crassin A ~ D 和 Aquisinenins C 等 2-(2- 苯乙基) 色酮 - 倍半萜聚体，为揭开沉香的神秘面纱，作出了一定的贡献。

三、其他类型成分

受外界刺激之后，沉香属植物除分泌产生倍半萜和 2-(2- 苯乙基) 色酮这两大类物质之外，还联合了脂肪族、单帖、二萜以及甾类等次生代谢物共同发挥功能来抵御逆境（图 1-20），包括国产沉香中分离得到的羟基肉桂酸、冰片基阿魏酸酯、甾类衍生物（24*R*）-24-ethylecholesta-4,22-dien-3-one，以及（24*R*）-24-3- 酮 -4- 烯 - 谷甾酮。由 4 个异戊二烯单位构成的二萜类物质，也是从沉香中分离得到相对多的成分，如 18- 降去氢松香酸 -4*α*,7*α*- 二醇、18- 降去氢松香酸 -4*α*,7*β*- 二醇、7*α*- 羟基去氢松香酸、2*α*- 羟基去氢松香酸、2*β*- 羟基去氢松香酸、7*α*,15- 二羟基 - 甲基 - 去氢松香酸酯、7- 羰基 -13*β*- 羟基松香 -8（14）- 烯 -18- 酸、2*β*- 羟基海松酸和 3*β*- 羟基海松醇 9 种二萜类物质来自白木香的石油醚提取物。三萜类成分在自然界中属于常见物质，但在沉香中并不多见，从国产沉香乙醇提取物中曾分离得到一种三萜类化合物 3- 羰基 -22- 羟基何帕烷。芳香族一般具有香气，也是沉香香气的一小部分来源，从国产沉香中曾分离得到 4- 苯基 -2- 丁酮（苄基丙酮）和对甲氧基苄基丙酮等芳香族成分。

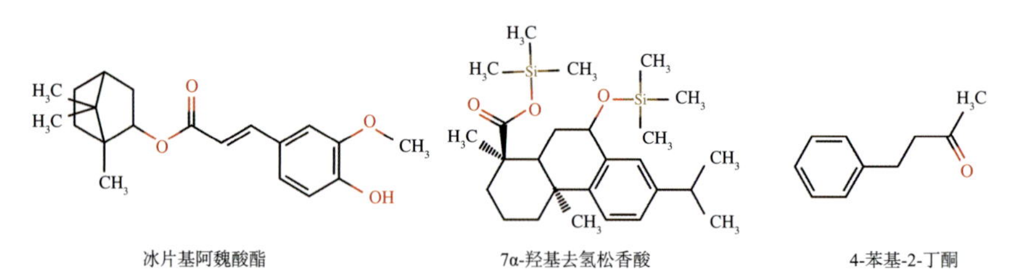

图 1-20　部分其他成分的结构式

第三节　沉香的药理活性

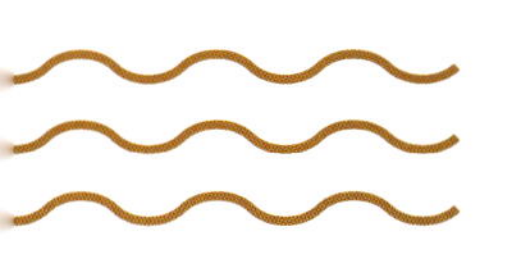

一、药用历史

沉香在我国中医药上的应用有着悠久的历史，被视为一种珍贵的传统药材，广泛用于身体和精神疾病方面的治疗。沉香，味辛、苦，微温。归脾、胃、肾经。我国以沉香组方配伍的中成药有160余种，包括十五味沉香丸、沉香化滞丸、沉香化气丸、沉香舒气丸、八味沉香散和沉香安神散等。古籍对沉香的药用价值有着丰富的记载，千余年来，经过药学家、医学家对沉香功效的不断实践和研究，沉香的药用价值逐渐被挖掘，我国历代医药典籍较为详细地记录了沉香的药用认识发展历程。

沉香的药用价值，始载于梁代陶弘景的《名医别录》，沉香被列为上品，描述其“疗风水毒肿，去恶气”。

五代时期，对沉香的药用功效已有较为全面的认识。专营香药的波斯人李珣在其著作《海药本草》中丰富了沉香功效，称其“主心腹痛、霍乱、中恶，清神”，并首次提出治疗不同病症时的适宜剂型，“宜酒煮服之；诸疮肿宜入膏用”。同时期吴越撰写的《日华子本草》对沉香的功效进行了总结，且首开补益之说，谓其“调中，补五脏，益精壮阳，暖腰膝，去邪气。止转筋、吐泻、冷气，破症癖，（治）冷风麻痹，骨节不任，湿风皮肤痒，心腹痛，气痢”。

宋代张元素在《珍珠囊》中补充沉香“补肾，又能去恶气，调中”。

明代李时珍在《本草纲目》中对沉香的功效做了系统总结和补充，其主治症除了前人所述外，得到进一步拓展，称其“治上热下寒，气逆喘息，大肠虚闭，小便气淋，男子精冷”。并收集了治疗“胃冷久呃”“心神不足”“肾虚目黑”“大肠虚闭”“痘疮黑陷”等病症的药方，使沉香在临床上的应用有了较大的发展。

沉香的功能主治在清代又有了新的见解。清代汪绂在《医林纂要》记载沉香“坚肾，补命门，温中、燥脾湿，泻心、降逆气，凡一切不调之气皆能调之。并治噤口毒痢及邪恶冷风寒痹。”同时期，叶桂在《本草再新》指出沉香“治肝郁，降肝气，和脾胃，消湿气，利水开窍”。

以上不同时期代表性的本草著作体现了古人对沉香药用价值的认识和应用，为我们深入了解沉香的药用价值提供了重要的参考。时至今日，总结和考证古人对于沉香的认识，《中国药典》（2020 版）关于沉香的记载为“行气止痛，温中止呕，纳气平喘。用于胸腹胀闷疼痛，胃寒呕吐呃逆，肾虚气逆喘急”。

此外，印度著名古典医学著作《医理精华》于 7 世纪中期在中亚地区传播，且曾在敦煌藏经洞中发现抄本，书中记载的沉香功效“主治脓疱、止痒、解毒、祛风、祛痰”。日本、韩国、马来西亚、菲律宾、印度尼西亚、孟加拉国等都有沉香民间药用记载。

二、现代医学研究

沉香的药理价值使其成了传统中药材中的珍品，备受人们的青睐。现代药理研究发现沉香中的倍半萜类及 2-(2- 苯乙基) 色酮类等具有许多药理活性，包括抗菌、抗氧化、抗炎、抑制乙酰胆碱酯酶、抑制 α- 葡萄糖苷酶、神经保护活性、抗肿瘤细胞活性等，对一些疾病具有一定的治疗作用，这为沉香的药用提供了科学基础。下面对沉香的现代药理性研究进展进行介绍。

1. 抗菌作用

目前关于沉香抗菌作用的研究主要集中在金黄色葡萄球菌、青枯雷尔氏菌及耐药金黄色葡萄球菌等菌（表 1-2），如 9β- 羟基 - 芹子 -3,11- 二烯 -12- 醛、9β- 羟基 - 桉叶烷 -3,11- 二烯 -12- 甲基酯、(4αβ,7β,8αβ)-3,4,4α,5,6,7,8,8a- 八氢 -7-[1-(羟基薄荷基) 乙烯基]-4a- 甲基萘 -1- 甲醛等具有抑制金黄色葡萄球菌和青枯雷尔氏菌活性的效果（李薇，2014）；莨菪岩兰螺旋 -2(11)，6- 二烯 -14- 醛、3- 异丙烯基 -4α,5- 二甲基 - 八氢 - 萘 -2,8α- 二酚等对耐药金黄色葡萄球菌有良好的抑制效果（吕开原 等，2020；雷智东，2015）。这些发现有助于深入了解沉香的药效，为利用天然植物提取物开发新的抗菌药物提供依据和参考。

表 1-2　沉香中单体的抗菌作用

化合物	菌种	抑菌效果（抑菌直径，mm）
9β- 羟基 - 芹子 -3,11- 二烯 -12- 醛	Ⅰ、Ⅱ	12.70 (20 mg/mL)、18.20 (10 mg/mL)
9β- 羟基 - 桉叶烷 -3,11- 二烯 -12- 甲基酯		14.20 (20 mg/mL)、10.15 (10 mg/mL)
(4αβ,7β,8αβ)-3,4,4α,5,6,7,8,8a- 八氢 -7-[1-(羟基薄荷基) 乙烯基]-4a- 甲基萘 -1- 甲醛		9.12 (20 mg/mL)、8.98 (10 mg/mL)
8α,12- 二羟基 - 芹子 -4,11- 二烯 -4- 醛	Ⅰ	8.10 (20 mg/mL)
莨菪岩兰螺旋 -2(11),6- 二烯 -14- 醛	Ⅲ	最小抑菌浓度 420μmol/L
(+)-4α,5- 二甲基 -3-(丙 -1- 烯 -2 基)- 八氢萘 -2β,8α- 二酚		最小抑菌浓度 210μmol/L
3- 异丙烯基 -4α,5- 二甲基 - 八氢 - 萘 -2,8α- 二酚	Ⅲ	最小抑菌浓度 281μmol/L
5- 脱氧长叶醇	Ⅰ、Ⅱ	12.35 (10 mg/mL)、16.90 (10 mg/mL)
12,15- 二羰基 -α- 芹子烯	Ⅰ、Ⅱ	20.02 (10 mg/mL)、11.02 (10 mg/mL)
(5S,7S,9S,10S)-(+)-9- 羟基 - 芹子 -3,11- 二烯 -12- 醛		12.9 (10 mg/mL)、18.2 (10 mg/mL)
(5S,7S,9S,10S)-(+)-9- 羟基 - 桉叶烷 -3,11(13)- 二烯 -12- 甲基酯		14.2 (10 mg/mL)、10.15 (10 mg/mL)
7β-H-9(10)- 烯 -11,12- 环氧 -8- 羰基艾里莫芬烷 (佛术烷)	Ⅰ、Ⅱ	12.34 (10 mg/mL)、16.9 (10 mg/mL)
7α-H-9(10)- 烯 -11,12- 环氧 -8- 羰基艾里莫芬烷 (佛术烷)	Ⅰ、Ⅱ	10.1 (10 mg/mL)、8.86 (10 mg/mL)
新紫蜂斗莱烯	Ⅱ	8.07 (10 mg/mL)
5- 羟基 -6- 甲氧基 -2-[2-(4- 甲氧基苯基) 乙基] 色酮	Ⅰ	9.10 (20 mg/mL)
6- 甲氧基 -2-[2-(3- 羟基 -4- 甲氧基苯基) 乙基] 色酮	Ⅰ	10.1 (20 mg/mL)
5- 羟基 -8- 甲氧基 -2-[2-(4- 甲氧基苯基)- 乙基] 色酮	Ⅱ、Ⅲ	最小抑菌浓度 440、220μmol/L
5,8- 二羟基 -2-(2- 苯乙基) 色酮		最小抑菌浓度 134、269μmol/L

注：Ⅰ - 金黄色葡萄球菌、Ⅱ - 青枯雷尔氏菌、Ⅲ - 耐药金黄色葡萄球菌。

2. 抗氧化活性

人体中过多的自由基会对生物大分子，如DNA、蛋白质和脂质，造成损害，导致衰老、过敏、心血管疾病、炎症和癌症，危害人类健康。抗氧化剂能消除自由基，缓解自由基的损害。沉香拥有良好的抗氧化能力，*β*-香叶烯为沉香中常见的一种倍半萜类物质，对DPPH自由基有明显的清除作用，半抑制浓度（IC_{50}）为1.25μmol/L，阳性对照抗坏血酸的IC_{50}值为1.5μmol/L，说明其抗氧化性优于抗坏血酸这种常用的抗氧化剂（Dahham et al., 2015）；6,7-二甲氧基-2-[2-(4-羟基苯基)乙基]色酮、6-羟基-2-[2-(2-羟基苯基)乙基]色酮、6,7-二甲氧基-2-[2-(4-羟基苯基)乙基]色酮和8-氯-6-羟基-2-[2-(3-羟基-4-甲氧基苯基)乙基]色酮抑制$ABTS^+$自由基的IC_{50}值分别为12.3μmol/L、34.7μmol/L、16.5μmol/L和12.1μmol/L，大部分均低于阳性对照水溶性维生素E的IC_{50}（26.0μmol/L），具有较佳的抗氧化能力（Li et al., 2020）。以上研究为利用沉香的天然活性成分开发抗氧化剂产品提供了科学依据。

3. 抗炎活性

炎症与其他疾病的发生有着密切关系，如代谢紊乱、免疫疾病及癌症等。沉香被证明拥有良好的抗炎活性，常被用于治疗炎症性疾病。多种抗炎模型证明沉香中多种倍半萜和2-(2-苯乙基)色酮类物质具有抗炎活性（表1-3）。Agalleudesmanol A、Agalleudesmanol B和Agalleudesmanol D等倍半萜，以及（5*S*,6*R*,7*S*,8*S*）-8-氯-5,6,7-三羟基-2-(2-苯乙基)-5,6,7,8-四氢色酮等色酮可抑制LPS-诱导巨噬细胞RAW 264.7的一氧化氮（NO）释放（Xie et al., 2021; Yu et al., 2020）；12,15-二羰基-芹子-4,11-啶和（+）-9*β*,10*β*-环氧艾里莫芬烷-11（13）-ene等倍半萜可抑制LPS-诱导BV-2小胶质细胞的NO释放（Huo et al., 2015）；6-羟基-5-甲氧基-2-[2-（4-甲氧基苯基）乙基]色酮、6-羟基-2-(2-苯乙基)色酮和6,7-二甲氧基-2-[2-(2-羟基苯基)乙基]色酮等色酮抑制了人类中性粒细胞响应fMLP产生超氧阴离子（Wang et al., 2018a）；6-羟基-5-甲氧基-2-(2-苯乙基)色酮、6-羟基-7-甲氧基-2-(2-苯乙基)色酮和6,7-二甲氧基-2-[2-（4-甲氧基苯基）]色酮具有抑制LPS刺激的RAW 264.7巨噬细胞中的NF-κB活化相对荧光素酶活性（Wang et al., 2018b）。沉香中抗炎活性物质的发现对开发临床治疗炎症药物提供了可能的候选化合物。

表1-3　沉香中抗炎活性成分

化合物	抑制效果 IC_{50} (μmol/L)	阳性对照 IC_{50} (μmol/L)
沉香中单体抑制LPS-诱导巨噬细胞RAW 264.7的NO释放		
Aquilarone A	9.03	布洛芬：94.12
Aquilarone B	5.12	
Aquilarone C	7.71	
Aquilarone D	7.49	
Aquilarone E	22.26	
Aquilarone F	13.09	
Aquilarone G	7.94	
Aquilarone H	5.59	
Aquilarone I	7.59	
沉香螺旋烷醛A	52.25	盐酸氨基胍：20.33
沉香螺旋烷醛B	62.57	
Agalleudesmanol A	5.46	
Agalleudesmanol B	14.07	
Agalleudesmanol D	45.59	
Petafolia B	2.5	盐酸氨基胍：1.80
1,10-Dioxo-4*α*H-5*α*H-7*β*H-11*α*H-1,10-secoguaia-2(3)-en-12, 8*β*-olide	8.1	-
2-羰基-5*β*,10*β*-过氧杂基-1*α*H,4*α*H,7*α*H,8*β*H-愈创（木）烷-8*α*,12-交酯	66	-
10*α*-羟基-4*α*H,5*α*H,7*α*H,8*β*H-愈创（木）-1(2)-烯-8*α*,12-交酯	76.8	
4*α*H,7*α*H-14-去甲-愈创（木）-1(5)-烯-8*α*,12-交酯	62.7	
1*α*,7*α*-二羟基-8羰基-4*α*H,5*α*H-愈创（木）-9(10),11(13)-二烯-12-酸酯	18.8	
(6*R*)-6-羟基-葎草烷-2*E*,9*E*,7(13)-三烯-12-醇	68.5	
(6*R*)-6-氢过氧杂基-葎草烷-2*E*,9*E*,7(13)-三烯-12-醇	74.8	
2,3,6,7-二环氧-9*E*-蛇麻烯-12-醇	89.5	
(7*R*)-12-甲酰基-7*B*-羟基-蛇麻-2*Z*,9*E*-二烯-5-酮	84.3	
5-羟基-7-甲氧基-2-[2-(4-甲氧基苯基)乙基]色酮	4.6	-
5*α*,6*α*-环氧-7*β*,8*α*,3'-三羟基-4'-甲氧基-2-(2-苯基乙基)色酮	84	
(5*R*,6*R*,7*R*,8*R*)-8-氯-5,6,7-三羟基-2-(4-甲氧基苯基)乙基-5,6,7,8-四氢色酮	7.3	吲哚美辛：23.6
(5*S*,6*S*,7*S*,8*S*)-8-氯-5,6,7-三羟基-2-(2-苯乙基)-5,6,7,8-四氢色酮	3.8	
(+)-Aquisinenone A	11.5	
(−)-Aquisinenone A	7.6	
(+)-Aquisinenone B	8.8	
(−)-Aquisinenone B	8.6	
(−)-Aquisinenone D	11.4	
(−)-Aquisinenone F	12.0	
(−)-Aquisinenone G	7.0	

（续）

化合物	抑制效果 IC_{50} (μmol/L)	阳性对照 IC_{50} (μmol/L)
(−)-4'-Methoxyaquisinenone A	9.6	
(+)-4'-Demethoxyaquisinenone D	8.5	
(−)-4'-Demethoxyaquisinenone D	8.5	
(+)-4'-Methoxyaquisinenone G	8.0	
(5*S*,6*R*,7*S*,8*S*)-8- 氯 -5,6,7- 三羟基 -2-(2- 苯乙基)-5,6,7,8- 四氢色酮	12.52	
(5*S*,6*R*,7*S*,8*S*)-8- 氯 -5,6,7- 三羟基 -2-[2-(4- 甲氧基苯基) 乙基]-5,6,7,8- 四氢色酮	3.46	-
Aquilasinenone A	35.45	
Aquilasinenone L	8.0	
Aquilasinenone M	37.1	
Aquisinenone O	7.6	
4',4'''-Dimethoxyaquisinenone K	0.6	GYF-17 b：4.4
4′,7″-Dimethoxyaquisinenone I	5.8	
(+)-6''-Hydroxy-4',4'''-dimethoxyaquisinenone B	10.05	
7''-Methoxyaquisinenone I	1.6	
7,4'-Dimethoxyaquisinenone O	2.3	
(5*S*,6*R*,7*S*,8*R*)-8- 氯 -5,6,7- 三羟基 -2-(3- 羟基 -4- 甲氧基苯基乙基)-5, 6, 7, 8- 四氢色酮	10.85	盐酸氨基胍：22.99
7- 羟基 -2-[2-(3- 羟基 -4- 甲氧基苯基) 乙基] 色酮	32.04	
沉香中单体抑制 LPS- 诱导 BV-2 小胶质细胞的 NO 释放		
12,15- 二羰基 - 芹子 -4,11- 啶	12.8	吲哚美辛：36.3
(+)-9*β*,10*β*- 环氧艾里莫芬烷 -11(13)- 烯	53.8	
抑制人类中性粒细胞响应 fMLP 产生超氧阴离子		
6- 羟基 -2-(2- 苯乙基) 色酮	80.3% (50μmol/L)	
Ligudicin C	11.2% (50μmol/L)	
6,7- 二甲氧基 -2-(2- 苯乙基) 色酮	70.3% (50μmol/L)	环孢菌素 H：100%(50μmol/L)
6- 羟基 -5- 甲氧基 -2-[2-(4- 甲氧基苯基) 乙基] 色酮	83.5% (50μmol/L)	
6- 甲氧基 -2-[2-(3- 甲氧基 -4- 羟基苯基) 乙基] 色酮	97.2% (50μmol/L)	
6,7- 二甲氧基 -2-[2-(2- 羟基苯基) 乙基] 色酮	64.7% (50μmol/L)	
7- 羟基 -6- 甲氧基 -2-(2- 苯乙基) 色酮	11.54	二苯基氯化碘盐：1.73
单体抑制 LPS 刺激的 RAW 264.7 巨噬细胞中的 NF-κB 活化相对荧光素酶活性		
6- 羟基 -5- 甲氧基 -2-(2- 苯乙基) 色酮	0.92 (30μmol/L)	
6- 羟基 -7- 甲氧基 -2-(2- 苯乙基) 色酮	1.09 (30μmol/L)	穿心莲内酯：0.35 (30μmol/L)
6,7- 二甲氧基 -2-[2-(4- 甲氧基苯基) 乙基] 色酮	0.38 (30μmol/L)	

4. 生物酶抑制活性

（1）*α*- 葡萄糖苷酶活性

根据国际糖尿病联合会的统计，在 2021 年，全球有 5.366 亿人患有糖尿病。许多患者没有症状，且难以诊断，同时，糖尿病易引起一些并发症，如肾病、大血管病变、微血管病变。目前，α- 葡萄糖苷酶抑制剂已普遍用于防治糖尿病及其并发症。临床药剂如阿卡波糖、格列奇特等，尽管可以在一定程度上降低血糖，但糖尿病是一种慢性疾病，需长期服用药物，且易引起胃肠道、肝肾功能损害等问题。因此，寻找天然产物中具有抑制 α- 葡萄糖苷酶活性的成分，以替代化学合成药物，具有重要的临床和经济意义。

沉香中已有多种倍半萜和色酮类物质被证实具有抑制 α- 葡萄糖苷酶活性的能力（表 1-4）。5 种倍半萜：甲基 -15- 含氧桉叶烷 -4,11（13）- 二烯 -12- 酸酯、桉叶烷 -4- 烯 -8,11- 二醇、2-[（2β,8α,8aα）-8,8a- 二甲基 -1,2,3,4,6,7,8,8a- 八氢萘 -2- 基] 丙烷 -1,2- 二醇、艾里莫芬烷 -9- 烯 -8β,11- 二醇和 2-[（2β,8β,8aα）-8,8a- 二甲基 -1,2,3,4,6,7,8,8a- 八氢萘 -2- 基]-3- 羟基 -2- 甲氧杂丙酸在质量浓度为 0.25mg/mL 时，对 α- 葡萄糖苷酶的抑制率为 12.5% ~ 32.7%，阳性对照阿卡波糖的抑制率为 59.7%（康科星 等，2017）；6- 羟基 -7- 甲氧基 -2-(2- 苯乙基）色酮和 (+)-3''- 羟基 -4'',4'''- 二甲氧基 - 白木香色酮 G 等色酮类物质也被证明具有 α- 葡萄糖苷酶抑制活性效果（Liao et al., 2016; Xiang et al., 2020）。这些研究为进一步挖掘沉香的药理活性和增值利用提供了新思路。

表 1-4　沉香中抑制 α- 葡萄糖苷酶活性的成分

化合物	抑制效果	阳性对照抑制效果（阿卡波糖）
甲基 -15- 含氧桉叶烷 -4,11(13)- 二烯 -12- 酸酯	21.2% (0.25mg/mL)	59.7% (0.25mg/mL)
桉叶烷 -4- 烯 -8,11- 二醇	32.7% (0.25mg/mL)	
2-[(2β,8α,8aα)-8,8a- 二甲基 -1,2,3,4,6,7,8,8a- 八氢萘 -2- 基] 丙烷 -1,2- 二醇	15.2% (0.25mg/mL)	
2-[(2β,8β,8aα)-8,8a- 二甲基 -1,2,3,4,6,7,8,8a- 八氢萘 -2- 基]-3- 羟基 -2- 甲氧杂丙酸	15.6% (0.25mg/mL)	
艾里莫芬烷 -9- 烯 -8β,11- 二醇	12.5% (0.25mg/mL)	
柯拉斯那酸甲酯	IC_{50}：121.8μg/mL	IC_{50}：214.0μg/mL
愈创（木）烷交酯	IC_{50}：253.2μmol/L	IC_{50}：743.4μmol/L
Aquilarene D	IC_{50}：0.22mmol/L	IC_{50}：1.21mmol/L
Aquilarene E	IC_{50}：1.99mmol/L	
6- 羟基 -7- 甲氧基 -2-(2- 苯乙基）色酮	IC_{50}：0.09mmol/L	IC_{50}：0.98mmol/L
(+)-3''- 羟基 -4'',4'''- 二甲氧基 - 白木香色酮 G	17.14% (50μg/mL)	62.06% (50μg/mL)

（2）抑制乙酰胆碱酯酶活性

阿尔茨海默病（老年痴呆）是一种以认知障碍和行为损害为特征的神经系统疾病。乙酰胆碱酯酶抑制剂可以缓解阿尔茨海默病患者的症状。然而，阿兹海默病患者发病缓慢、持续时间长，目前临床药物虽有一定疗效，但药物价格昂贵，且这些药剂都伴随着各种副作用，如头晕、疲劳、肠胃不适、心律失常等，不利于阿兹海默病患者长期服用。因此，安全、高效的乙酰胆碱酯酶抑制剂具有广阔的市场需求以及重要的意义。

据不完全统计，沉香中已有62种成分具有抑制乙酰胆碱酯酶活性，其中倍半萜21种，色酮类物质41种（表1-5）。9*β*-羟基-芹子-3,11-二烯-12-醛、(4*αβ*,7*β*,8*αβ*)-3,4,4*α*,5,6,7,8,8*a*-八氢-7-[1-(羟基薄荷基)乙烯基]-4*a*-甲基萘-1-甲醛、9*β*-羟基-芹子-3,11-二烯-12-醛、6-羟基-2-(2-苯乙基)色酮和6-甲氧基-2-[2-（3-羟基-4-甲氧基苯基）乙基]色酮等在质量浓度为50μg/mL时，对乙酰胆碱酯酶的抑制活性率为10.3%～33.6%（李薇，2014）；从奇楠沉香提取物中分离得到的奇楠醇A～C（Qinanol）和呋喃白木香醇等单体（50μg/mL）也具有抑制乙酰胆碱酯酶活性，其抑制率为15%～63.1%（Yang et al., 2016）。沉香中的天然抑制乙酰胆碱酯酶的活性成分，可作为先导化合物，然后通过合成或者结构修饰增强其活性，对开发新药具有指导意义。

表1-5　化合物单体（50μg/mL）抑制乙酰胆碱酯酶活性

化合物	抑制率（%）
9*β*-羟基-芹子-3,11-二烯-12-醛	14.7
(4*αβ*,7*β*,8*αβ*)-3,4,4*α*,5,6,7,8,8*a*-八氢-7-[1-(羟基薄荷基)乙烯基]-4*a*-甲基萘-1-甲醛	10.3
(-)-7*β*H-桉叶烷-4*α*,11-二醇	12.3
9*β*-羟基-芹子-3,11-二烯-12-醛	14.7
新紫蜂斗莱烯	70.7
7*α*-H-11*α*,13-dihydroxy-9(10)-ene-8*α*,12-epox-yemophane	48.33
7*β*-H-9(10)-烯-11,12-环氧-8-艾里莫芬烷	IC_{50}：274.8 μmol/L
7*α*-H-9(10)-烯-11,12-环氧-8-艾里莫芬烷	IC_{50}：491.4 μmol/L
2-[(2*β*,8*β*,8a*α*)-8,8a-二甲基-1,2,3,4,6,7,8,8a-八氢萘-2-基]-3-羟基-2-甲氧杂丙酸	15

（续）

化合物	抑制率 (%)
(4*S*,5*R*,7*R*)-11,12- 二羟基艾里莫芬烷 -1(10)- 烯 -2- 氧代 -11- 甲酯	42.9
1,5;8,12- 二环氧愈创木 -12- 酮	13.3
3-Oxo-7-hydroxylholosericin A	21.1
奇楠醇 A	63.1
奇楠醇 B	15
奇楠醇 C	19.1
沉香呋喃醇	24.2
奇楠内酯 A	31
奇楠愈创 (木) 烷 - 酮	19.45
4- 表 -10- 羟基菖蒲酮烯	44.5
4- 表 -15- 羟基菖蒲烯酮	20.8
顺 -7- 羟基菖蒲烯	49.9 (50μmol/L)
2-(2- 苯乙基) 色酮	11.4
2-[2-(3- 羟基 -4- 甲氧基苯基) 乙基] 色酮	18.6
2-[2-(3- 甲氧基 -4- 羟基苯基) 乙基] 色酮	14.9
2-[2-(2- 羟基 -4- 甲氧基苯基) 乙基] 色酮	17.0
2-[2-(4- 羟基苯基) 乙基] 色酮	10.0
2-[2-(3- 羟基苯基) 乙基] 色酮	24.1
2-[2-(2- 羟基苯基) 乙基] 铬酮	14.3
6,7- 二甲氧基 -2-[2-(4- 羟基苯基) 乙基] 色酮	10.0
(*S*)-2-(2- 羟基 -2- 苯乙基) 色酮	15.8
(*R*)-2-(2- 羟基 -2- 苯乙基) 色酮	17.4
2-[2- 羟基 -2-(4- 甲氧基苯基) 乙基] 色酮	25.4
2-[2- 羟基 -2-(4- 羟基苯基) 乙基] 色酮	20.3
5- 羟基 -6- 甲氧基 -2- [2-(3- 羟基 -4- 甲氧基苯基) 乙基] 色酮	33.6
6,7- 二甲氧基 -2-(2- 苯乙基) 色酮	10.8
6- 甲氧基 -2-[2-(3- 羟基 -4- 甲氧基苯基) 乙基] 色酮	32.4
5,6- 环氧 -7*β*- 羟基 -8*β*- 甲氧基 -2-(2- 苯乙基) 色酮	31.5
6- 羟基 -7- 甲氧基 -2-(2- 苯乙基) 色酮	15.0
6- 羟基 -7- 甲氧基 -2-[2-(3- 羟基 -4- 甲氧基苯基) 乙基] 色酮	21.6
Crassin A	12
Crassin B	15.7
Crassin C	15.4
Crassin D	12.4
Crassin I	14.43
Crassin J	18.49
7- 羟基 -6- 甲氧基 -2-[2-(4- 羟基 -3- 甲氧基苯基) 乙基] 色酮	41.47
(6*S*,7*S*,8*S*)-6,7,8- 三羟基 -2-(3- 羟基 -4- 甲氧苯基) 乙基 -5,6,7,8- 四氢色酮	41.27
(6*S*,7*S*,8*S*)-6,7,8- 三羟基 -2-(4- 羟基 -3- 甲氧基苯基) 乙基 -5,6,7,8- 四氢色酮	32.11
Aquilasinenone I	15.66
Aquilasinenone J	16.80

（续）

化合物	抑制率 (%)
Aquilasinenone K	16.82
(5*S*,6*S*,7*S*,8*S*)-2-[2-(4′- 甲氧基苯基) 乙基]-7,8- 环氧 -5- 甲氧基 -6- 羟基 -5,6,7,8- 四氢色酮	15.8
(5*R*,6*S*,7*S*,8*S*)-2-[2-(4′- 甲氧基苯基) 乙基]-7,8- 环氧 -5- 甲氧基 -6- 羟基 -5,6,7,8- 四氢色酮	47.9
四氢色酮 A	19.1
四氢色酮 B	17.5
四氢色酮 K	47.4
四氢色酮 L	35.9
四氢色酮 M	15.8
(5*S*,6*R*,7*S*,8*R*)-2-(2- 苯乙基)-5,6,7- 三羟基 -5,6,7,8- 四氢 -8-[2-(2- 苯乙基) 铬酮基 -6- 氧代] 色酮	24.57
(5*S*,6*R*,7*S*,8*R*)-2-[2-(4- 甲氧基苯基) 乙基]-5,6,7- 三羟基 5,6,7,8- 四氢 -8-{2-[2-(4‴- 甲氧基苯基) 乙基] 铬酮基 -6- 氧代 } 色酮	10.85
(5*R*,6*R*,7*R*,8*S*)-2-(2- 苯乙基)-5,6,7- 三羟基 -5,6,7,8- 四氢 -8-[2-(2- 苯乙基) 铬酮基 -6- 氧代] 色酮	44.01
阳性对照他克林 (0.08μg/mL)：51.0% ~ 88.73%	

5. 抗肿瘤活性

癌症是全球范围内的重大健康挑战，对人类健康和生命造成了严重威胁。研究表明，沉香中多种倍半萜和色酮类成分具有抑制人慢性髓原白血病细胞、人肝癌细胞和人胃癌细胞等肿瘤细胞的作用（表 1-6）。Crassin C、Crassin D、1,8- 环氧 -5H- 愈创木 -9- 烯 -12,8- 交酯、（4*R*,5*S*）-3- 羰基 -5,6- 二氢 - 桂莪术内酯和 1（5）- 烯 -7,10- 环氧 - 愈创木 -12- 酮等倍半萜对人慢性髓原白血病细胞活性有抑制作用（Yang et al., 2017; Mi et al., 2019）。6- 羟基 -2-[2-（3,4- 二甲氧基苯基）乙基] 色酮、6- 羟基 -2-[2-(4- 羟基苯基) 乙基] 色酮、6- 甲氧基 -7- 羟基 -2-[2-（4- 甲氧基苯基）乙基] 色酮和 6,7- 二甲氧基 -2-[2-(4- 羟基苯基) 乙基] 色酮等色酮类物质具有抑制人胃癌细胞、人肝癌细胞和人卵巢癌细胞的活性作用（Liu et al., 2020）。6- 羟基 -2-[2-（3- 甲氧基 -4- 羟基苯基）乙基] 色酮、6- 羟基 -7- 甲氧基 -2-[2-(4- 羟基苯基) 乙基] 色酮和 6- 羟基 -2-[2-（3- 甲氧基 -4- 羟基苯基）乙基] 色酮等色酮对腺癌人类肺泡基底上皮细胞有抑制作用（田浩 等 , 2019）。天然产物一直以来作为抗癌药物的重要来源，上述研究对从沉香中寻找抗癌新药提供了线索。

表 1-6　沉香中抗肿瘤细胞活性成分

化合物	抗肿瘤细胞类型	IC_{50}（μg/mL）	阳性对照（IC_{50}，μg/mL）
Crassin C	I	73.5 μmol/L	紫杉醇：4.3μmol/L
Crassin D	I	70.9 μmol/L	
1,8- 环氧 -5H- 愈创木 -9- 烯 -12,8- 交酯	I	33.8 μmol/L	阿霉素：0.07μmol/L
(4*R*,5*S*)-3- 羰基 -5,6- 二氢 - 桂莪术内酯	I	45.1 μmol/L	
1(5)- 烯 -7,10- 环氧 - 愈创木 -12- 酮	I	48.6 μmol/L	
2-(2- 苯乙基) 色酮	I、II、III	75.2、17.5、50.3	紫杉醇：1.9、6.3、7.4
2-[2-(4- 甲氧基苯基) 乙基] 色酮	II	8.5	紫杉醇：6.3
5- 羟基 -6- 甲氧基 -2- [2-(3- 羟基 -4- 甲氧基苯基) 乙基] 色酮	I、II、III、VI	11.83、25.02、29.29、44.11	阿霉素：7.93、6.47、3.62、6.29
6- 羟基 -2-[2-(3,4- 二甲氧基苯基) 乙基] 色酮	IV、V、VII	36.42、21.4、35.38	顺铂：1.99、2.21、2.82 紫杉醇：7.84、4.00、4.00
6- 羟基 -2-[2-(4- 羟基苯基) 乙基] 色酮	IV、V、VII	23.92、37.95、34.83	
6- 甲氧基 -7- 羟基 -2-[2-(4- 甲氧基苯基) 乙基] 色酮	IV、V、VII	31.17、27.08、33.51	
6,7- 二甲氧基 -2-[2-(4- 羟基苯基) 乙基] 色酮	IV、V、VII	31.34、20.1、36.64	
6,7- 二甲氧基 -2-[2-(3- 羟基苯基)- 乙基] 色酮	IV、V、VII	35.25、30.01、26.98	
6,7- 二甲氧基 -2-[2-(3- 甲氧基 -4- 羟基苯基) 乙基] 色酮	IV、V、VII	28.60、24.85、38.60	
6,7- 二甲氧基 -2-[2-(3- 羟基 -4- 甲氧基苯基) 乙基] 色酮	IV、V、VII	28.24、31.06、22.54	
7- 羟基 -2-[2-(3- 甲氧基 -4- 羟基苯基)- 乙基] 色酮	IV、V、VII	25.35、18.82、31.60	
(5*R*,6*S*,7*S*,8*R*)-5,6,7- 三羟基 -8- 甲氧基 -5, 6, 7, 8- 四氢 -2-[2-(4- 甲氧基苯基) 乙基] 色酮	I	42.66 μmol/L	阿霉素：0.07 ~ 0.47μmol/L
(6*S*,7*S*,8*R*)-6,7- 二羟基 -8- 氯 -5,6,7,8- 四氢 -2-[2-(3- 羟基 -4- 甲氧基苯基) 乙基] 色酮	VI	49.8 μmol/L	
6- 羟基 -2-[2-(3'- 甲氧基 -4'- 羟基苯基) 乙基] 色酮	I、II、III、VI、VIII	13.20、25.91、23.51、30.55、22.00	阿霉素：3.62 ~ 14.77
6- 羟基 -7- 甲氧基 -2-[2-(4'- 羟基苯基) 乙基] 色酮	I、III、VIII	45.38、35.42、33.31	
5*α*,6*β*,7*β*,8*α*- 四羟基 -2-[2-(4'- 甲氧基苯基) 乙基]-5,6,7,8- 四氢色酮	II、III	35.11、32.95	
6- 羟基 -2-[2-(3'- 甲氧基 -4'- 羟基苯基) 乙基] 色酮	I、II、III、VI、VIII	2.87、4.75、9.91、13.86、22.43	

注：Ⅰ - 人慢性髓原白血病细胞（K-562）；Ⅱ - 人肝癌细胞 BEL；Ⅲ - 人胃癌细胞（SGC）；Ⅳ - 人胃癌细胞（MGC-803）；Ⅴ - 人体肝癌细胞（SMMC-7721）；Ⅵ - 人宫颈癌细胞（Hela）；Ⅶ -OV-90 人卵巢癌细胞；Ⅷ - 腺癌人类肺泡基底上皮细胞 A549。

6. 神经保护活性

沉香的神经保护活性也是学者们研究的热点之一。倍半萜是沉香神经保护活性的物质基础之一，沉香螺旋醇、沉香雅榄蓝醇和白木香酸拥有镇痛和镇静的活性作用（Okugawa et al., 1996, 2000; 杨峻山 等，1983）。沉香呋喃和布格呋喃对小鼠有抗焦虑和缓解抑郁的效果（Guo et al., 2002）。11β- 羟基 -13- 异丙基二氢脱氢内酯（10μmol/L），可抑制大鼠脑突触体中的 [3H]-5-HT 再摄取，抑制率为 51.9%，对照度洛西汀在该浓度下抑制率为 89.5%，说明该单体具有良好的抗抑郁活性（Yang et al., 2012a）。此外，多种色酮已被证明了具有神经保护活性（表 1-7）。6- 羟基 -7- 甲氧基 -2-[2-(3'- 羟基 -4'- 甲氧基苯基）乙基] 色酮和 6,7- 二羟基 -2-[2-（4'- 甲氧基苯基）乙基] 色酮可缓解谷氨酸诱导的神经毒性和皮质酮诱导的神经毒性，证明这两种色酮具有神经保护活性（Yang et al., 2012b）。

表 1-7　沉香中神经保护活性色酮成分（10μmol/L）

化合物	谷氨酸诱导的神经毒性（%）	皮质酮诱导神经毒性（%）
6- 羟基 -7- 甲氧基 -2-[2-(3'- 羟基 -4'- 甲氧基苯基) 乙基] 色酮	61.6	32.9
6,7- 二甲氧基 -2-[2-(3'- 羟基 -4'- 甲氧基苯基) 乙基] 色酮	64.8	/
7- 羟基 -6- 甲氧基 -2-[2-(3'- 羟基 -4'- 甲氧基苯基) 乙基] 色酮	42.7	/
6,7- 二甲氧基 -2-[2-(4'- 羟基 -3'- 甲氧基苯基) 乙基] 色酮	34.6	/
6,7- 二羟基 -2-[2-(4'- 甲氧基苯基) 乙基] 色酮	65.8	17.4
6- 羟基 -7- 甲氧基 -2-[2-(4'- 羟基苯基) 乙基] 色酮	25.2	/
6,8- 二羟基 -2-[2-(3'- 羟基 -4'- 甲氧基苯基) 乙基] 色酮	82.2	86.9
6- 羟基 -2-[2-(4'- 羟基 -3'- 甲氧基苯基) 乙烯基] 色酮	58.3	/
阳性对照	氟西汀: 92.5	氟西汀: 93.7

7. 其他活性

沉香除了上述的活性之外，还具有多种其他药理作用，如平喘、缓解心血管疾病、肠胃保护等。

沉香能够缓解呼吸系统疾病。沉香乙醇提取物可显著减少小鼠的哮喘次数，并可缓解哮喘小鼠的病理损伤，说明沉香具备平喘的作用，其作用机制可能与抑制炎症和抗凋亡有关（王灿红 等, 2021）。沉香可通过增加细胞内环磷酸腺苷（cAMP）水平，抑制肥大细胞的组胺释放，具备治疗支气管哮喘的潜力，此外对特应性皮炎和荨麻疹，也显示出积极的治疗效果（Inoue et al., 2016）。

部分色酮还具有抑制磷酸二酯酶活性，具备治疗心血管疾病的潜力。7-二羟基-2-[2-（3-羟基-4-甲氧基苯基）乙基]色酮、5*α*, 6*β*, 7*α*, 8*β*-四羟基-2-[2-（4-甲氧基苯基）乙基]-5,6,7,8-四氢色酮和（5*R*,6*S*,7*S*,8*R*）-2-[2-（4-羟基-3-甲氧基苯基）乙基]-5,6,7,8-四羟基-5,6,7,8-四氢色酮抑制磷酸二酯酶3A的 IC_{50} 值分别为44.2μmol/L、54.0μmol/L和40.1μmol/L，阳性对照米力农 IC_{50} 值为0.92 ~ 8.0μmol/L，具有治疗心力衰竭的潜力；6,7-二羟基-2-[2-（3-羟基-4-甲氧基苯基）乙基]色酮可抑制磷磷酸二酯酶5A活性，其 IC_{50} 值为20.7μmol/L（阳性对照扎普西特 IC_{50}：1.9μmol/L），主要有正性肌力和扩张血管等作用（Shibata et al., 2020; Sugiyama et al., 2018）。

6-甲氧基-2-(2-苯乙基)色酮和7-甲氧基-2-(2-苯乙基)色酮具有PPAR部分激动剂效果，具备降血脂、治疗高胆固醇症等的潜力（Ahn et al., 2019）。

胃保护也是沉香的功效之一。（4*S*,5*S*,7*R*,10*S*）-5,7-二羟基-11-桉叶烷、12-环氧-8-艾里莫芬烷、4（14）-桉叶烯-8*α*,11-二醇、12,15-二氧芹子-4,11-二烯和2*β*,8a*α*-二羟基-11-烯-艾里莫芬烷5种倍半萜物质在质量浓度为20μmol/L时，可明显改善牛磺胆酸（TCA）诱导的GES-1人胃黏膜细胞损伤，其细胞保护率分别为23.51%、16.10%、24.45%、17.48%和21.44%，与同浓度下的阳性对照硫糖铝（23. 25%）效果相当，可为开发胃痛相关疾病的药物提供依据（张航 等, 2022）。

此外，5,6-二羟基-2-(2-苯乙基)氯酮和6-羟基-7-甲氧基-2-[2-(3'-羟基-4'-甲氧基苯基）乙基]色酮可抑制酪氨酸酶活性，抑制黑色素的形成，具有美白的潜力（Zhao et al., 2019; Yang et al., 2019）。

第四节　沉香的香气活性

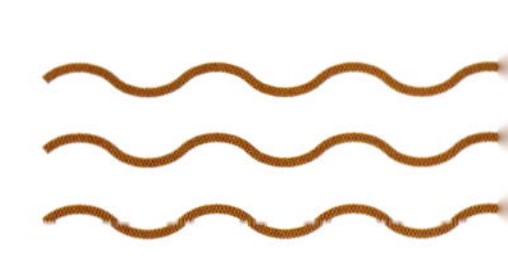

一、传统香用

香，是大自然的产物，爱香是人与生俱来的天性。沉香，作为一种久负盛名的香料，自然状态下散发着柔和的香气，加热后释放出的气味变化多端、极具穿透力和持久性，被认为是世界上最迷人的香气。沉香作为一种特殊的媒介和载体，在中国传统的香文化中闪耀着夺目的光彩。它芬芳的氤氲时隐时现弥漫在中国几千年的历史长卷中，缥缈无声地渗透在崇拜祭祀和宗教礼仪以及帝王将相、文人雅士、平民百姓的起居生活中，满足人类从感官、医疗到精神多方面的需求。

我国的用香史可以追溯到殷商甚至更遥远的新石器时代晚期的祭祀活动。《尚书·尧典》记载了舜帝登基，举行祭天大典，上告天庭，登泰山，焚烧柴木，祭祀山川。殷商甲骨文中的“柴”字，意指“手持燃烧的祭礼”，堪为祭祀用香的形象。

春秋战国时期，祭祀用香和生活用香并行发展，香气养性的观念初步形成。香茅、艾草、菖蒲等草本类香料已用于熏香、辟秽、祛虫、医疗养生等日常生活领域，出现了熏烧、佩戴、饮服、熏浴等多种用法。河南鹿邑出土的战国鸟擎铜博山炉、陕西雍城出土的战国凤鸟衔环铜熏炉都表明战国时期的熏香风气已经盛行。我国最早的医学典籍《黄帝内经》就记载了艾灸、熏燎等治病方法。

汉朝时期，陆上和海上丝绸之路兴起，沉香、乳香、安息香等域外木本树脂香药开始大量传入中土，成为当时主要的熏香材料。当时的熏香大多是直接熏烧，既用单一香料，也采用多种香料合烧调配香气的合香之法。熏衣熏被、居室熏香等生活用香是汉代用香的重要组成部分，祛秽、养生、养性是其主要功能，熏香风气在以王公贵族为代表的上层社会盛行。值得一提的是，随同域外香料传入中国的还有印度佛教，佛教提倡在修炼悟禅过程中熏香，把香看作是修道的助缘，同时香药也是佛医化病疗疾的一个重要手段。我国关于沉香的最早记载来自东汉时期杨孚的《异物志》，该书现已不存世，所幸后人一些书目有对该书内容的引用。宋代《太平御览》（香部·卷二）在木蜜条目下记载："《异物志》曰：'木蜜，名曰香树。生千岁，根本甚大。先伐僵之，四五岁乃往看，岁月久，树材恶者腐败，唯中节坚直芬香者独在耳。'"

唐朝时期，强盛的国力和发达的陆海交通，为香文化的长足发展奠定了良好基础，使得香料的种类更为丰富，香的制作与使用更为讲究。用香成为唐代宫廷礼制的一项重要内容，整个文人阶层普遍用香。隔火熏香的用香技法在唐代中晚期趋于成熟，通过在炭火与所熏香品之间放入云母片、银片、瓷片等传热薄片，减少烟气，使香气缓慢释放。唐代用香，受波斯用香影响较大，以合香为主，喜欢浑厚复合香味。天宝十三载（754），鉴真终于在第六次东渡成功，抵达日本京都、奈良，随船带去大批香料和中药，这对日本香道的形成与发展具有重要影响。

两宋时期，先进的造船与航海技术为我国输入了大批香料，朝野上下香料充足，香已成为大众常用之物，焚香、点茶、挂画和插花四艺逐渐形成，一批制香名家和香学大家应运而生，香席雅集活动兴盛。北宋画家张择端的《清明上河图》描绘了当时汴京（今开封）的繁华胜景，其中有多处与香相关的景象，一香铺门前树立"刘家上色沉檀拣香"招牌，售卖沉香、檀香和拣香（乳香）等香料，这说明沉香已渗入市民日常生活。宋人品香以"味清、烟润、气长”为胜，强调由鼻子的嗅闻产生思维上的升华，也就是通过嗅闻沉香这一媒介，感受沉香的美好，启发心理的感悟。北宋时期开始盛行单品沉香之法，不同产地的沉香品质高低评价已有明确记载。南宋中期，人们对奇楠沉香的特性及与其他沉香的区别已有相对明确的认识，故冠以奇楠称谓加以区别。

明朝时期，朝贡贸易、葡萄牙商人贸易等香料供应使得香文化得到了稳步发展，社会用香风气浓厚，香药、香方、香具、熏香方法都颇为讲究。隔火熏香、单品沉香仍然是用香方法的主流。元代出现的线香到明代时制作技术已完全成熟，签香、塔香雏形也陆续出现。香具要求更高，著名的宣德炉即为明宣宗时制造，盛极一时。焚香品茶成为明代文人生活的重要组成部分，咏香诗文、香学著作数量颇多，其中明朝晚期出现一部集大成式的香学专著《香乘》，汇集了香史、香料、香具、香方、香文、香典等内容，是我国古代内容最为丰富的一部香学著作。为了满足当时市场需求，沉香种植业在广东东莞一带兴盛，产香数量颇大，一度成为当地的支柱产业。明代晚期，在东莞寮步镇形成了至今仍具有强大生命力的沉香交易集散地。

近年来，随着我国传统文化的回归和复兴，沉香种植和结香技术不断发展，沉香的供应量逐渐增加，增值利用方式呈多元化发展，应用范围从传统的熏香和燃香扩展到日常生活的方方面面。例如，通过多级提取方式，可以将沉香的有效物质分离为精油、提取物、浸膏、芳香水等多种产物，和香精香料、日化行业、芳疗、皮肤护理等行业融合发展。这种多元化的利用方式彰显了沉香在现代生活中潜在的广泛应用价值。

二、现代研究与应用

随着医学、化学和生物技术的飞速发展，现代科学开始解锁沉香香气活性分子的秘密，揭示其在现代疗法和应用中的潜力。

1. 沉香的香气活性分子

沉香的特征化学成分是香气的物质基础。但是关于沉香中关键香气成分的研究尚无共识，目前并没有公认的沉香标志性气味的化合物，可用于识别区分沉香。主要原因是沉香成分过于复杂，增加了关键香气成分筛选研究的难度。研究者一直努力尝试使用多种分析技术（表 1-8，图 1-20）和数据处理方法，从沉香粉末、沉香提取物和沉香精油中筛选气味活性化合物，并试图找出它们与沉香质量的相关性。

沉香提取物、沉香精油和燃烧沉香的气味也存在一定差异。沉香提取物的气味通常与沉香更为接近。水蒸馏提取的沉香精油成分则会因生产厂家的提取条件不同存在差异。除温度、提取时间等因素，微生物发酵预处理也被应用于沉香精油提取，且发酵时间长短不一，有的会将沉香浸泡在水中进行长达 3 个月的发酵，该过程对沉香精油的成分也会产生一定影响。沉香传统上更多用于燃香，燃烧温度远高于水蒸馏温度，会产生更多的化合物，其气味与沉香精油也不同。

表 1-8　沉香气味分析方法及气味分子

分析技术	统计方法	分级标志化合物
电子鼻技术	聚类分析、主成分分析、人工神经网络	未提及
固相微萃取 - 气质联用仪（SPME-GC-MS）、气相色谱 - 闻香器	未提及	香气主要贡献者：*β*- 沉香呋喃、苯基丁酮、糠醛和苯甲醛；香气次要贡献者：(E)-*α*-香柑油烯、*α*-蛇麻烯、*α*-愈创木烯、*α*-沉香呋喃、香蒿呋喃酮、环氧龙脑烯、沉香螺醇、沉香雅蓝醇、枯苏醇、菖蒲烯酮、芹子 -3,11- 二烯 -14- 醛、9,11- 艾里莫芬二烯 -8- 酮
气质联用仪（GC-MS）	正态检验、标准差、偏斜度、斜度 利用 SPSS 进行相关性分析	每种等级中均发现棕榈酸、朱栾倍半萜和 *α*- 愈创木烯
气质联用仪	K- 邻近法	A 级：沉香螺醇、*β*- 沉香呋喃； B 级：*α*- 沉香呋喃、10- 表 -*γ*- 桉叶油醇、氧代沉香螺醇
顶空固相微萃取 - 气质联用（HS-SPME-GC-MS）	标准分数法	香橙烷、*β*- 沉香呋喃、*α*- 沉香呋喃、10- 表 -*γ*- 桉叶油醇和 *γ*- 桉叶油醇
气质联用仪	人工神经网络	高等沉香：*β*- 沉香呋喃、*α*- 沉香呋喃、10- 表 -*γ*- 桉叶油醇和 *γ*- 桉叶油醇； 低等沉香：长叶醇、十六醇和桉叶油醇
全二维气相色谱 - 飞行时间质谱	/	别香橙烯、朱栾倍半萜、*γ*- 古芸烯、*β*- 愈创木烯、雅槛蓝（树）油烯、*α*- 蛇床烯、沉香螺醇和 *γ*- 桉叶油醇聚集体
实时直接分析与飞行时间 - 质量分光光度法	核判别分析	人工与野生之间存在某些色酮的显著差异

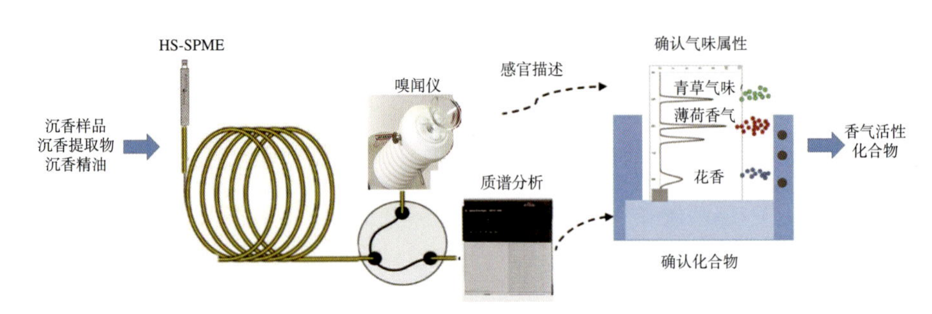

图 1-20　沉香香气活性化合物分析方法

目前针对沉香、沉香精油和燃烧沉香气味的研究发现了一些沉香中的气味成分（图 1-21）。其中，倍半萜类化合物中包括了桉烷型、愈创木型、艾力莫芬烷型、菖蒲烷和杜松烷型等多种类型。沉香中还有含双氧或三氧的倍半萜烯醇、醛和酯类等。含氧的倍半萜类化合物的挥发性不如萜烯类，但被认为与沉香持久气味相关。水蒸馏提取的沉香精油主要成分为倍半萜类，因此这类产品的气味由沉香中倍半萜类成分决定。

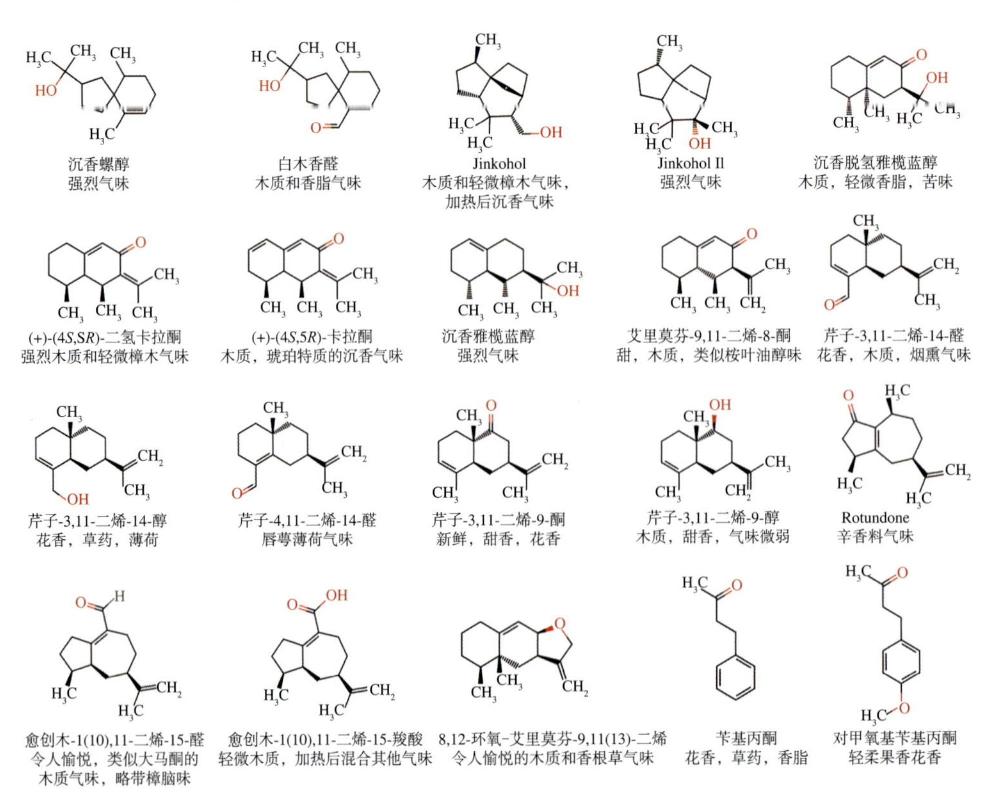

图 1-21　沉香中的香气成分

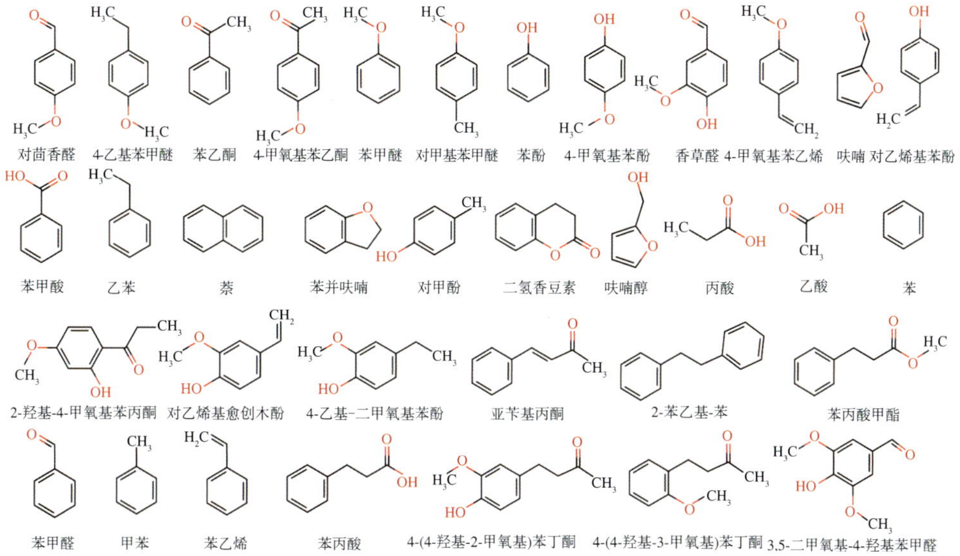

对茴香醛　4-乙基苯甲醚　苯乙酮　4-甲氧基苯乙酮　苯甲醚　对甲基苯甲醚　苯酚　4-甲氧基苯酚　香草醛　4-甲氧基苯乙烯　呋喃　对乙烯基苯酚

苯甲酸　乙苯　萘　苯并呋喃　对甲酚　二氢香豆素　呋喃醇　丙酸　乙酸　苯

2-羟基-4-甲氧基苯丙酮　对乙烯基愈创木酚　4-乙基-二甲氧基苯酚　亚苄基丙酮　2-苯乙基-苯　苯丙酸甲酯

苯甲醛　甲苯　苯乙烯　苯丙酸　4-(4-羟基-2-甲氧基)苯丁酮　4-(4-羟基-3-甲氧基)苯丁酮　3,5-二甲氧基-4-羟基苯甲醛

图 1-22　沉香燃烧后的香气成分

在燃烧的沉香烟气中，除了挥发性的倍半萜类，2-(2-苯乙基)色酮类发生裂解，释放出更多的气味分子，包括多种芳香族化合物，如苯甲醛和对茴香醛等（图 1-22）。这些芳香族化合物都具有较强的气味和挥发性，使得燃烧后的沉香气味更为丰富强烈。由于不同种类或产地沉香的 2-(2-苯乙基)色酮组成也存在差别，可能使得这些沉香燃烧后气味差异更大。因此传统方法区别不同产地沉香，会通过燃烧气味进行经验判别。

2. 香气活性分子的药理作用

沉香作为一种重要的芳香类药材，在散发迷人香味的同时也发挥着重要的药用价值。现代研究证明，采用嗅吸、熏蒸、沐浴、按摩等方法，沉香香气分子可通过鼻—脑、鼻—肺、肌肤—血管三种路径作用于人体，发挥愉悦心情、镇静、抗焦虑、助眠、抗抑郁等多种药理作用。

（1）精神疾病治疗

精神疾病是指一组影响思维、感知、情感、行为以及与他人的关系等方面的疾病，包括抑郁、焦虑、失眠等。沉香熏香和精油具有镇痛、镇静、安定心神的效果。

①抗焦虑。焦虑症的病因复杂多元，普遍认识是它涉及中枢神经系统中负责调节焦虑反应的神经递质和神经回路的失衡，特别是在γ-氨基丁酸（GABA）和单胺类神经递质系统中可能存在缺陷，这可能导致神经传递过程的功能紊乱。沉香的香气活性分子，尤其是其令人放松心灵的香气，已显示出其具有减轻焦虑和镇静作用的潜力。

通过一系列行为学试验，如巴恩斯迷宫试验、明暗箱转换试验以及旷场试验，已证实沉香精油的抗焦虑作用表现出剂量依赖性，能有效地改善小鼠的焦虑行为，40mg/kg剂量的沉香精油所展现的效果与标准抗焦虑药地西泮（剂量为2.5mg/kg）的疗效相近，强有力的暗示了沉香精油在抗焦虑方面的显著效力（Wang et al., 2018c）。

此外，在熏蒸沉香精油的研究中，观察到了小鼠自发运动活动的显著抑制效果，表现为运动总路程、运动时间以及平均速度的减少，这些结果进一步揭示了沉香精油在药理学上具有镇静作用（王帅 等，2016）。日本研究者发现沉香精油成分中的白菖烯和α-古芸烯具有镇静功效（Takemoto et al., 2008）。而前文中也总结了沉香螺旋醇、沉香雅槛蓝醇和白木香酸等香气活性成分同样展现出镇静效果。更进一步，研究人员验证了沉香熏香中的香气成分，如对甲氧基苯甲醛、4-甲氧基苯乙酮和4-甲氧基苯丙酮，在药理学上能有效降低小鼠的自发运动活动强度，从而具备镇静效果（Castro and Ito, 2021）。

此外，研究人员结合网络药理学发现沉香精油中苄基丙酮、3-苄基丙酮、环己基苯和1-（5,5-二甲基-1-环戊烯-1-基）-2-甲氧基苯等香气活性成分，为缓解焦虑的潜在成分，其潜在作用靶点为D2多巴胺受体、钠依赖性去甲肾上腺素、褪黑素受体、σ1型阿片受体转运体、脂肪酸酰胺水解酶、5-HT1A受体、P物质受体和δ型阿片受体（王灿红 等，2019）。以上多种芳香族香气活性成分具有潜在缓解焦虑的效果，这也表明了熏香过程中色酮类成分裂解形成的芳香族香气活性物质具有缓解焦虑的效果。

②促进睡眠。睡眠障碍是常见的精神疾病之一，长期失眠会导致注意力

分散和集中困难、记忆力下降、决策能力减退，甚至可能会引起一些心血管并发症等问题。但长期使用安眠药可能带来药物依赖性和失眠症状的反弹。寻找新型调节睡眠和治疗失眠的药物十分重要。

沉香熏香通过其香气成分气体的吸入能显著降低失眠小鼠的活动频率，并且对失眠小鼠的生活质量和运动能力有所改善，其作用机制与调节特定的氨基酸类神经递质有关（梁宇，2019）。

在临床试验中，失眠患者在睡前使用沉香熏香持续三周后，观察到其在多个专业睡眠评定量表上的表现显著优于对照组，包括睡眠质量的整体改善、睡眠效率的提升以及睡眠潜伏期的缩短。除此之外，患者的广泛性焦虑和抑郁症状也有所减轻（雷莉 等，2019）。

此外，研究人员结合网络药理学发现，沉香精油中的苄基丙酮、2,6-二叔丁基对甲酚、3-苄基丙酮和环己基苯等化合物是调节睡眠的潜在化合物，其潜在作用靶点为D2多巴胺受体、钠依赖性去甲肾上腺素、褪黑素受体和σ1型阿片受体转运体（王灿红 等，2019）。

③抗抑郁。抑郁症是一种心理健康疾病，抑郁症会导致患者情绪低落、消沉和无助感，甚至可能引发身体症状，如失眠、嗜睡和食欲不振等问题，对患者的身心健康造成严重的危害。

研究表明对抑郁症患者，采用沉香香熏疗法2个疗程（14天），可明显改善抑郁状态患者的中医临床症状，对降低流调中心用抑郁量表和汉密尔顿抑郁量表的积分，具有较好的临床效果，同时治疗前后，患者的血常规、尿常规、肝肾功能和心电图无明显异常变化，证明了安全性（黄国尧，2016）。

小鼠悬尾试验和强迫游泳试验，证明了沉香精油可显著缩短小鼠的不动时间，表明了沉香精油具有良好的抗抑郁疗效，可能与抑制促肾上腺皮质激素释放因子和下丘脑-垂体-肾上腺轴的过度活动有关（Wang et al., 2018c）。

此外，基于网络药理学发现沉香精油中苄基丙酮、3-苄基丙酮、1-（5,5-二甲基-1-环戊烯-1-基）-2-甲氧基苯和环己基苯等化合物具有潜在治疗抑郁症的效果，其潜在作用靶点是D2多巴胺受体、钠依赖性去甲肾上腺素、褪黑素受体、σ1 型阿片受体转运体、脂肪酸酰胺水解酶、5-HT1A 受体、P 物质受体和 δ 型阿片受体（王灿红 等 , 2019）。以上试验证明了沉香中的香气活性物质具有缓解抑郁症的潜力，使其有可能成为辅助治疗抑郁症病人的一个选项。

（2）抗炎作用

一系列体外和体内的试验已经证实了沉香精油具有显著的抗炎效果。通过沉香精油灌胃给药，并结合使用脂多糖诱导的 RAW264.7 细胞模型进行的研究，揭示了沉香精油的抗炎活性，研究进一步表明，沉香精油在分子水平上可能是通过抑制 p-STAT3 的表达，进而降低前炎症细胞因子 IL-1*β* 和 IL-6 的产生和释放，推测这种抗炎效应与沉香精油中的倍半萜成分相关（Gao et al., 2019）。另一项研究也证实了沉香精油的抗炎机制是抑制促炎症细胞因子 IL-1*β*、IL-6 和 TNF-*α* 的表达和降低机体的脂质过氧化程度，同时进一步通过分子对接发现精油中的倍半萜成分沉香雅槛蓝醇和 10- 表 - 桉叶油醇具有抗炎效应（Yadav et al., 2013）。

（3）抗肿瘤作用

多种研究表明沉香的香用成分对肿瘤细胞有抑制作用。沉香精油对人乳腺癌细胞和人直肠癌具有活性抑制能力（Hashim et al., 2014; Dahham et al., 2016）。沉香三氯甲烷提取物对人肝癌细胞、人神经癌细胞、人乳腺癌细胞和人肺癌细胞具有抑制效果，其中多种香气活性成分，如 *α*- 檀香醇、苍矛术醇、马兜铃烯和马兜铃酮等，与 4 种肿瘤细胞的 IC_{50} 的关联度达 0.7 以上，表明了这些香气活性成分在抗肿瘤方面起着重要的作用（陈晓颖 等 , 2018）。

（4）抗菌作用

沉香精油对金黄色葡萄球菌和枯草芽孢杆菌具有抑制效果（Wang et al., 2018d）。研究进一步证明了沉香精油中的倍半萜 *β*- 石竹烯对金黄色葡萄球菌的抗菌效果比抗菌药物卡那霉素更强（Dahham et al., 2015）。奇楠与沉香燃香后具有抑制大肠埃希菌、金黄色葡萄球菌的功效以及铜绿假单胞菌的主要活性物质应为芳香族化合物（如甲氧基苯甲醛）以及倍半萜类化合物（胡泽坤, 2022)。

(5)其他作用

在各种剂量下，沉香精油均在不同程度上增加了受氧化应激影响的海马神经细胞的存活率，这突显了沉香香气活性分子对神经元的保护能力(王浩楠, 2020)。当施以适宜剂量时，沉香精油能对抗因过氧化氢诱导的PC12细胞的氧化损伤，这一发现进一步验证了沉香香气成分潜在的抗氧化特性(熊礼燕 等, 2014)。此外，以荜澄茄油烯醇、沉香螺醇及马兜铃烯等香气活性成分为主的沉香精油还具有抑制多种酶活性，如抑制酪氨酸酶活性，具有美白效果；抑制 α- 葡萄糖苷酶和 α- 淀粉酶活性，具有降糖效果；抑制乙酰胆碱酯酶活性，有预防老年痴呆的效果(Gogoi et al., 2023)。

沉
香
CHEN
XIANG

第二章

不同产区野生沉香特性和比较

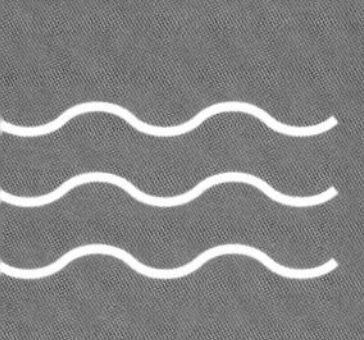

野生沉香的形成由自然界诸多无法量化的偶然因素所促成，自然条件下，健康树木并不产生沉香，只有受到风灾、雷击、虫害等天然环境因素伤害后，经过数十年甚至上百年才逐渐形成沉香。除了树种自身的因素，由于受温度、光照、土壤等生态环境的影响，长期适应外界环境的结果，沉香的品质与其生长地域也具有密切相关性。市场上常根据沉香产地和交易集散地将野生沉香划分为莞香系、惠安系和星洲系三大产区，但同一产区中沉香的颜色和气味等特征又存在一定的差异性，不同产区相近地理位置形成的沉香有的也有一定的相似性。

本章从感官特征、基本理化性质及化学成分等方面，研究不同产区野生沉香的品质特性，并探讨不同产区沉香之间的差异性，为沉香溯源和品质评价提供基础理论依据与技术支撑。

第一节　不同产区野生沉香的感官特征

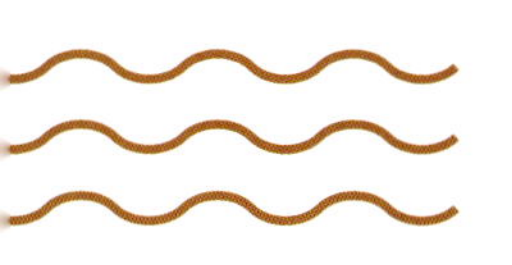

沉香喜热畏寒，雨水充足之地适合生长。野生沉香的形成，需要特定的气候条件，其生长地在热带或亚热带雨林、典型的季风气候带中。台风、虫蚁等自然环境能促成结香。另外，靠近海边区域结出的香，明显要好于内陆地带，这与海风中带来更加丰富的微量元素有密切关系。中国的广东、广西、海南、福建、云南、香港、台湾，以及东盟十国，是沉香的产区，而这些地区也是世界香料的主要产区。地理位置大概位于25° N至10° S。尤其是22° N至8° S的地带，产出的沉香香气各有特色，沁人心脾，格外受到追捧。

即使在相同的纬度，不同经度的地理位置，气候、土壤也会有较大的差异性，结出的沉香也有区别，形成了风格迥异的香气特点。市场上对沉香的经验鉴别，主要是根据沉香的感官特征，包括看沉香的色泽、纹理和形状，用手感受质感和重量，室温和加热状态下的气味辨别。传统上有世界三大沉香产区（惠安系、星洲系和国香系）的划分说法，为了更加准确地理解和鉴赏不同区域的沉香，本书特将沉香产地分为5个特色鲜明的区域，对其外观和香气特点进行描述，介绍如下。

一、海南沉香

宋代丁谓曾在《天香传》里盛赞海南沉香甲天下。世界众多的沉香产区中，唯有海南全岛适合种植，香气也独具特色，海南的宜人气候正是沉香生长的理想环境，海南沉香的名声享誉四方。因此，把海南沉香首先单独进行介绍。

海南地处中国南海西北部，18.1° ~ 20.1° N，整个岛四周平坦，中间山区突出，热带雨林气候环绕四周，海风能吹到整个岛屿的各个角落，海南得天独厚的自然环境孕育了沉香树的旺盛生命力，使得海南沉香树相比其他地区而言，更显得健壮而粗壮，由此赋予了海南沉香独特外形和香气。

1. 海南沉香的外观特点

年份久远的老料，一般都是大块料。油线饱满，但是现存的老料极其少见。

比起树心的内部结香，顶部结香更加便捷，因此，板头香特别盛行。板头香结香面积大，结实，入药使用非常方便，但不太适合制作手串。

虫漏形状特别多。因为独特的蜜甜香气，容易招蚂蚁，没有结香的白木香部分都带有甜甜的香气，因此是蚂蚁的绝佳食物。而蚂蚁成群结队，行走的路线，就是对沉香树的不断刺激过程，容易形成“隧道结香”形状的虫漏（图 2-1）。

图 2-1　海南虫漏沉香

2. 海南沉香的香气特点

海南沉香独有一种“暖香气”，随便拿起一块海南沉香，都有一股刚出自骄阳似火的泥土中带有温度的纯正香气。与一般沉香的那种清香有所不同。

此外，海南沉香带有奔放淳朴的蜜甜香气。海南虫漏沉香尽管结香油脂不是很厚，但是蜜香的清甜能带给人们一种幸福喜悦感。

海南沉香甜中带辛辣，点燃后，这种凉凉的辛辣味，极具穿透性。这也是高品质沉香令人称道的一个显著特征。海南的沉香板头，面积大，结香均匀，暖香中带有微微的辛辣感，香气圆润饱满，优雅而霸气（图 2-2）。

海南沉香还有一个最大的特点，就是没有完全结香的偏白色的木质部分，但也自带一定的暖香气，即使品质一般的海南沉香也有相当的香气优势。

图 2-2　海南板头沉香

二、莞香系沉香

以广东东莞、中山、惠州、茂名为核心产地，也包括广西、香港、福建南部、台湾一带。不仅地理位置接近，香气特点相似度很高，因此归为一谈，本书称为狭义莞香系沉香。

莞香的地理位置靠近 20° ~ 25° N 的沿海土地。沉香的纬度是一个主要标志，与此同时，是否靠近沿海，能否不断受到海风的吹拂，也是决定沉香香气的一个重要因素。

1. 莞香系沉香的外观特点

油脂偏深褐色。莞香系沉香产地在海南以北，气温稍稍凉快一些，树木的生长，也相对会迟缓，结香的树木树龄要相对较大，结香的时间相对较长。因此，沉香油脂的色泽偏深褐色。

油线厚实、密度较高。比起香气的特点，人们更加关注沉水与否，因为在常温下，表面的香气比较难判断，最好的判定方式就是沉水与否。过去农村合作社的沉香收集站，判断莞香的等级，第一条就是沉水与否，不能沉水的沉香不一定不好，但是，能沉水的沉香一定是一等品。这个判别依据沿袭至今。

莞香系沉香个小，结实。因地理位置的不同，台风、虫蚁的侵蚀相对比较温和，结香的外部环境变得不是那么的猛烈，莞香的体积相对不大，但很结实。同样是板头沉香，直径要比海南的小很多，但是厚度会更加敦实（图2-3）。

图 2-3　东莞一带的板头沉香

2. 莞香系沉香的香气特点

莞香系沉香貌似深褐色，颇具古韵，但香气却具有青春少女的甜美之气。甜而不腻，优雅之中带有奶油芳香之气，因此，莞香也有“女儿香”的美誉。

与海南的蜜香比较，莞香的甜味，更倾向于微酸甜，沁人心脾的感觉。

莞香中的顶级品——奇楠沉香，酸甜辛凉，奶油芳香全部具备。

广西和广东具有几乎一致的纬度位置，香气特点非常接近，都具有甘甜、清凉的基本特征。但是广西与广东之间的连接以山脉为主，广东是东部靠海为主，而广西则是南部靠海，更加接近海南的风格。广西沉香（图 2-4）以甘甜芳香为先，之后出现清凉之感，而广东则有先出清凉后出甘甜的特征。另外，广东沉香几乎不具备辛辣的特征，而广西沉香却有着与海南沉香接近的辣味。有个别广西沉香的辣味堪比辣椒，但是，色泽却偏向米黄色，淡色调的外形特征，可以称得上貌不惊人的小辣椒。

香港的板头沉香密度非常高（图 2-5），扔在地上，会发出金属般的脆响。因为油脂太厚，很难用火点着。尽管是年份很久的板头料，香气中一点不乏“女儿香”特有的温馨感和甜蜜感。目前在香港，已经很难看到超过 2cm 厚的沉香老料。

图 2-4　广西沉香

图 2-5　香港板头沉香

三、惠安系沉香

惠安系沉香主要指越南、柬埔寨、老挝东部等地所产沉香。上述这些国家，地理位置大概在 9° ~ 23° N，也就是更加靠近南边的赤道，地理位置很特殊，南北很长，东西很窄。惠安系中最具代表性的国家就是越南，南北海岸线长达 3000km 以上，整个国家处于热带季风气候，山区多，高温多雨，对沉香的生长极为有利。柬埔寨、老挝东部紧贴着越南，几乎是相同的环境，沉香的香气特点非常相似。

1. 惠安系沉香的外观特点

年份久远的老沉香，数量极多，块大，品级也高。这是因为树木茂盛，数量多，历史上没有大量使用的记载。

沉香整体的色泽偏蜡黄，油线粗壮，对外呈点划线的状态，有类似老虎头部的条纹状，虎斑沉香的名称由此而来。因含油量高，用高倍放大镜来看，沉香的油脂呈现糖结拉丝的状态。

大量虫蚁侵蚀形成的壳子料，形如三角形帽子，该料是制好香必不可少的原料。

土沉沉香，土中醇化时间长，表面色泽无光。

2. 惠安系沉香的香气特点

甜酸辛凉，有美好果香味。

奶油芳草特别明显。尤其是野生奇楠沉香，像自带能量的太阳一样，不断向外散发醇厚的甘甜味，令人有回味无穷之感。

惠安的土沉，特别是越南广南省的富森山脉地区，以酸性土壤的红土沉香最为出名。微微加热之后，散发的气味醇甘，凉意十足，香气霸道，穿透力极强。

富森地区是越南沉香的主产区，品质高。其中生结的沉香香气有力、鲜活，特征明显。生结是指沉香树还在健康生长之中，树内结出的沉香。古人对生结的等级评价要远远高于熟结（图 2-6）。

红土沉香是越南富森地区一种独有的沉香，在结香之后，被台风吹倒埋至酸性泥土之中，泥土中的微量元素进一步渗透其中，长期醇化后，香气的穿透力非常强，带着醇化的甘甜味和奶油果香。此类沉香醇化时间较久，小的碎料比较多见，大块的红土沉香稀有（图 2-6）。

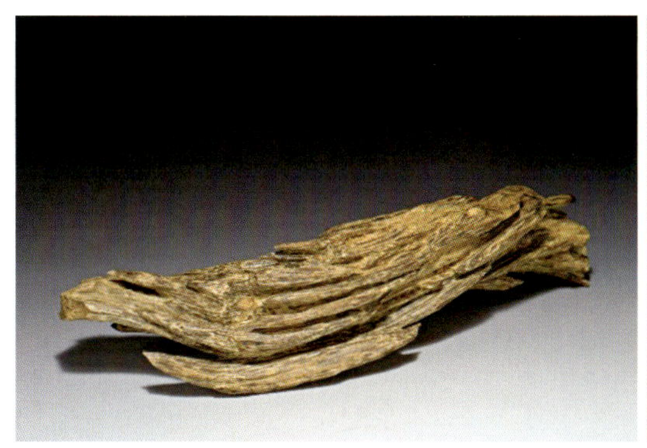

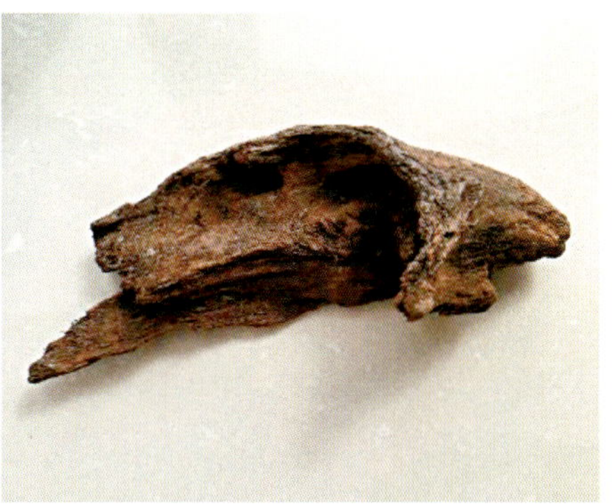

图 2-6　富森地区的生结香和土沉沉香

帽形沉香易结于被伐树干的内侧，以清苦味和微酸为主，并伴有少量甘甜，呈现出淡淡的风格，点燃时，稍有一些刺激喉咙之味（图 2-7）。

图 2-7　越南熟结帽型沉香

四、星洲系沉香

星洲系沉香主要指马来西亚、印度尼西亚、文莱、东帝汶、巴布亚新几内亚等地所产沉香。这些国家的整体纬度大概在 7° N ~ 10° S，中间穿过赤道，全年高温多雨，典型的热带雨林气候，但这个区域还有另外一个气候特征，就是靠近赤道的太阳辐射量明显要高于其他地区。

1. 星洲系沉香的外观特点

整体的色泽偏黑，油脂呈笔直线条居多，很少有惠安系那种若隐若现的点划线状态。

密度高，体积大，干燥之后的星洲系沉香掷地有声，会发出金属般的声音。

2. 星洲系沉香的香气特点

辛凉之中带有微微的辣味是第一特征。

带有竹叶的清凉香气，很有一种野性的力量感。

香气中少有甘甜之气、笔直刚劲的严肃之气，不具备芳草果香的艳丽。

婆罗产地的沉香具有代表性（图 2-8），其木质呈黑灰色，黑色油腺笔直均等，一般在砍伐巨型香木时能采集到。未必能称得上是高贵的香气，但也是婆罗的代表性香味。辛、苦之上稍带凉意的木质味，类似樟树和杉树的香味。

印尼黄熟香（图 2-9），外观类似绿奇楠的黄蜡色，并有光泽。油腺黑而有序，非常漂亮。形状不同，既有整齐划一，也有类似马蹄形的，各具情趣。这种香木的味道独具风格，微酸伴有樟脑味中的苦辛味，时常还有木质自有的甘甜。尽管外观类似绿奇楠，但香味与绿奇楠迥然不同。

印尼缟速香（图 2-10），表面沿着木纹和树脂化的路径，将油腺完美地呈现出来。香气略苦，有腥烈、焦烈的尘埃感，是印尼代表性的香气。

图 2-8 印尼婆罗生结黑筋栈香

图 2-9 印尼黄熟香

图 2-10 印尼缟速香

五、澜湄流域沉香

所谓“澜湄”，就是从中国的云南出发，沿着澜沧江，通过西双版纳，外接湄公河，经过缅甸、老挝、泰国向南的路径，主要包括中国云南、缅甸、老挝西部、泰国等地。这是一条以内陆高海拔为主要特征的沉香产区。与世界其他几个沉香产地有着明显的地理位置和气候的差异，沉香的香气，也与众不同。为此，专门画出一个区域来做说明。

这个区域有两个显著的特点：其一，海拔高，群山环绕的内陆地理位置。我国的云南省海拔在1000m左右，缅甸的平均海拔在1800m以上，泰国的一些山脉也在1000m左右。尽管高海拔，但是温度不低，沉香树的直径大于沿海地区，比如西双版纳的沉香树，非常的粗壮。其二，这些区域基本被夹在其他的山脉之间，远离海岸线，海风吹不到。对于沉香而言，没有海风的滋润，似乎少了一些元素，沉香的香气，就相对平稳。不知是否与缺乏海风有关，这个区域基本没有奇楠沉香的记载。

1. 澜湄流域沉香的外观特点

整体色泽偏灰白，尽管结香的油脂是黑色的，但没有特别的光泽，在显微镜的观察下，油脂均匀，没有透明油脂的堆积。

2. 澜湄流域沉香的香气特点

基本的甘甜、木质香气都不缺乏，但香气平稳，起伏不大。

香气中酸味不足，所以，甘甜味就不会呈现出蜜香令人动容的感觉。受高原气候的影响，沉香的香气有力，但没有星洲系沉香的辛辣味，香气持续时间没有沿海地区的时间长。

老挝速香是代表之一（图2-11）。深茶色的树脂表面点缀着漂亮的红紫色，但是内部的结香程度不太高，是这个地区结香的特点。感受到甘甜味的同时，也有稍带刺激性的辛味。这样独特的香味，近距离与稍远距离的

图 2-11　老挝速香

闻香效果大有不同。

泰国南北间产出的沉香差异较大（图 2-12），其中有些与柬埔寨、越南极其类似，泰国栈香就属于这种，含有泰国沉香特有的甘甜味，稍稍受热后，就能感受到树脂散发出的温和的甘甜味，甜爽而不腻，是一种充满魅力的香木。

缅甸产的一种独特的类似虎斑，其实更像豹斑纹的树脂斑，形状很美（图 2-13）。因为较早地被砍伐了，树脂层较薄。有酸味但少甜味，有腥味但饱满度不足，香气持续性不长。

图 2-12　泰国栈香

图 2-13　缅甸沉香

第二节　不同产区野生沉香的构造和基本性质

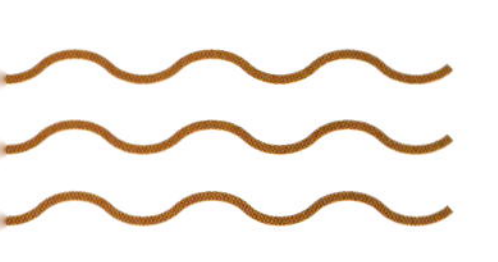

木材构造和分泌物是沉香的两个主要特征，林业行业标准《沉香》（LY/T 2904—2017）和《中国药典》（2020版）对沉香的木材构造、乙醇提取物含量、显色反应和薄层色谱等方面进行了规定，作为评价沉香是否达到合格林产品和入药要求的依据。本节介绍著者团队对95个代表性的沉香野生样品的构造和基本理化性质分析结果，包括31个国香系沉香样品、34个惠安系沉香样品和30个星洲系沉香样品，以了解不同产区野生沉香样品的基本性质及其差异。

一、宏观与微观构造特征

不同产区沉香样品的外观性状及宏观构造特征较一致（图2-14）。外观性状表现为木质部位呈黄白色，结香部位含有浅褐色至黑色条纹状或斑点状分泌物，有香味；宏观构造特征基本表现为生长轮不明显，散孔材，管孔肉眼略见，放大镜下可见，轴向薄壁组织不明显。

三个产区沉香的微观构造也基本一致（图2-15）。管孔横切面为圆形或卵圆形，多为管孔团和径列复管孔（多为2～3个），单管孔较少；轴向薄壁组织不明显，为环管状；岛屿型内涵韧皮部丰富，分布在复管孔及管孔团之间，较均匀；木射线为同型单列或异型单列，少数为多列射线；油脂样分泌物

(a) 国香系；(b) 惠安系；(c) 星洲系

图 2-14　不同产区代表性沉香样品

主要分布在内涵韧皮部和木射线，少数管孔和木纤维中可见。

三个产区沉香微观构造仅在管孔形态、内涵韧皮部数量和射线长度方面存在一定差异。国香系沉香单管孔较少，多为径列复管孔及管孔团，惠安系沉香管孔团少见，星洲系沉香中单管孔、径列复管孔和管孔团均含有，数量相当；国香系及惠安系沉香的内涵韧皮部较多，星洲系沉香较少；国香系及星洲系沉香的木射线高度最高在 12 ~ 13 个细胞，惠安系沉香的木射线高度较高，最多为 20 个细胞。

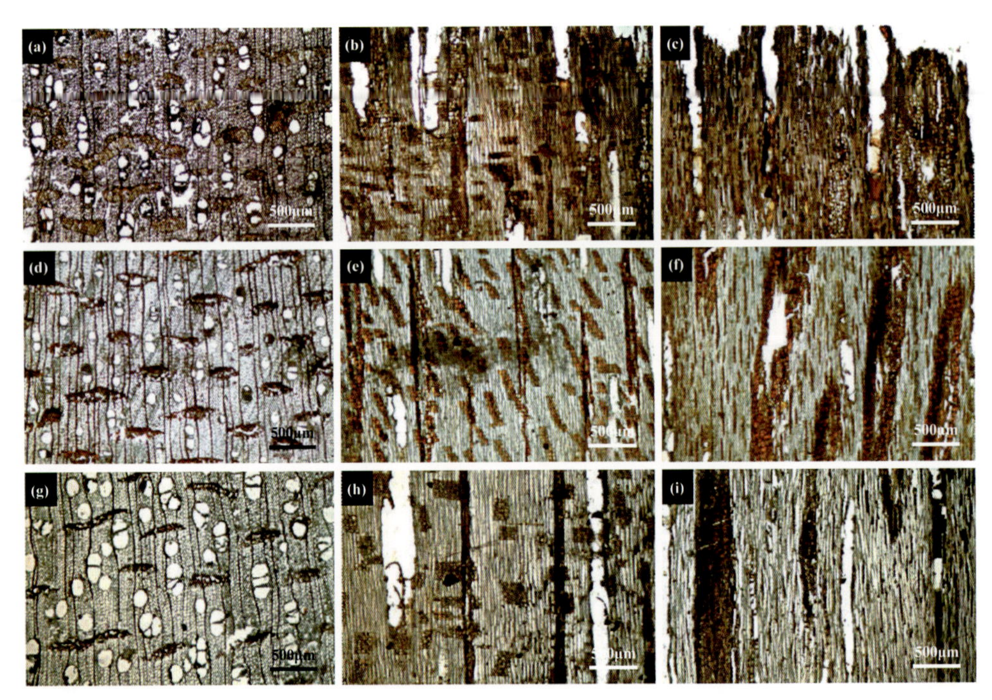

(a) 国香系野生沉香横切面；(b) 国香系野生沉香径切面；(c) 国香系野生沉香弦切面；(d) 惠安系野生沉香横切面；(e) 惠安系野生沉香径切面；(f) 惠安系野生沉香弦切面；(g) 星洲系野生沉香横切面；(h) 星洲系野生沉香径切面；(i) 星洲系野生沉香弦切面

图 2-15　不同产区代表性沉香样品的微观构造

二、乙醇提取物含量

沉香中分泌物含量是决定其品质和价值的一个重要指标。沉香分泌物可溶于乙醇，乙醇提取物含量是沉香中溶于乙醇的物质总量，是国际市场上较为通用的评价沉香品质的一个重要指标。

95 个沉香样品的乙醇提取物含量分布在 10% ~ 60%，符合林业行业标准《沉香》（LY/T290420—2017）的要求（图 2-16）。三个产区样品的乙醇提取物含量在 10% ~ 60% 区间都是连续分布的，仅存在细微差别。沉香乙醇提取物含量体现了沉香中分泌物总体含量，反映了结香程度和沉香质量，与结香方式、结香时间等密切相关，每个产区都有高品质的沉香，也有结香质量差的沉香。

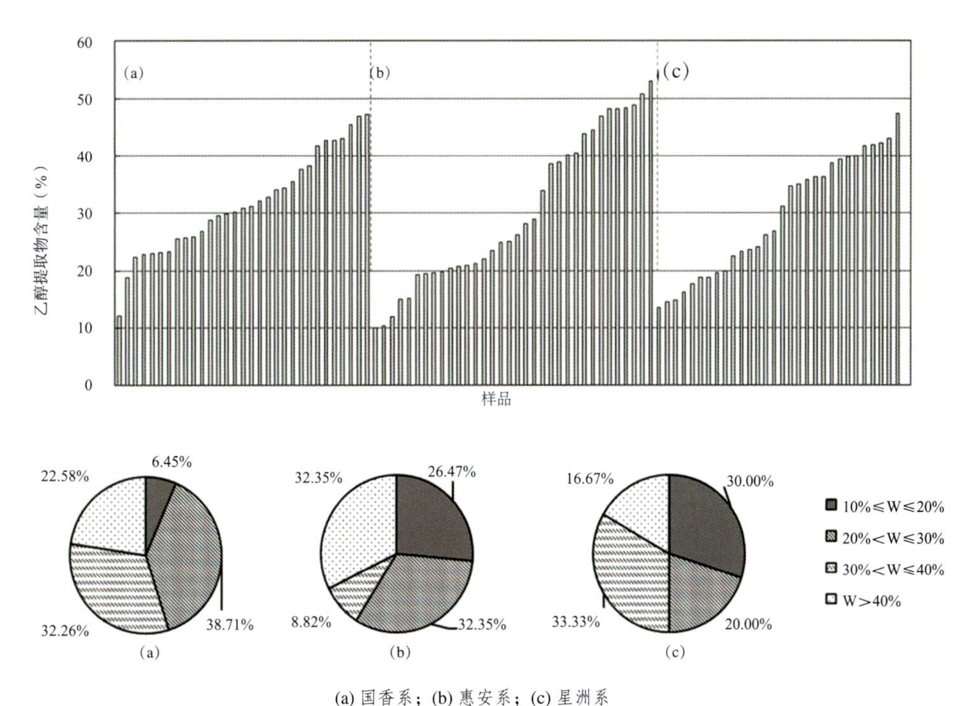

(a) 国香系；(b) 惠安系；(c) 星洲系

“W”表示乙醇提取物含量；（W）：“95 个沉香样品的乙醇提取物含量（W）分布在 10%~60%”。

图 2-16　不同产区沉香样品的乙醇提取物含量分布图

三、显色反应

在沉香样品的乙醇提取物加热升华的产物中，加入香草醛和盐酸进行显色反应，可显示出不同颜色。国香系沉香样品显色反应多呈樱红色，个别样品为蓝紫色，惠安系沉香样品显色反应颜色较国香系样品稍暗沉，大多为紫红色和浅紫堇色，星洲系沉香样品则大部分显示蓝紫色（图 2-17）。

《沉香》（LY/T 2904—2017）规定沉香样品应呈现樱红色或紫堇色、浅红色或浅紫色，三大产区的沉香样品均符合这一规定。沉香的乙醇提取物微量升华后的显色反应，是一种经典便捷检测挥发性成分的定性分析方法。颜色差异可在一定程度上体现不同产区沉香乙醇提取物中挥发性成分种类和含量的差异，具有一定的鉴别作用，显色反应可以作为鉴别沉香产区的一种辅助方法。

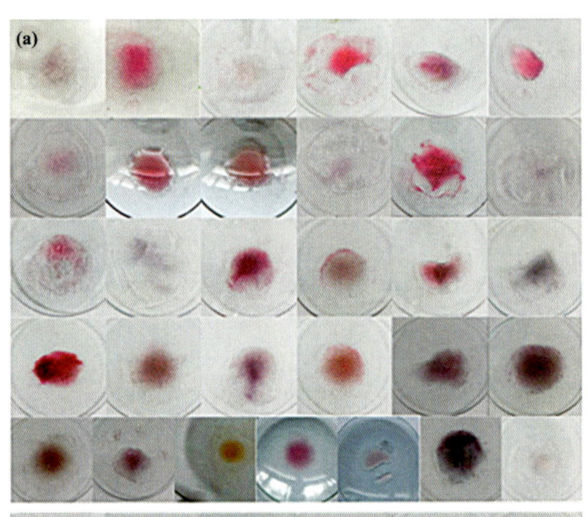
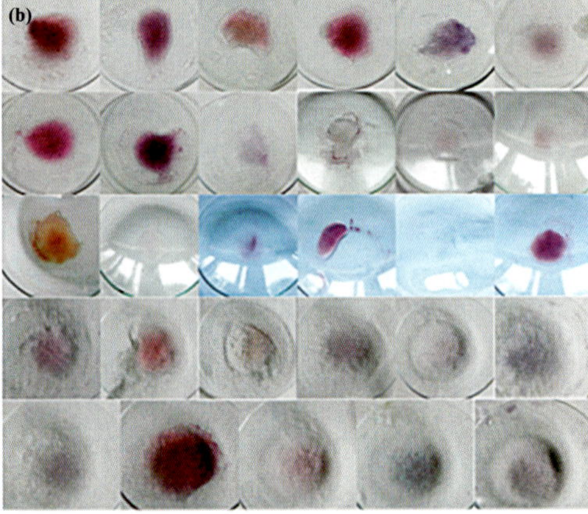
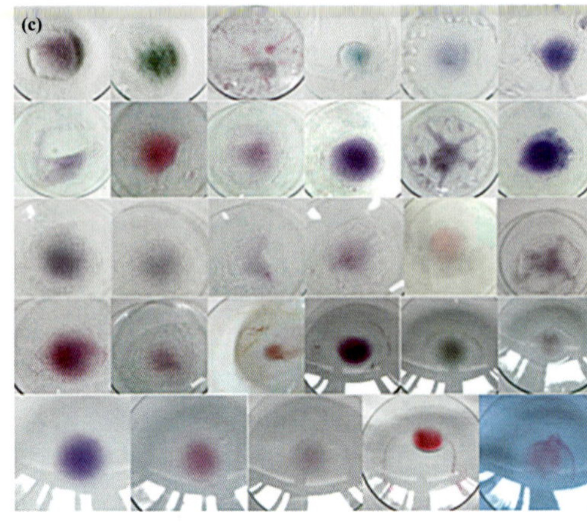

(a) 国香系；(b) 惠安系；(c) 星洲系

图 2-17　不同产区沉香样品的显色反应

四、薄层色谱分析

沉香分泌物中的化学成分复杂，采用薄层色谱分析方法对分泌物中的成分进行粗分，可获得更多化学成分特征信息。著者团队使用该方法分析三大产区的野生沉香样品，并和人工沉香样品进行比较。人工沉香样品的薄层色谱在比移值为 0.24、0.57、0.68、0.79、0.91 处均具有较清晰的斑点，而野生沉香样品仅在比移值为 0.24 处具有较清晰的斑点，大部分野生沉香样品的其他斑点不明显，有的甚至难以辨认（图 2-18），尤其是星洲系沉香样品。其主要原因为来自不同产区的沉香的化合物种类和含量具有差异性，导致了斑点的清晰程度不一。

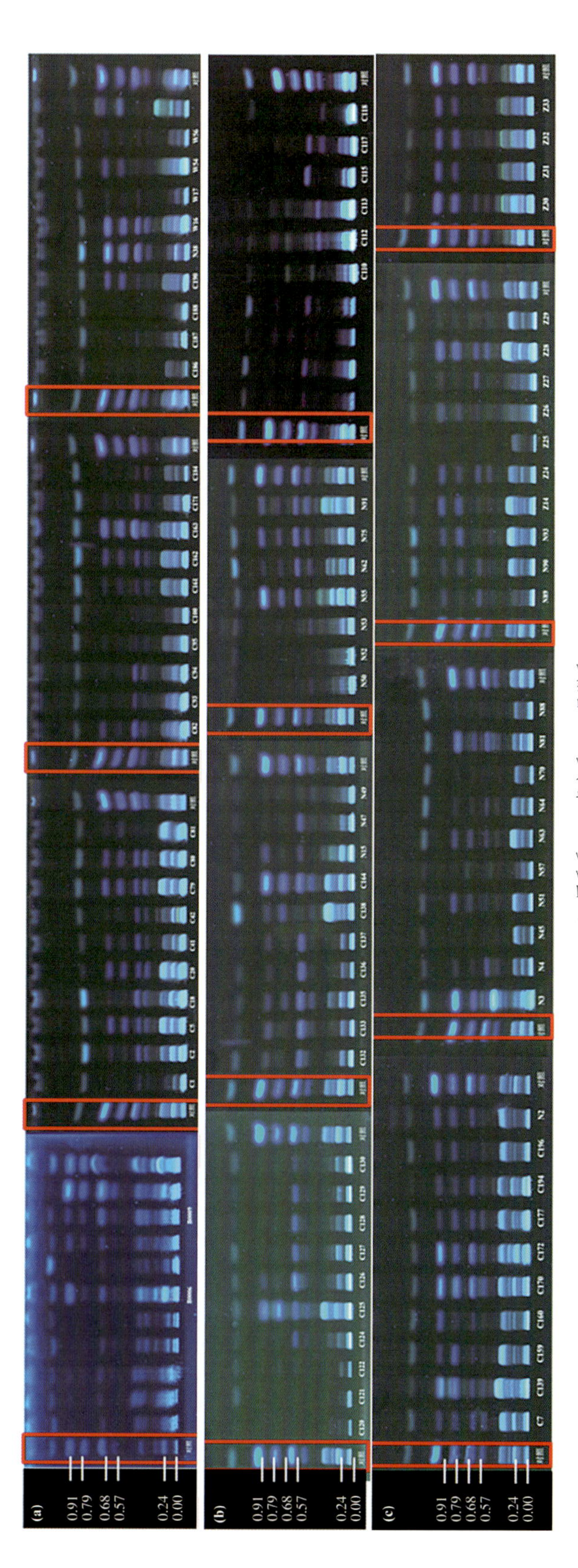

(a) 国香系；(b) 惠安系；(c) 星洲系

图 2-18　产区沉香样品的薄层色谱反应

第三节　挥发性成分特征

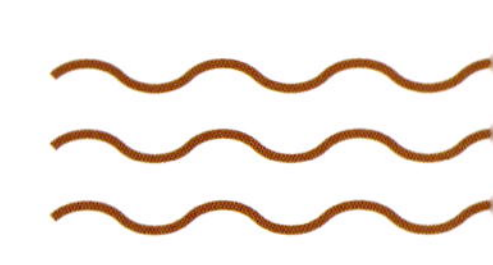

一、GC-MS化学指纹图谱

挥发性成分是沉香香气的主要来源，使用气质联用仪（GC-MS）可以分析沉香中的芳香族化合物、倍半萜化合物和少数具有半挥发性的2-(2-苯乙基)色酮化合物，通过沉香的GC-MS指纹图谱可以全面了解不同产区沉香的挥发性成分的种类与数量特征。

图2-19～图2-21是国香系、惠安系、星洲系三大产区沉香样品的GC-MS总离子流图，从各组样品的GC-MS图谱可以看到，沉香中挥发性成分众多，样品之间尽管成分种类相似，但成分的含量之间存在差异。统计计算发现国香系组内相似度为0.475，惠安系组内相似度为0.430、星洲系组内相似度为0.466，各产区组内相似度均在0.43以上。这说明沉香的挥发性成分虽然有一定的差异性，但这种次生代谢产物也具有遗传性，在化学成分上也具有相似性。

经相似度评价软件计算得到各个产区样品的GC-MS对照指纹图谱（图2-22），对照指纹图谱各色谱峰的峰高代表各产区内所有样品该色谱峰的平均值。国香系与惠安系沉香之间的图谱相似度为0.106，国香系与星洲系之间的图谱沉香相似度为0.036，惠安系与星洲系沉香之间的图谱相似度为0.033，

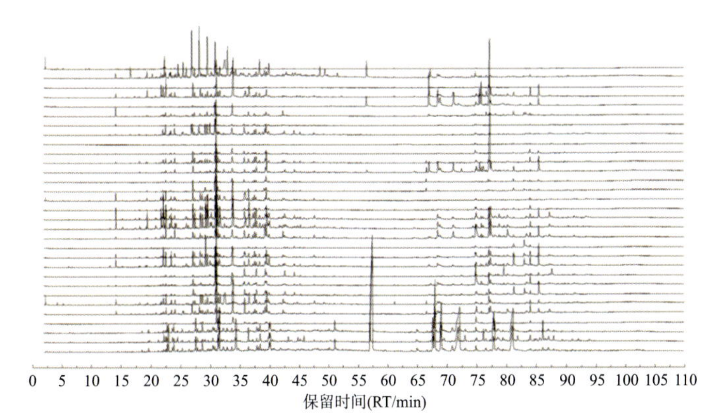

图 2-19　31 批次国香系样品的 GC-MS 总离子流图

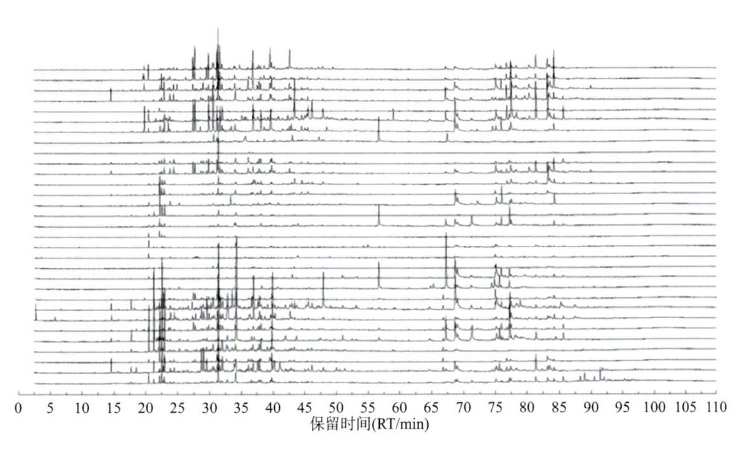

图 2-20　34 批次惠安系沉香的 GC-MS 总离子流图

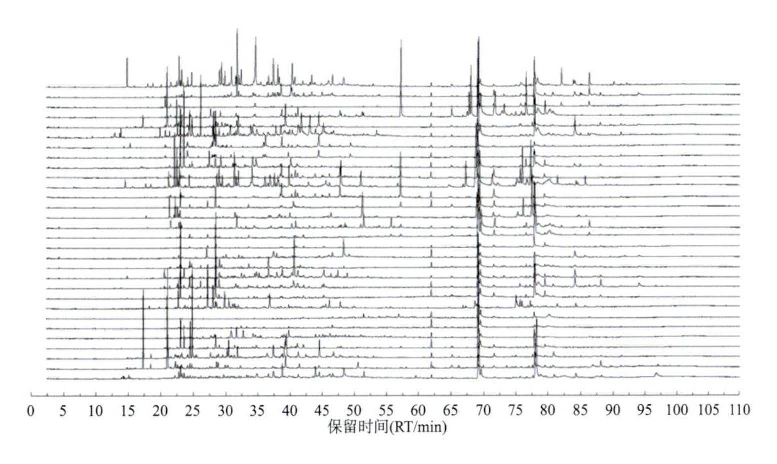

图 2-21　30 批次星洲系沉香的 GC-MS 总离子流图

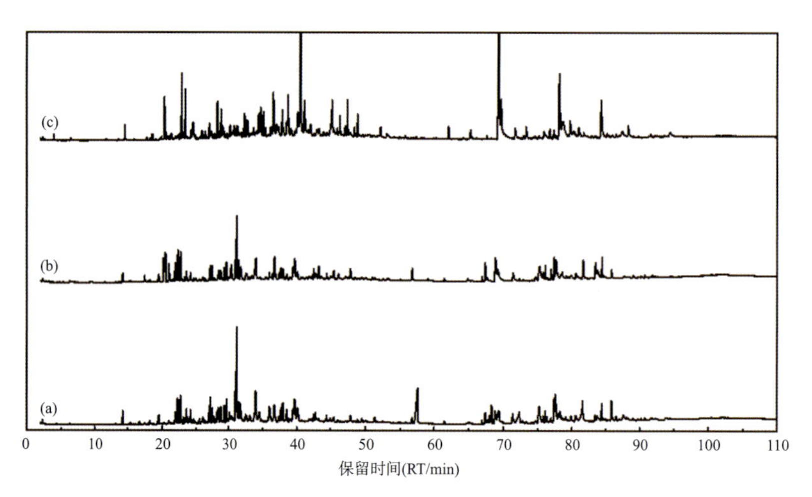

(a) 国香系；(b) 惠安系；(c) 星洲系

图 2-22　不同产区沉香样品的 GC-MS 对照指纹图谱

说明国香系与惠安系沉香成分之间的相似度较高，这二者与星洲系的差异性较大。组间相似度远低于组内相似度，说明沉香三大产区的划分具有一定的科学性。

GC-MS 色谱峰定性结果，共得到 115 个挥发性化合物，包括芳香族化合物，倍半萜化合物、挥发性 2-(2- 苯乙基) 色酮类化合物等。相对保留时间为 2 ~ 50min 的主要成分为沉香中的芳香族化合物和倍半萜化合物，相对保留时间为 50 ~ 90min 的主要成分为 2-(2- 苯乙基) 色酮类化合物和甾体。

三大产区沉香的倍半萜平均相对含量均高于 50%，其中榄香醇、缬草烷酮、沉香螺醇、桉叶油 -4- 烯 -11- 醇等为共有倍半萜；挥发性 2-(2- 苯乙基) 色酮类化合物平均相对含量均高于 32%，共有色酮类物质为沉香四醇、6- 甲氧基 -2-(2- 苯乙基) 色酮、6- 甲氧基 -2-[2-（3- 甲氧基 -4- 羟基苯基）乙基] 色酮等。倍半萜类和挥发性 2-(2- 苯乙基) 色酮类相对含量的比值，在不同产区沉香之间有较大差异性，国香系、惠安系和星洲系沉香的比值分别为 1.3、1.5 和 1.9。说明挥发性成分中，国香系沉香的倍半萜类相对含量较低，而色酮相对含量较高，星洲系倍半萜类相对含量较高，而 2-(2- 苯乙基) 色酮类相对含量较低，惠安系在二者之间，

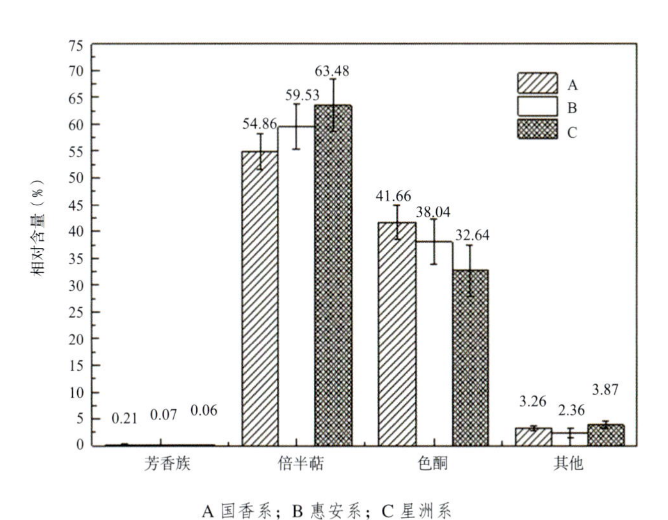

A 国香系；B 惠安系；C 星洲系

图 2-23　沉香样品挥发性化学成分的平均相对含量

体现出一定的地域特征（图 2-23）。

不同产区的沉香化学成分差异性，可能源于其基原植物不一样，国香系沉香的基原植物为白木香；柯拉斯那沉香主要分布在老挝、泰国、越南和柬埔寨，即惠安系的主要原产地；马来沉香主要分布在孟加拉国、不丹、印度、印度尼西亚、马来西亚、缅甸、菲律宾、新加坡和泰国，覆盖了星洲系惠安系部分地区；丝沉香分布在菲律宾、巴布亚新几内亚和马鲁古群岛，主要是星洲系沉香的基原植物。由此可见，不同产区沉香的树种有所不同，而不同树种之间的基因差异可能控制着沉香结香的代谢途径，进而影响化学成分的种类和含量。

当然，树龄、结香时间、结香方式以及后期的储存方式都会对沉香的化学成分产生影响。此外，温度、光照、土壤等生态环境对植物尤其是药材所含的化学成分影响显著，从沉香产区的地理位置来看，惠安系沉香产地基本上位于莞香系的西部，星洲系位于莞香系和惠安系的南部。地理位置不同，光照、温度、水分等生态环境都有所不同，这也是造成不同产区沉香化学成分差异的重要因素。

二、基于GC-MS图谱的沉香产区识别

沉香挥发性化学成分种类繁多且组成复杂，即便是同一产区的样品之间相似度也不太高，难以靠直接观察图谱区分其产区。为了更直观地反映不同产区沉香挥发性成分之间的异同，用主成分分析（PCA）方法对 GC-MS 图谱进行处理，得到沉香挥发性成分的 PCA 得分图［图 2-24(a)］。样本越靠近，说明样本的挥发性化学成分相似性越高，样品间距离越远，差异越大。结果显示，大多数的星洲系样品聚集在第三、第四象限的纵坐标周围，但大多惠安系和国香系样品均匀分布在第一、第二象限，两组样品没有聚集和明显区分，说明星洲系样品与惠安系和国香系样品可以较好区分，但惠安系和国香系样品之间难以判别。

沉香所含的挥发性成分对产区识别的影响不同。比如某一个成分只存在惠安系沉香中，那么这个成分就是惠安系沉香的一个专属性化合物，对产区识别的影响就比较大。另外，若某一个成分尽管在三大产区沉香中都存在，但其含量在不同产区之间有显著不同，利用这个成分含量之间的差异也有助于识别产区。利用正交偏最小二乘法－判别分析（OPLS-DA）和变量投影重要性（VIP）分析，可实现所有成分对产区判别影响大小的统计分析，并建立沉香产区识别的识别模型。

因此，采用 OPLS-DA 建立沉香的分区判别模型，以实现不同产区间的识别和产区间标志性差异化合物的筛选。从 95 个样品中选取 80 个代表性样品作为训练集建立识别模型，以另外 15 个样品为验证集来检验模型的可靠性。结果发现，80 个样品能够根据所属产区进行聚集，且产区之间具有明确分离的趋势［图 2-24(b)］，星洲系样品完全位于纵坐标轴左侧，与国香系与惠安系样品距离较远，能够完全区分。后两者位于纵坐标轴右侧，仅有个别样品距离较近。所建识别模型对训练集样品的判别正确率为 98.7%，仅 1 个国香系样品被错判为惠安系。对验证集样品的判别正确率为 80.0%，2 个国香系样品被判错为惠安系，1 个惠安系样品被错判为国

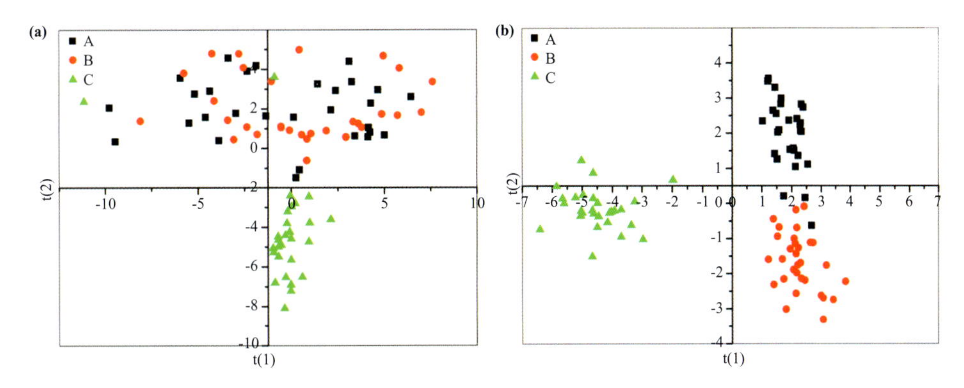

图 2-24　GC-MS 分析的 PCA 得分图 (a) 和 OPLS-DA 模型 (b)

香系。说明构建的识别模型能够很好地通过训练集样本的挥发性成分含量信息，对沉香样本的产区进行判别；并且，该识别模型对评价模型优劣的验证集沉香样品，也能较好实现产区识别。训练集和预测集中星洲系样品判别结果均正确，表明星洲系沉香与国香系、惠安系沉香差异较大，更容易区分。

通过 OPLS-DA 分析，可以得出沉香每个挥发性成分的 VIP 值，用以衡量各成分对沉香产区判别的影响程度。VIP 值越大，代表该成分对于产区识别的贡献越大，因此利用 VIP 值，可以挑选产区间标志性差异化合物。为了进一步找出对沉香产区分类起贡献作用的标志性差异化合物，选取 VIP>1.5、双侧 t 检验 $p<0.05$ 具有统计学意义的变量，得到 22 个可以作为不同产区沉香的标志性差异化合物（表 2-1）。

表 2-1 OPLS-DA 模型筛选的 22 个产区间标志性差异化合物

序号	化合物	化合物类别	VIP 值	平均相对峰面积（%）		
				国香系	惠安系	星洲系
1	γ- 古芸烯环氧化物 -(2)	倍半萜	2.30	0.78	1.18	0.04
2	8S,14- 异雪松醇	倍半萜	2.13	2.34	0.57	0.15
3	桉叶油醇	倍半萜	1.94	0.61	/	0.70
4	愈创木醇	倍半萜	1.93	2.62	1.53	4.69
5	甲酸苯酯	芳香族	1.85	/	/	0.04
6	苯甲醛	芳香族	1.81	/	/	0.04
7	3- 异长叶醇	倍半萜	1.71	0.32	0.20	0.15
8	苄基丙酮	芳香族	1.70	/	/	0.07
9	顺式 - 澳白檀醇	倍半萜	1.65	0.88	/	0.09
10	依兰烷 -3,9(11) 二烯 -10- 过氧化物	倍半萜	1.64	/	/	0.08
11	2-(1- 羰基丙基)- 苯甲酸	芳香族	1.62	/	/	0.06
12	绒白乳菇醛	倍半萜	1.57	/	/	0.09
13	喇叭烯醇	倍半萜	1.56	/	0.17	0.39
14	木香烯内酯	倍半萜	1.55	1.36	/	0.18
15	圆柚酮 -11,12- 环氧化物	倍半萜	1.54	6.43	12.14	0.24
16	8-epi-γ- 桉叶油醇	倍半萜	1.54	0.22	0.47	0.17
17	7-(2- 羟基 -1- 甲基乙基)-1,4a- 二甲基 -2, 3, 4, 4a, 5, 6, 7, 8- 八氢 -2- 萘酚	芳香族	1.53	/	/	0.15
18	3-(4- 叔 - 丁基苯氧基)-2- 丁酮	芳香族	1.51	/	/	0.04
19	5- 羟基 -6- 甲氧基 -2-(2- 苯乙基) 色酮	色酮	2.43	0.23	/	0.17
20	6- 羟基 -2-[2-(4- 甲氧基苯基) 乙基] 色酮	色酮	2.38	/	/	0.41
21	6,8- 二羟基 -7- 甲氧基 -2-(2- 苯乙基) 色酮	色酮	1.69	1.96	6.20	1.56
22	6- 羟基 -2-(2- 苯乙基) 色酮或 8- 羟基 -2-(2- 苯乙基) 色酮	色酮	1.53	/	/	0.36

第四节　非挥发性成分特征

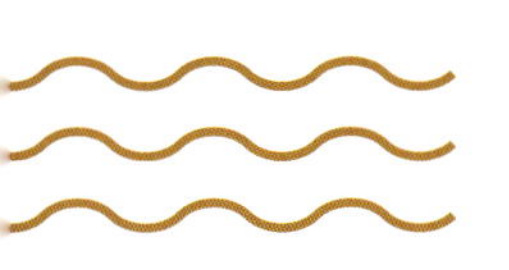

一、HPLC化学指纹图谱

沉香的另一大类特征化合物2-(2-苯乙基)色酮类化合物多为非挥发成分，多个2-(2-苯乙基)色酮类成分具有药理性作用。采用高效液相色谱（HPLC）和高效液相色谱质谱联用技术（HPLC-MS）可以分析沉香中的2-(2-苯乙基)色酮成分，通过沉香的HPLC指纹图谱可以了解不同产区沉香的2-(2-苯乙基)色酮成分特征。

图2-25～图2-27分别为国香系、惠安系、星洲系三大产区沉香样品的HPLC图谱。与GC-MS图谱相比，HPLC图谱的组内相似度和组间相似度更高，组内相似度关系为国香系0.633 > 星洲系0.615 > 惠安系0.552（图2-28）。图2-29是各个产区样品的HPLC对照指纹图谱，国香系与惠安系之间的相似度为0.218，国香系与星洲系之间的相似度为0.164，惠安系与星洲系之间的相似度为0.168。从沉香中的2-(2-苯乙基)色酮成分来看，同样说明国香系与惠安系之间的相似度较高，这二者与星洲系的差异性较大，另外，也说明沉香三大产区的划分具有一定的科学性。

通过HPLC-MS对沉香中2-(2-苯乙基)色酮类化合物进行定性分析，发现相对保留时间0～18min的主要成分为沉香中专属性成分5,6,7,8-四氢-2-(2-

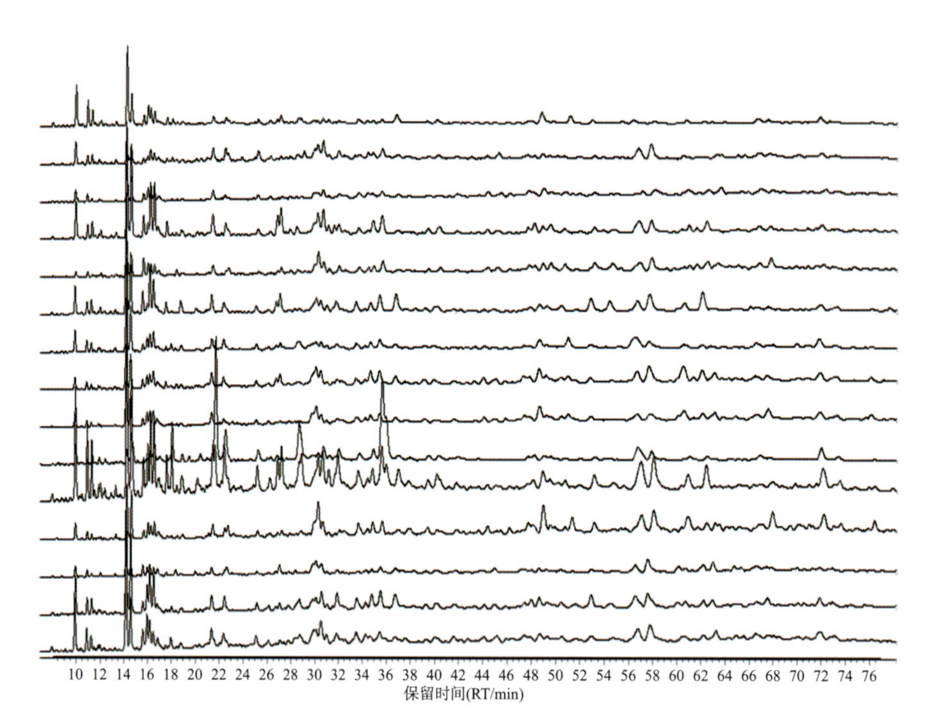

图 2-25　15 批次国香系沉香的 HPLC 图谱

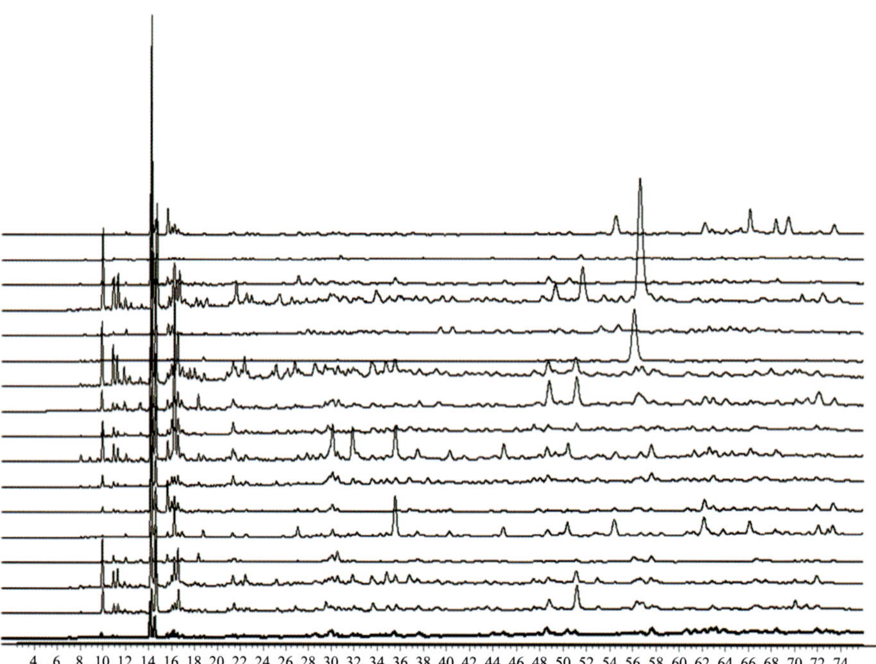

图 2-26　17 批次惠安系沉香的 HPLC 图谱

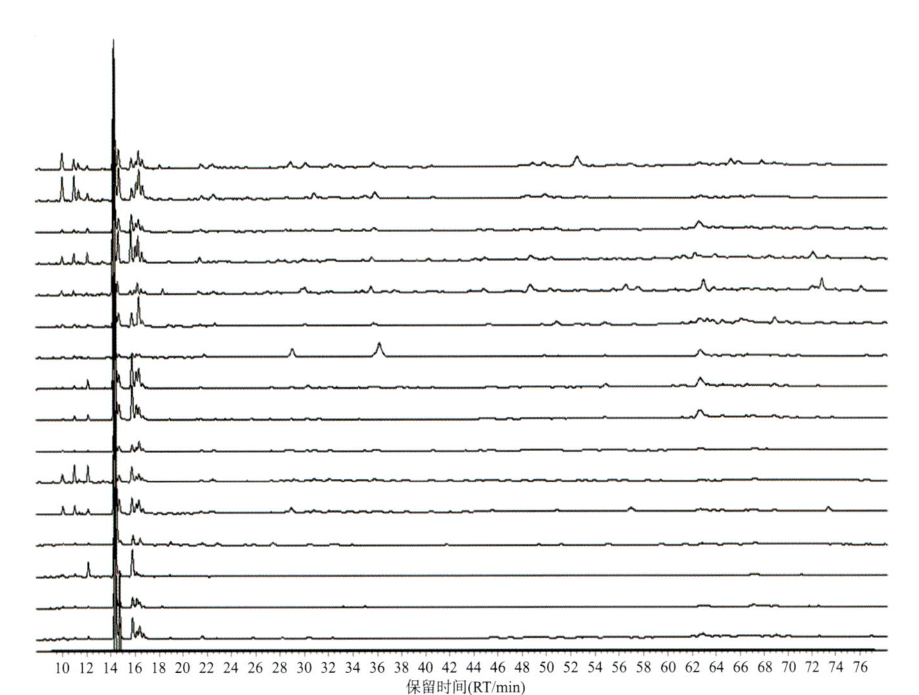

图 2-27　16 批次星洲系沉香的 HPLC 图谱

苯乙基)色酮型色酮（THPECs），三大产区的沉香在该区域各自共有峰出峰时间和数量大致相似，仅在色谱峰强度方面有少许差异，说明不同产地沉香在该区域的化学成分相似，但相对含量存在差别（图 2-28）。相对保留时间 18 ~ 36min 的主要成分为 5,6,7,8- 二环氧 -2-(2- 苯乙基)色酮（DEPECs）和 5,6- 环氧 -2-(2- 苯乙基)色酮（EPECs），这两类色酮被认为是沉香色酮合成过程中的前驱体和早期中间体。相对保留时间 37 ~ 85min 的主要成分为沉香中广泛分布的 Flindersia 型 2-(2- 苯乙基)色酮（FPECs）。

统计不同产区沉香样品中 4 种类型 2-(2- 苯乙基)色酮成分的相对含量，发现三大产区中不同类型 2-(2- 苯乙基)色酮相对含量分布规律相似。含量最高的为 FPECs，其相对含量在三大产区中均达到 65% 以上，以星洲系中最高，达 75.2%，明显高于惠安系 65.4% 和国香系 65.7%。国香系样品 DEPECs 和 EPEC 的相对含量比其他两个产区更高，DEPECs 的平均相对含量为 19.4%，EPECs 的平均相对含量为 3.5%，惠安系与之相近，分别为 16.1% 和 3.1%，

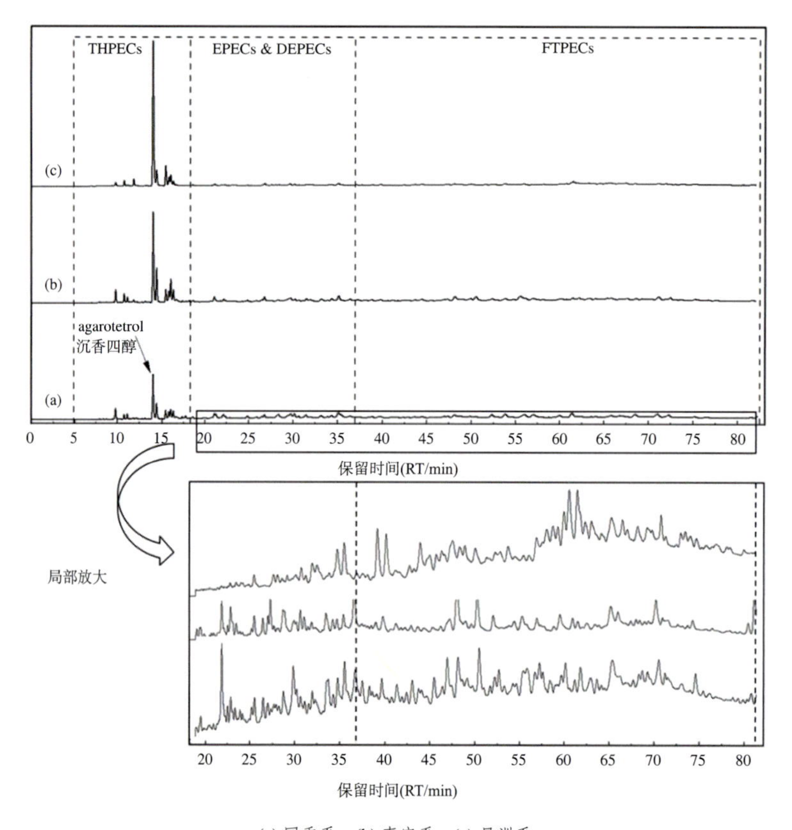

(a) 国香系；(b) 惠安系；(c) 星洲系

图 2-28　不同产区沉香样品的 HPLC 对照指纹图谱

星洲系则最低，分别为 7.6% 和 1.4%，与前述两个产区具明显差异。同时发现尽管星洲系中沉香四醇（一种 THPECs）含量明显高于惠安系和国香系［图 2-29(a)］，但其 THPECs 总含量与这两个产区相近［图 2-29(b)］，这说明星洲系沉香中其他的 THPECs 相对含量低于惠安系和国香系。

利用 HPLC 对沉香样品中的沉香四醇进行定量分析，星洲系样品中沉香四醇的平均含量 1.97%，是国香系的 5.4 倍，惠安系的 2 倍，产区间存在显著差异，可知沉香四醇含量可能是区别三大产地沉香中的重要指标。

从每个产区中选取 12 个代表性沉香样品，对其 HPLC 指纹图谱中各成分的含量进行热图分析，从而更直观地反映不同产区样品的差异。由图 2-30 可知，国香系沉香的 2-(2- 苯乙基) 色酮种类最多，相对含量最高；星洲系沉香的沉香四醇含量极高，其余 2-(2- 苯乙基) 色酮相对含量较低；惠安系沉香

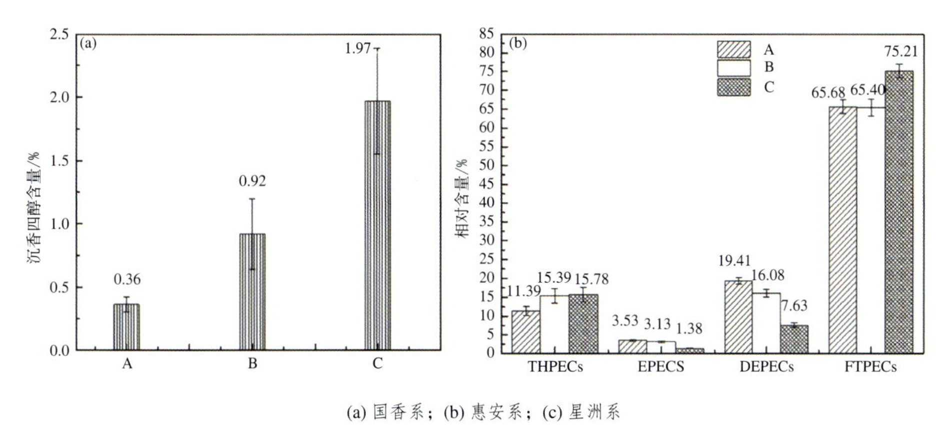

(a) 国香系；(b) 惠安系；(c) 星洲系

图 2-29　不同产区样品沉香四醇的平均含量 (a) 和色酮成分的平均相对含量 (b)

的 2-(2- 苯乙基) 色酮种类较多，相对含量较国香系稍低，较星洲系稍高，依其产地地理位置分布，在三大产区中体现出一定的过渡性。

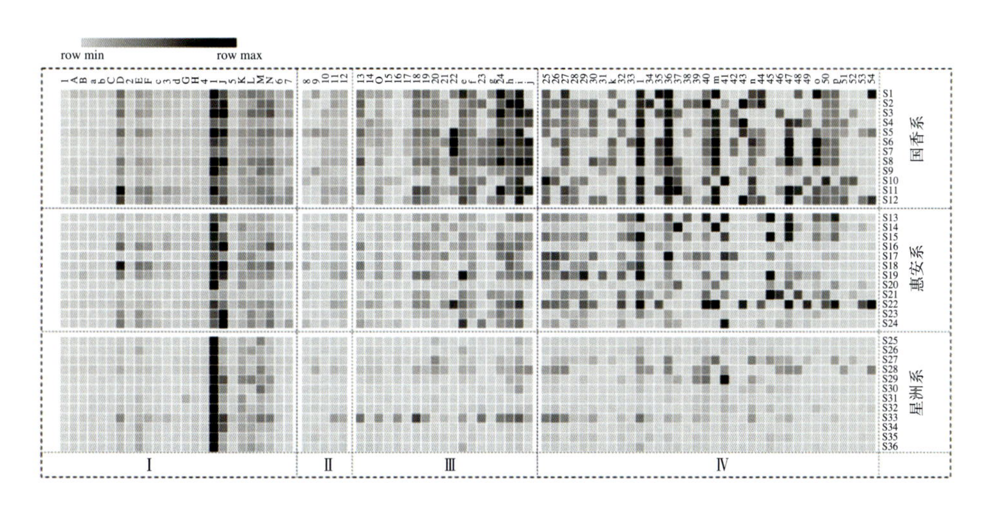

图 2-30　不同产地沉香指纹图谱热图

综上所述，对于 2-(2- 苯乙基) 色酮类化合物，国香系沉香和惠安系沉香之间更为相似，星洲系沉香与前两组差异较大。星洲系沉香的 2-(2- 苯乙基) 色酮类化合物极具特点，沉香四醇含量极高，而其余 2-(2- 苯乙基) 色酮相对含量较低。造成不同产区沉香 2-(2- 苯乙基) 色酮类化合物的这种差异性，也归因于树种和生态环境等影响因素。

二、基于HPLC图谱的沉香产区识别

基于样品 HPLC 的色谱峰信息进行 PCA 分析，直观地反映了不同产区沉香 2-(2- 苯乙基) 色酮类化合物之间的异同［图 2-31(a)］，结果与 GC-MS 数据分析结果类似，位于左侧的星洲系样品与另外两个产区有所区分，而位于纵坐标轴右侧的国香系样品与惠安系样品难以明显区分，且仍有个别惠安系样品出现在坐标轴左侧，这一结果说明国香系与惠安系更为相似，星洲系与这二者差别较大，与前述分析的结果一致。

采用 OPLS-DA 建立沉香的产区识别模型，从 95 个样品中选取 80 个代表性样品作为训练集建立识别模型，以另外 15 个样品为验证集来检验模型的可靠性。结果发现所建模型对 80 个训练集的判别能力高达 95.0%，国香系和惠安系各有 1 个相互错判，对 15 个验证集的判别正确率为 80.0%，1 个国香系样品被错判为惠安系，2 个惠安系样品被判错为国香系，星洲系样品均判别完全正确，同样证明了星洲系沉香地域特征性较强，与其余两组差异较大，与前述基于 GC-MS 数据分析结果类似 [图 2-31(b)]。这说明虽然 HPLC 和 GC-MS 分别针对沉香中不同特征化合物进行分析，但两者都体现了同样的产地差异趋势，无论是倍半萜类物质，还是 2-(2- 苯乙基) 色酮类物质，星洲系沉香与国香系、惠安系沉香差异均较大。

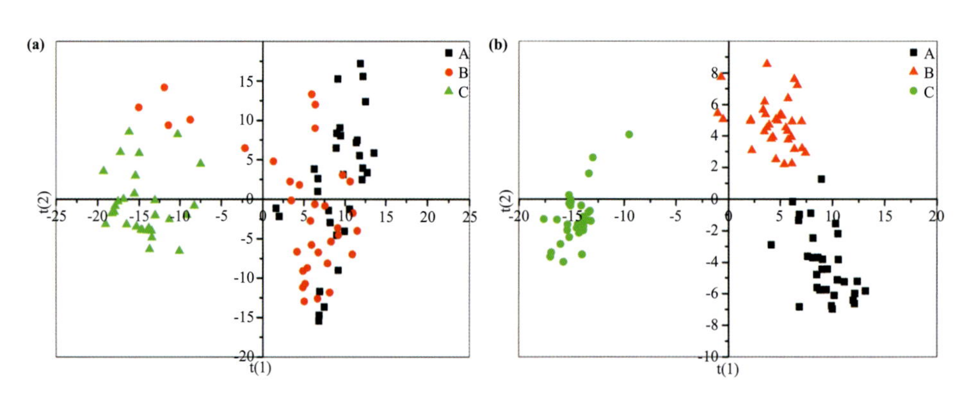

图 2-31　HPLC 分析的 PCA 得分图 (a) 和 OPLS-DA 模型 (b)

同样选取 VIP>1.5、双侧 t 检验 $p<0.05$ 具有统计学意义的变量，得到 33 个 2-(2- 苯乙基) 色酮类作为不同产区沉香的标志性差异化合物（表 2-2）。

表 2-2　OPLS-DA 模型筛选的 33 个产区间标志性差异化合物

序号	推荐化合物	类型	VIP 值	相对含量（%）		
				国香系	惠安系	星洲系
1	5α,6β,7β,8α- 四羟基 -2-[2-(4- 甲氧基苯基) 乙基] 色酮 -5,6,7,8- 四氢色酮	THPECs	2.23	0.02	0.03	0.02
2	rel-(5R,6S,7S,8R)-8- 氯 -5,6,7,8- 四羟基 -5,6,7- 三羟基 -2-[2-4-(甲氧基苯基) 乙基]-4H-1- 苯并呋喃 -4- 酮	THPECs	2.16	0.03	0.13	0.04
3	2-[2-(3- 甲氧基 -4- 羟基苯基) 乙基] 色酮	FTPECs	1.98	0.01	0.04	0.07
4	沉香色酮 B	THPECs	1.97	0.72	1.53	0.77
5	5,6- 环氧 -7,8- 二羟基 -2-[2-(3- 羟基 -4- 甲氧基苯基) 乙基]-5,6,7,8- 四氢色酮	THPECs	1.96	0.07	0.08	0.01
6	沉香色酮 C	THPECs	1.87	0.67	0.98	0.42
7	5,6,7,8- 四羟基 -2-[2-(3- 羟基 -4- 甲氧基苯基) 乙基]-5,6,7,8- 四氢色酮	THPECs	1.86	0.67	0.84	0.28
8	6,7- 二甲氧基 -2-(2- 苯乙基) 色酮	FTPECs	1.80	0.10	0.17	0.45
9	6,8- 二羟基 -2-[2-(4- 甲氧基苯基) 乙基] 色酮或 6,7- 羟基 -2-[2-(4- 甲氧基苯基) 乙基] 色酮	FTPECs	1.79	0.07	0.03	0.07
10	(5S,6R,7R)-5,6,7- 三羟基 -2-[2-(3- 羟基 -4- 甲氧基苯基) 乙基] 色酮 -5,6,7,8- 四氢色酮	THPECs	1.79	0.16	0.12	0.05
11	5α,6α,7α,8β- 四羟基 -2-[2-(3- 羟基 -4- 甲氧基苯基) 乙基] 色酮 -5,6,7,8- 四氢色酮	THPECs	1.79	0.13	0.12	/
12	6- 羟基 -2-[2-(3- 羟基 -4- 甲氧基苯基) 乙基] 色酮 -5,6,7,8- 四氢色酮	FTPECs	1.78	0.17	0.35	0.07
13	rel-(1aR,2R,3R,7bS)-1a,2,3,7b- 四氢 -2,3- 二羟基 -5-[2-4-(甲氧基苯基) 乙基] 色酮	THPECs	1.75	0.65	0.88	1.36
14	6- 甲氧基 -2-(2- 苯乙基) 色酮	FTPECs	1.75	0.02	0.09	0.11
15	6- 羟基 -2-[2-(3- 羟基 - 甲氧基苯基) 乙基] 色酮	FTPECs	1.75	0.04	0.11	0.08
16	6,8- 二羟基 -2-[2-(4- 甲氧基苯基) 乙基] 色酮或 6,7- 二羟基 -2-[2-(4- 甲氧基苯基) 乙基] 色酮	FTPECs	1.72	0.37	0.52	0.13
17	8- 羟基 -2-(2- 苯乙基) 色酮或 6-Hydroxy- 羟基 -2-(2- 苯乙基) 色酮	FTPECs	1.69	0.07	0.13	0.06
18	(5S,6R,7S)-5,6,7- 三羟基 -2-[2-(3- 羟基 -4- 甲氧基苯基) 乙基]-5,6,7,8- 四氢色酮	THPECs	1.69	0.03	0.02	/
19	5- 羟基 -7- 甲氧基 -2-[2-(4- 甲氧基苯基) 乙基] 色酮	FTPECs	1.68	0.04	0.14	0.01
20	6- 甲氧基 -2-[2-(3- 甲氧基苯基) 乙基] 色酮	FTPECs	1.67	0.07	0.21	0.05
21	5,8 二羟基 -2-[2-(4- 甲氧基苯基) 乙基] 色酮	FTPECs	1.66	0.21	0.35	0.12
22	6- 甲氧基 -2-[2-(3- 羟基 -4- 甲氧基苯基) 乙基] 色酮	FTPECs	1.64	0.31	0.02	0.14
23	6- 羟基 -2-[2-(3- 羟基 -4- 甲氧基苯基) 乙基] 色酮	FTPECs	1.62	0.24	0.28	0.14
24	6- 甲氧基 -2-(2- 苯乙基) 色酮	FTPECs	1.62	0.02	0.01	0.09
25	(5S,6S,7R)-5,6,7- 三羟基 -2-[2-(2- 羟基苯基) 乙基]- 5,6,7,8- 四氢色酮	THPECs	1.60	0.14	0.18	0.06

（续）

序号	推荐化合物	类型	VIP值	相对含量（%）		
				国香系	惠安系	星洲系
26	8- 氯 -2-(2- 苯乙基)-5,6,7- 三羟基 -5,6,7,8- 四氢色酮	THPECs	1.60	0.26	0.24	0.06
27	6,8- 二甲氧基 -2-[2-(4- 甲氧基苯基) 乙基] 色酮	FTPECs	1.59	0.25	0.29	0.16
28	2-[2-(2- 羟基 -4- 甲氧基苯基) 乙基] 色酮	FTPECs	1.59	0.03	0.15	0.04
29	2-[2-(4- 甲氧基苯基) 乙基] 色酮	FTPECs	1.59	0.22	0.04	0.03
30	5,6- 环氧 -7*β*- 羟基 -8*β*- 甲氧基 -2-(2- 苯乙基) 色酮	THPECs	1.56	0.01	0.03	0.05
31	5*α*,6*α*- 环氧 -7*β*,8*α*,3'- 三羟基 -4'- 甲氧基 -2-(2- 苯乙基) 色酮	THPECs	1.53	0.10	0.03	0.03
32	5- 羟基 -6- 甲氧基 -2-[2-(3- 羟基 - 甲氧基苯基) 乙基] 色酮	FTPECs	1.51	0.09	0.08	0.01
33	(5*α*,6*α*,7*α*,8*β*)-5,6 ,7,8- 双环氧 --2-[2-(3- 羟基 -4- 甲氧基苯基) 乙基]-5,6,7,8- 四氢色酮	DEPECs	1.51	0.04	0.07	0.04

第五节　熏香成分特征和香气活性化合物

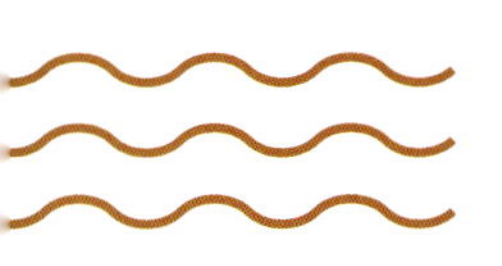

隔火熏香的用香技法在唐代中晚期已趋于成熟，旨在以热力促使香味散发出来，取其香，而去其烟。时至今日，虽然大部分用香器具已采用电加热，但发香原理相同。著者团队以沉香粉末为实验对象，模拟日常使用的熏香方法，在180℃的顶空玻璃瓶中加热沉香粉末，保温时间30min，通过GC-MS分析沉香释放到顶空瓶中的挥发性成分，获得沉香气味分子信息。这种静态顶空进样气相色谱质谱（HS-GC-MS）分析方法最大程度地反映了沉香日常加热使用时被嗅到的气味成分。

三大产区沉香的HS-GC-MS对照指纹图谱如图2-32所示，共鉴定了66个沉香的挥发性成分，其中部分化合物的气味属性在相关文献可查到（表2-3），主要分为4类：芳香族化合物（共19个）、倍半萜类（共41个）、脂类（共5个）、烯烃（共1个）。以峰面积归一化法计算各成分的相对百分含量，图2-33统计了不同产区样品中4类成分所占的比例。三大产区沉香样品的顶空挥发性成分种类的比例差异不大，每个产区样品中含量最高的都是倍半萜化合物，国香系最低为65.87%，惠安系居中为68.74%，星洲系最高为69.10%，倍半萜总占比差异较小；其次是芳香族化合物，占比约30%；其余两类化合物占比极少，在5%以下。

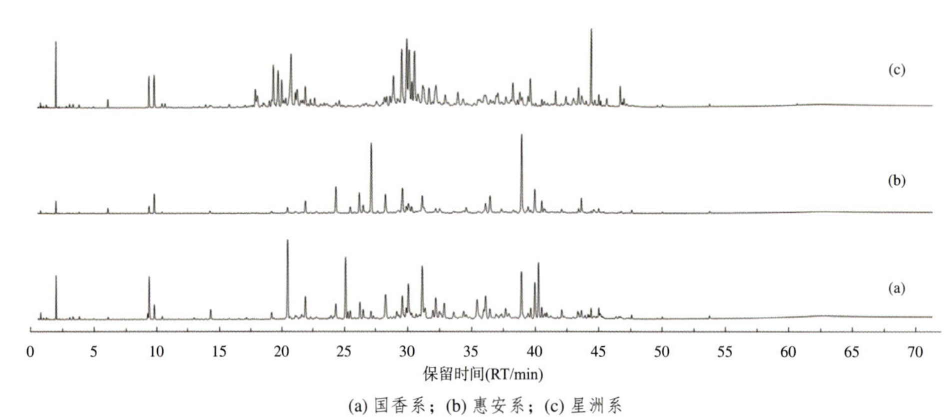

(a) 国香系；(b) 惠安系；(c) 星洲系

图 2-32　不同产区沉香样品的 HS-GC-MS 对照指纹图谱

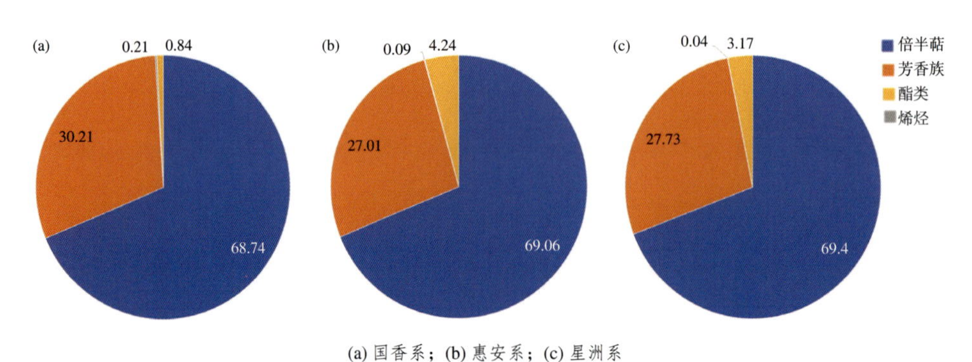

(a) 国香系；(b) 惠安系；(c) 星洲系

图 2-33　不同产区沉香样品的 HS-GC-MS 挥发性成分占比 (%)

表 2-3　不同产区沉香的 HS-GC-MS 图谱定性结果

序号	保留时间 (min)	化合物名称	RI①	Ri②	气味描述	类型	相对含量 (%)		
							A	B	C
1	2.33	呋喃	873	833	甜、木质、杏仁、烘焙谷物	芳香族	/	/	8.20
2	2.42	2- 呋喃甲醇	879	859	燃烧烹饪的谷物	芳香族	3.89	3.30	/
3	2.77	苯乙烯	901	893	甜、香脂、花、塑料	芳香族	6.23	/	/
4	3.51	苯甲醛	948	962	强烈甜苦杏仁、樱桃	芳香族	3.26	1.65	2.73
5	4.57	苯乙醇	1014	1036	玫瑰花、苯酚、香脂	芳香族	/	/	8.04
6	5.29	苯乙酮	1060	1065	甜、酸味、山楂、杏仁、化学品	芳香族	3.62	3.20	4.64
7	6.41	4- 甲氧基 - 苯	1116	1110	/	芳香族	0.29	2.90	0.48
8	7.51	1- 乙烯基 -4- 甲氧基 - 苯	1152	1156	/	芳香族	/	/	1.25
9	10.73	苄基丙酮	1243	1232	花香	芳香族	/	/	0.32
10	11.14	4- 甲氧基 - 苯甲醛	1253	1251	茴香、山楂	芳香族	4.33	/	2.63
11	12.01	1-(1- 甲基乙烯基)-2-(1- 甲基乙烯基)- 苯	1274	1261	/	芳香族	0.91	/	/
12	12.30	(4- 甲氧基苯基) 甲醇	1282	1290	茴香甜	芳香族	1.02	1.33	1.29

（续）

序号	保留时间 (min)	化合物名称	RI[①]	Ri[②]	气味描述	类型	相对含量 (%)		
							A	B	C
13	14.26	1,2,3,4- 四氢 --1,4,6- 三甲基 - 萘	1325	/	/	芳香族	1.17	/	1.39
14	15.17	莎草 -2，4- 二烯	1344	1351	/	倍半萜烯	0.29	0.23	0.19
15	15.51	4- 甲氧基苯乙酮	1351	1348	甜、水果、坚果、香草	芳香族	/	/	0.28
16	16.978	二氢香豆素	1381	1387	甜青草	芳香族	1.17	/	/
17	19.03	3,5,11- 桉叶广域烷三烯	1422	1495	/	倍半萜烯	/	/	0.12
18	19.67	(+)-γ- 马阿里烯	1434	1435	/	倍半萜烯	0.12	0.27	0.18
19	20.16	丁香烯	1443	1440	/	倍半萜烯	2.21	/	2.95
20	20.48	香草醛	1450	1404	甜、香草、奶油、巧克力	芳香族	0.74	1.65	0.71
21	20.84	α- 愈创木烯	1456	1439	泥土、草药、水果	倍半萜烯	0.16	0.27	0.23
22	21.28	马兜铃烯	1465	1487	/	倍半萜烯	0.20	0.52	0.21
23	22.29	(+)-β- 芹子烯	1484	1486	干草	倍半萜烯	/	/	0.11
24	22.78	α- 二氢花侧柏烯	1494	1509	/	倍半萜烯	0.19	1.44	0.58
25	22.97	4-(4- 甲氧基苯基) 丁 -2- 酮	1497	1462	/	芳香族	0.71	/	/
26	23.18	(-)- 圆柚烯	1501	1511	/	倍半萜烯	4.46	/	/
27	23.49	α- 布藜烯	1507	1505	/	倍半萜烯	1.47	4.54	2.93
28	24.83	芹子 -3,7(11)- 二烯	1532	1542	/	倍半萜烯	/	/	0.42
29	25.61	榄香醇	1547	1549	辛辣、柑橘、木质、树脂	倍半萜	/	/	0.12
30	25.97	β- 沉香呋喃	1553	1505	木质、坚果	倍半萜	0.17	/	0.14
31	26.48	(1E,4E)- 大根香叶烯 B	1563	1557	木质、泥土	倍半萜	/	/	0.34
32	27.23	异香橙烯环氧化物	1577	1589	烟、灰尘	倍半萜	1.20	0.79	0.67
33	28.11	邻苯二甲酸二乙酯	1594	1594	/	酯类	/	0.81	0.17
34	29.04	2,3,7- 三甲基吲哚	1610	1636	/	芳香族	0.28	/	/
35	29.34	刺柏烯醇	1616	1617	/	倍半萜	/	0.25	0.39
36	29.61	(-)- 蓝桉醇	1621	1580		倍半萜	/	/	2.03
37	29.87	沉香螺醇	1625	1645	辛香料、木质	倍半萜	0.12	0.08	0.69
38	30.25	茅术醇	1632	1635	辛辣	倍半萜	/	/	0.65
39	30.47	蓝桉醇	1636	1583	木质	倍半萜	0.17	0.41	/
40	30.53	顺 -α- 古巴烯 -8- 醇	1637	1610	/	倍半萜	/	/	4.94
41	30.98	缬草醇	1645	1661	木质	倍半萜	0.55	/	1.08
42	31.24	依兰醛	1650	1675	/	倍半萜	0.30	/	/
43	31.45	1- 乙基 -4- 苯基苯	1653	1654	/	芳香族	0.26	/	/
44	33.06	菖蒲烯酮 B	1682	1701	/	倍半萜	/	/	0.86
45	33.34	10- 表 -γ- 桉叶油醇	1687	1619	蜡甜	倍半萜	3.12	2.93	/
46	35.16	β- 檀香醇	1719	1715	檀香木	倍半萜	/	/	0.21
47	36.33	(+)-γ- 木香醇	1739	1752	/	倍半萜	/	/	0.62
48	36.88	α- 莎草酮	1748	1755	/	倍半萜	0.23	/	/

（续）

序号	保留时间(min)	化合物名称	RI①	Ri②	气味描述	类型	相对含量（%）		
							A	B	C
49	37.71	α- 岩蘭烯醇	1762	1756	/	倍半萜	/	/	0.90
50	38.44	香附烯酮	1775	1687	/	倍半萜	/	/	0.16
51	40.16	螺岩兰草酮	1807	1838	/	倍半萜	1.20	3.25	0.12
52	40.74	艾莫里芬-7(11),9- 二烯 -8- 酮	1823	1817	/	倍半萜	2.25	0.34	/
53	41.22	（+）-β- 木香醇	1836	/	/	倍半萜	/	0.41	1.08
54	41.43	8- 羟基 -10,11- 佛术二烯 -9- 酮	1842	1864	/	倍半萜	/	/	0.53
55	41.60	5β,7βH,10α- 桉叶 -11- 烯 -1α- 醇	1846	/	/	倍半萜	/	/	1.34
56	41.98	α- 乙酸阔叶缬草醇酯	1856	1813	/	倍半萜	/	6.30	0.18
57	42.14	乙酸日本刺参萜醇酯	1861	1886	/	倍半萜	1.23	1.08	/
58	43.07	乙酸乙酯缬草素	1886	1879	/	倍半萜	0.36	0.74	/
59	43.23	缬草酸	1891	1871	/	倍半萜	/	2.10	0.81
60	44.52	（+）假虎刺酮	1934	1926	/	倍半萜	0.32	0.45	/
61	44.74	β- 木香烯内酯	1942	1983	/	倍半萜	0.49	0.86	/
62	45.95	苯乙基水杨酸	1985	1987	/	酯	0.12	/	/
63	50.11	乙基 -（E）- 十八碳 -9- 烯酸酯	2169	2141	/	酯	0.18	0.23	/
64	50.49	丁基 - 十六烷酸酯	2188	2188	/	酯	0.19	0.38	0.32
65	54.14	丁基 - 十八烷酸酯	2388	2388	/	酯	0.12	/	/
66	60.90	角鲨烯	2826	2826	/	烯烃	1.15	/	/

注：①实验保留指数；②谱库保留指数；A. 国香系、B. 惠安系、C. 星洲系。

国香系样品检出 21 个倍半萜成分，含量较高的为 (-)- 圆柚烯（4.46%）、10-epi-γ- 桉叶油醇（3.12%）、艾莫里芬 -7(11)，9- 二烯 -8- 酮（2.25%）和 (-)- 丁香烯（2.21%）；检出 14 个芳香族化合物，含量较高的有苯乙烯（6.23%）、4- 甲氧基 - 苯甲醛（4.33%）、2- 呋喃甲醇（3.89%）、苯乙酮（3.62%）、苯甲醛（3.26%）。(-)- 圆柚烯和苯乙烯仅在国香系样品中检出，可能是区别国香系沉香气味的特征性成分，其中苯乙烯含量较高，具有香脂味和汽油味，对构成国香系沉香的独特气味至关重要。10-epi-γ- 桉叶油醇为国香系和惠安系样品共有的成分，具有甜味、木质味和花香味，可能是传统经验判别时认为国香系、惠安系两组气味更甜的关键物质。2- 呋喃甲醇为国香系和惠安系样品共有的成分，具有焦煳味。4- 甲氧基 - 苯甲醛为国香系和星洲系样品共有的成分，具有薄荷味和甜味，薄荷味带有凉意，增添了沉香气味和滋味的丰富层次。

惠安系样品检出 19 个倍半萜成分，含量较高的为 α- 布藜烯（4.54%）、螺岩兰草酮（3.25%）、10-epi-γ- 桉叶油醇（2.93%）和缬草素（2.1%）；检出 6 个芳香族化合物，含量较高的有 2- 呋喃甲醇（3.3%），焦糊味；苯乙酮（3.2%），霉味、花香味和杏仁味；苯甲醛（1.65%），杏仁味、焦糖味；香草醛（1.65%），香草味；（4- 甲氧基苯基）甲醇（1.33%），具有花香味。缬草素为惠安系和星洲系样品共有的成分，2- 呋喃甲醇为国香系和惠安系样品共有的成分，其余均为三大产区共有成分。芳香族化合物具有多种多样的气味特征，是沉香芳香奥秘的重要组成部分。

星洲系样品检出 31 个倍半萜成分，是三大产区中倍半萜成分数量最多的，含量较高的为顺 -α- 古巴烯 -8- 醇（4.94%）、(-)- 丁香烯（2.95%）、α- 布藜烯（2.93%）和 (-)- 蓝桉醇（2.03%）；检出 12 个芳香族化合物，含量较高的有呋喃（8.2%）、苯乙醇（8.04%）、苯乙酮（4.64%）、苯甲醛（2.73%）、4- 甲氧基 - 苯甲醛（2.63%）。其中顺 -α- 古巴烯 -8- 醇、(-)- 蓝桉醇、呋喃和苯乙醇仅在星洲系样品中检出，对构成星洲系沉香的独特气味至关重要。星洲系沉香被认为气味浓烈丰富，沉香螺醇（0.69%）、(1*E*,4*E*)- 大根香叶烯 B（0.34%）、榄香醇（0.12%）、(+)-β- 芹子烯（0.11%）在星洲系样品中含量高于其余两组，具有辛辣味、胡椒香味、木质味、泥土气味、香料味、青草味等，可能对星洲系的丰富香气具有一定的贡献。

除此之外，三大产区共有的 α- 愈创木烯具有木质味和香脂味，是沉香产生华贵高雅香味的重要成分；β- 沉香呋喃具有木质味和坚果味，存在于国香系和星洲系，惠安系缺乏。

比较基于 GC-MS 分析的沉香挥发性化合物和基于 HS-GC-MS 分析的沉香气味成分，GC-MS 以沉香样品的乙酸乙酯提取物为进样样品，检出了芳香族化合物、倍半萜化合物、2-(2- 苯乙基) 色酮化合物和甾体，HS-GC-MS 以沉香粉末挥发的气体为进样样品，仅检出了芳香族化合物和倍半萜化合物，未检测到 2-(2- 苯乙基) 色酮化合物和甾体，且后者检出的芳香族化合物所占比例远高于前者。这说明沉香加热时释放的化学成分和沉香提取物包含的成分有所不同，可能是由于分泌物中的物质挥发性不同，释放速率有差异。另外，沉香粉末中同时含有木材和分泌物，木材对分泌物具有的相互作用力也会影响物质的释放，木材本身也可能发生微弱热解反应释放出降解产物。

前述沉香挥发性成分的 GC-MS 分析方法是以样品的乙酸乙酯提取物为研究对象，分析得到的化学成分有别于日常加热沉香时释放的化学成分。

第六节　燃香成分特征和香气活性化合物

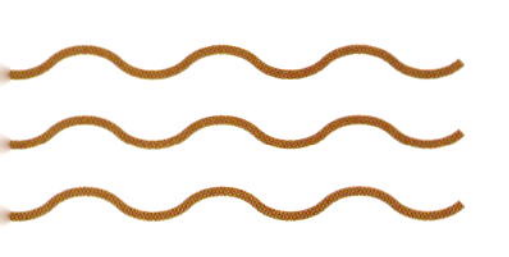

燃香是沉香传统应用的主要方式，分析三个产区沉香燃烧后释放的挥发性成分，对进一步掌握不同产区沉香的特性具有重要意义。

著者团队选取三个产区具代表性的野生沉香样品（表 2-4），燃烧沉香粉末并收集烟气于顶空瓶中，使用 HS-GC-MS 分析烟气中的挥发性成分。发现三个产区的沉香燃烧后均能释放多种化合物（图 2-34），其挥发性成分组成比熏香条件下要更为丰富。其中倍半萜类化合物与前述研究成分类似，芳香

表 2-4　三个产区野生沉香样品信息

编号	产地	乙醇提取物含量（%）	编号	产地	乙醇提取物含量（%）	编号	产地	乙醇提取物含量（%）
G1	中国海南	18.87	H1	越南	19.43	X1	马来西亚	19.96
G2	中国海南	22.41	H2	柬埔寨	21.28	X2	马拉 OK	19.56
G3	中国海南	23.23	H3	越南	24.95	X3	西马虎斑	24.08
G4	中国海南	23.01	H4	缅甸	28.13	X4	加里曼丹	26.20
G5	中国海南	25.92	H5	惠安系	33.94	X5	加里曼丹	31.15
G6	中国海南	29.97	H6	越南	38.58	X6	加里曼丹	34.75
G7	中国海南	30.3	H7	越南	48.21	X7	马拉 OK	34.99
G8	中国海南	37.64	H8	越南	48.24	X8	加里曼丹	36.33
G9	中国海南	38.27				X9	加里曼丹	43.00
G10	中国海南	43.03						

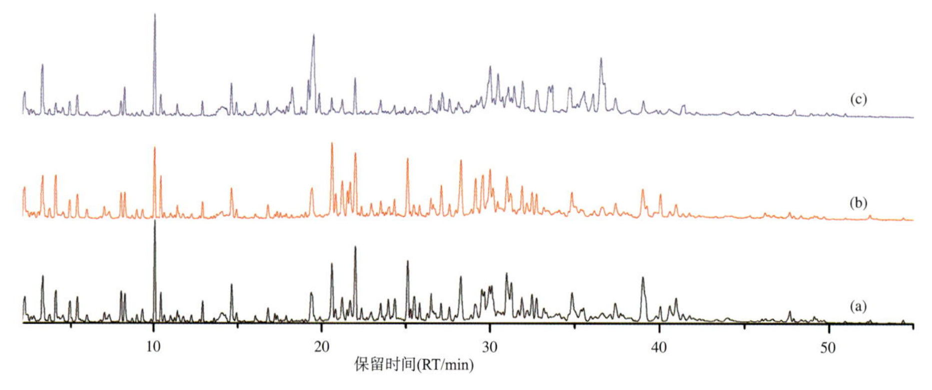

(a) 国香系；(b) 惠安系；(c) 星洲系

图 2-34　不同产区沉香样品的燃烧烟气对照指纹图谱

族化合物种类和含量明显增加。这是由于燃烧过程中，沉香中的木质和色酮类成分裂解释放出多种小分子芳香族化合物，这些成分多具有强烈、明显的气味属性，可进一步丰富沉香的气味组成，形成独特馥郁的气味。

与熏香条件下的图谱相比，三个产区沉香燃烧烟气的对照指纹图谱相似度更高（图 2-35），国香系和惠安系相似度达到 0.82，两组之间更为接近，星洲系与惠安系和国香系样品相似度分别为 0.63 和 0.58。同时发现国香系样品组内差异性较小，与对照指纹图谱的相似度均达到 0.75 以上，而星洲系和惠安系样品的变异性较大，这可能是惠安系和星洲系样品产地分布较广，树木生长环境存在较大地域差异等导致的。

与熏香条件下相比，沉香燃烧后释放的小分子挥发性物质（保留时间 2 ~ 20min）种类和数量显著增加（图 2-34）。这些小分子化合物主要为低分子量的芳香族化合物，易挥发且多具有明显气味（表 2-5），有些是广泛应用的香料的主要成分。三个产区的沉香燃烧烟气中苄基丙酮相对含量在芳香族化合物中最高，且其相对含量均高于沉香熏香释放量，苄基丙酮是沉香的特征芳香族化合物，具明显花香，并被报道有镇静作用。沉香燃烧后可以增加苄基丙酮的释放量，从而提升沉香气味强度并提升镇静效果。其他香气化合物如苯甲醛、苯乙醇等也有所增加。更多的芳香族化合物则是燃烧后才能检测到，如甲苯、4- 甲氧基苯乙烯、2- 甲氧基 - 苯酚。这些芳香族化合物具有甜香、花香、烟熏等多种气味，都能够进一步丰富沉香燃烧后的气味。以上结果说明燃烧可以提升沉香气味的强度、丰富度和进一步发挥相应的功效，传统燃香使用方式虽然有一定的烟气产生，但可以更充分发挥沉香的价值。

表 2-5　沉香燃烧后释放的化合物

序号	保留时间 (min)	保留指数	化合物名称	气味描述	相对含量（%）		
					国香系	惠安系	星洲系
1	1.559	610	乙酸	刺激、酸、醋味	1.73	0.93	1.41
2	1.925	757	甲苯	甜、香	1.66	0.48	0.87
3	2.251	833	呋喃	甜、木质、杏仁、烘焙谷物	1.06	2.48	0.85
4	2.44	855	乙苯	苦	0.38	0.25	0.27
5	2.657	893	苯乙烯	甜、香脂、花、塑料	0.21	0.13	0.26
6	3.327	962	苯甲醛	强烈刺激甜、苦杏仁、樱桃	2.94	1.88	3.34
7	4.111	1021	对甲苯甲醚	萘甲酚、依兰、粉尘、坚果	2.49	0.90	0.10
8	4.242	1036	苯乙醇	花、玫瑰、苯酚、香脂	0.15	0.17	0.63
9	4.517	1077	对甲酚	苯酚、水仙、动物、含羞草	0.43	0.26	0.30
10	4.94	1169	对乙酰基苯甲醛	水仙、苯酚、动物	2.11	0.39	0.82
11	5.415	1090	2- 甲氧基 - 苯酚	苯酚、烟熏、辛辣、香草、木材	1.03	0.61	0.78
12	5.976	1110	对乙基苯甲醚	茴芹	0.45	0.28	0.17
13	7.017	1156	乙烯基苯甲醚	甜	0.54	0.34	0.40
14	7.309	1169	对乙基苯酚	霉	0.60	0.14	0.39
15	8.027	1193	2- 羟基 -4- 甲基苯甲醚	辛辣、丁香、香草、苯酚、药品、皮革、木质、烟熏、燃烧	1.90	1.16	1.19
16	8.248	1193	甲酚	苯酚	1.48	0.81	1.20
17	9.329	1235	愈创木酚	苯酚	1.31	0.28	0.21
18	9.861	1229	1- 甲基 -1,2,3,4- 四氢化萘	/	0.20	/	0.13
19	10.09	1232	苄基丙酮	花、香脂	4.00	2.11	5.74
20	10.468	1251	对甲氧基苯甲醛	甜、粉尘、含羞草、花、山楂、香脂	1.22	1.32	0.77
21	11.051	1282	2- 甲氧基 -4- 乙基苯酚	辛辣、烟熏火腿、苯酚、丁香	0.17	0.20	/
22	11.452	1311	4-[(2E)-2- 丁烯基]-1,2- 二甲苯	/	0.22	0.27	0.47
23	11.555	1282	对乙基愈创木酚	辛辣、烟熏火腿、苯酚、丁香	0.15	0.27	0.15
24	11.784	1286	茴香脑	甜、茴芹、甘草、药品	0.20	0.29	0.10
25	12.293	1306	4- 甲氧基甲苯	/	0.56	0.18	0.12
26	12.934	1317	2- 甲氧基 -4- 乙烯基苯酚	甜、辛辣、丁香、康乃馨、苯酚、辛香料、烟熏、木质、粉尘	0.51	0.34	0.20

（续）

序号	保留时间(min)	保留指数	化合物名称	气味描述	相对含量（%）		
					国香系	惠安系	星洲系
27	14.130	1359	氢化肉桂酸	甜、脂肪、玫瑰、麝香、肉桂	0.76	0.56	/
28	14.639	1365	3,4- 二甲氧基苯酚	烟熏、苯酚、火腿、粉尘、木材	1.54	0.61	1.27
29	14.931	1375	3- 烯丙基 -6- 甲氧基苯酚	辛辣、康乃馨	0.33	0.17	0.52
30	16.093	1387	二氢香豆素	甜、香豆素、椰子、草药、康乃馨、香脂	0.22	0.25	0.41
31	16.842	1404	香草醛	甜、香草、乳脂、巧克力	0.36	0.39	0.45
32	17.248	1440	顺 -α- 香柑油烯	辛辣、辣椒	0.41	0.18	0.19
33	17.403	1439	反 -α- 香柑油烯	木材、温暖、茶	0.08	0.17	0.13
34	17.575	1495	β- 榄香烯	甜	0.05	0.22	0.09
35	17.929	1556	α- 愈创木烯	甜、木材、香脂、辛香料	0.23	0.47	0.18
36	19.377	1532	α- 布藜烯	木材	0.95	/	2.14
37	19.451	1524	香树烯	木材、薄荷	0.47	1.22	4.38
38	19.572	1598	蛇麻烯	木材	0.19	0.25	0.26
39	19.926	1631	乙酰丁香酚	木材、辛香、甜	0.23	0.25	0.71

国香系样品燃烧烟气的 HS-GC-MS 图谱较为一致，除保留时间 12.5 ~ 19.5min 之外，其他区间均能检测到大量化合物。进一步分析发现国香系样本中保留时间 12.5 ~ 19.5min 之间含量较高的化合物（表 2-5 中序号 26、28、29、31、32、36、37），其相对含量与样本的乙醇提取物含量具有一定相关性（图 2-35）。与国香系基原植物白木香没有结香的白木燃烧烟气对比发现，白木燃烧释放的芳香族、倍半萜类种类和数量明显少于沉香，但上述化合物含量则较高。推测这些挥发性成分可能主要来源于木质部分，这些化合物具有烟熏、油脂、木质等气味，为木材燃烧的特征气味。乙醇提取物含量是沉香品质的重要指标，野生沉香由于结香时间长，乙醇提取物含量较高，燃烧后气味浓郁宜人，而这些化合物含量随乙醇提取物含量增加而降低（图 2-36），说明它们不是国香系沉香品质特征香气的贡献者。由于样品量有限，样品间差异较大，在惠安系和星洲系样本中，并未观察到类似的规律（图 2-37）。

三个产地沉香燃烧烟气中保留时间 19 ~ 40min 区域都能检测到较多倍半萜类化合物。但与国香系和惠安系的大多数样品不同，多个星洲系样本在保留时间 19 ~ 20min 出现更多的色谱峰（图 2-35），这些峰为芳香族和倍半萜

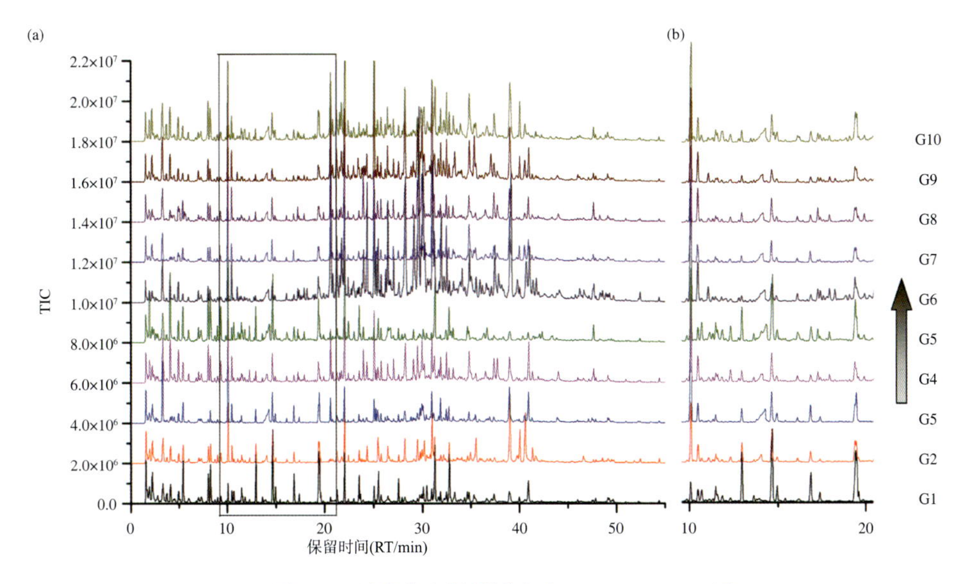

图 2-35　国香系沉香的燃烧烟气 HS-GC-MS TIC 图

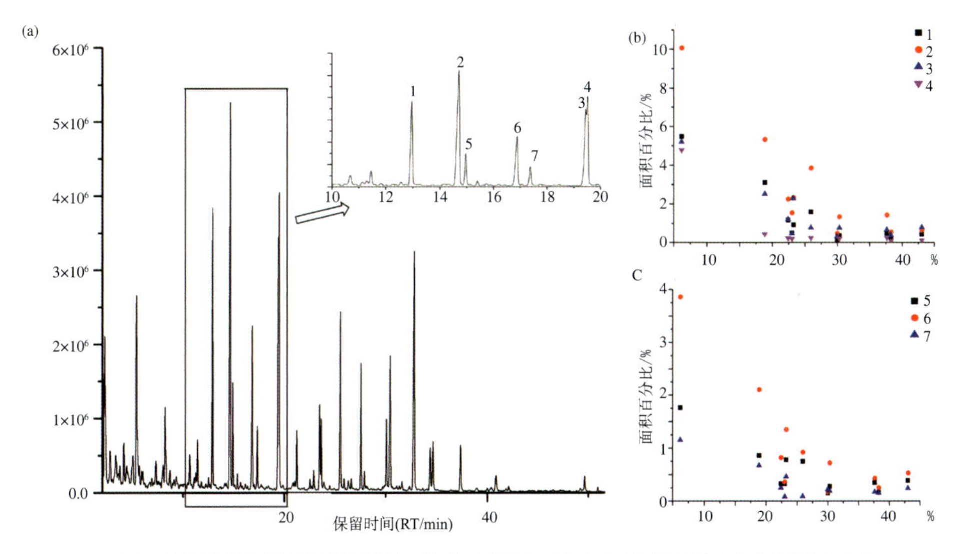

(a) 白木燃烧烟气 HS-GC-MS TIC 图；(b) 和 (c) RT10 ~ 20min 与乙醇提取物含量负相关的化合物

1. 2- 甲氧基 -4 乙烯基苯酚；2. 3,4- 二甲氧基苯酚；3. 乙酰丁香酚；4. α 雪松醇；

5. 3- 烯丙基 -6- 甲氧基苯酚；6. 氢化肉桂酸；7. 香草醛

图 2-36　国香系沉香燃烧烟气成分与乙醇提取物含量相关性

烯类（表 2-5），这些化合物（表 2-5 中序号 36 ~ 39）分别具有辛香、木质和蜜蜡气味。但在保留时间 20 ~ 30min 之间，星洲系沉香释放的倍半萜类化合物丰度明显少于国香系和惠安系样品。星洲系沉香与国香系和惠安系沉香的主要差别体现在保留时间 19 ~ 30min 的挥发性成分，推测此部分倍半萜类化

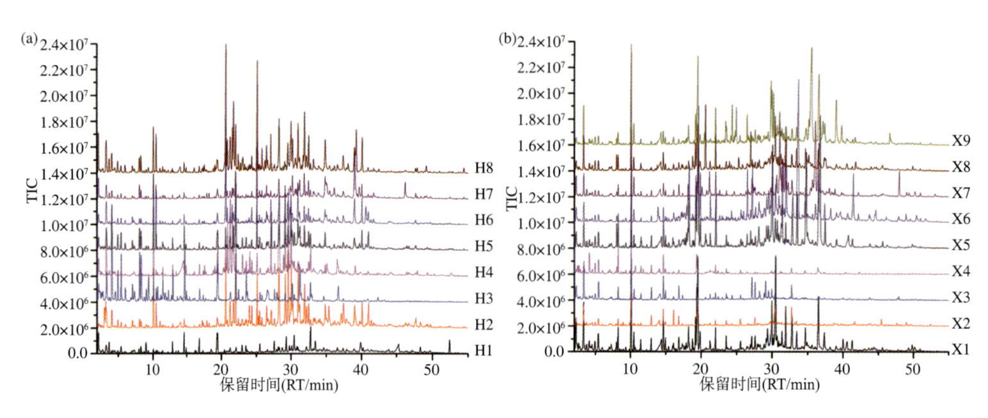

图 2-37　惠安系 (a) 和星洲系 (b) 沉香燃烧烟气 HS-GC-MS TIC 图

合物是导致星洲系沉香气味与另外两个产区差异较大的主要原因。

著者团队前期研究发现此区间的化合物具有较高的稀释因子（Yan et al., 2023），稀释因子是样品中气味分子能被嗅闻到的最大稀释倍数，用来衡量该气味分子对特征香气形成的贡献度，数值越高说明该气味分子在更低的浓度仍能被嗅闻到，对整体香气的贡献越大。因此可推测星洲系燃烧后气味可能不如国香系和惠安系样品气味浓郁丰富，这与传统沉香市场对这三个产区的判别经验一致。这一结果进一步说明星洲系样品与惠安系和国香系样品差异较大，惠安系和国香系两个产区沉香更为接近。

尽管 2-(2- 苯乙基) 色酮类是沉香主要的特征及品质化合物（详见 2.2.3 部分），但在熏香和燃香条件下，三个产地沉香样本的挥发性成分中未检测到明显的 2-(2- 苯乙基) 色酮类成分。这是由于该类化合物分子量较大不易挥发。

著者团队前期研究表明，高温加热后 2-(2- 苯乙基) 色酮类能够裂解释放小分子芳香族化合物，沉香四醇加热后可释放苄基丙酮和苯甲醛，且不同结构的 2-(2- 苯乙基) 色酮类化合物释放的化合物种类及数量有一定差异，推测沉香中 2-(2- 苯乙基) 色酮种类和含量可以间接影响沉香熏香和燃香的气味。三个产区的沉香 2-(2- 苯乙基) 色酮类组成存在地域特征，可能导致熏香和燃香气味差异。与熏香不同，沉香燃烧后产生的烟气中含有微尘、粉末和不易

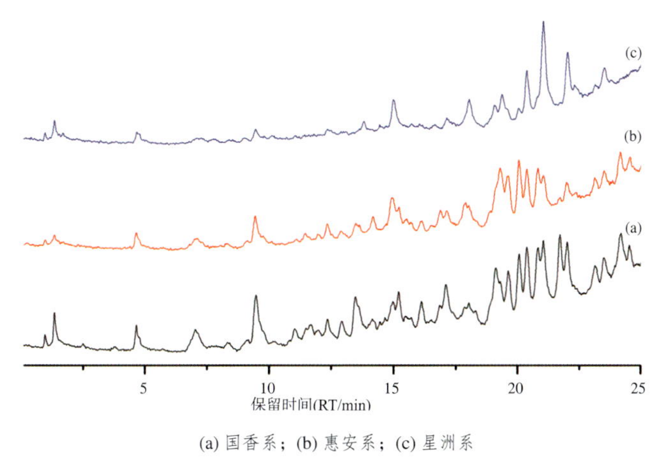

(a) 国香系；(b) 惠安系；(c) 星洲系

图 2-38　沉香样品燃烧烟尘中的非挥发性成分 LC-MS TIC 图

挥发的化合物。收集沉香燃烧产生的烟尘，萃取后使用 GC-MS 和 LC-MS 分析其中的化学成分。GC-MS 分析结果显示其中的挥发性成分很少，说明高温燃烧后，芳香族和倍半萜类等易挥发性成分能够扩散到空气中，不会随烟尘凝结。使用 LC-MS 分析其中非挥发性成分（图 2-38），在国香系样品和惠安系样品中检测到的非挥发性成分比星洲系样品更多。使用 LC-MS/MS 对这些成分进行定性分析，发现主要成分是 2-(2- 苯乙基) 色酮类化合物，且组成与沉香乙醇提取物中 2-(2- 苯乙基) 色酮类组成有较大差异。沉香乙醇提取物中均可检测到大量的 THPEC，如沉香四醇在所有样本中含量均较高，但在燃烧烟尘保留时间 5 ~ 10min 中未检测到沉香四醇和其他 THPEC 成分。这一结果提示沉香燃烧后，其中的 THPEC 在高温下不稳定，能够充分降解或裂解释放小分子化合物，与其他种类的 2-(2- 苯乙基) 色酮相比，三个产区沉香中所含 THPEC 的含量和种类对沉香燃烧后的气味影响更大。在保留 14 ~ 25min 时间段可以检测到多种 FTPEC，这些色酮类成分在高温下较稳定，燃烧不充分的情况下未完全降解或裂解，部分随其他成分挥发形成烟尘进入空气。这些化合物对沉香气味的影响及功能尚待进一步研究。

沉
香
CHEN
XIANG

第三章

现代结香技术与评价

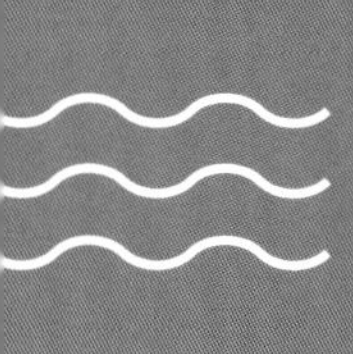

自然条件下沉香结香率低，『有香者百无一二』，自古以来沉香就是价格昂贵的稀缺资源。尽管沉香具有多种药用价值和独特香气，但野生沉香产量极低，难以满足市场需求，发展人工结香技术成为增加沉香资源的必然选择。揭示沉香形成的科学机制，在此基础上攻克沉香结香技术，对提高沉香的质量和产量具有重要的意义。多年来，研究人员在沉香结香机制的研究中取得了一定的进展，并开发了多种现代结香技术，有效地提高了沉香产量。

第一节　沉香结香机理

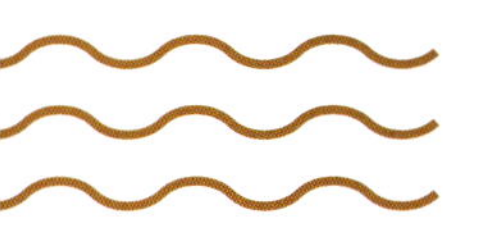

沉香形成是一个复杂动态的过程，是在受伤和真菌感染等诱导下，合成多种次生代谢产物形成树脂和木材混合物的过程，亦被称为结香。结香是一个漫长的生物代谢、合成和累积的过程，伴随着组织环境、微观构造、生理代谢、基因表达等的改变（图 3-1）。

物理方式、化学或病害刺激引起基原植物损伤，造成胁迫，开启细胞表面 Ca^{2+} 通道，胞内 Ca^{2+} 浓度上升，从而激活植物防御有关的信号通路，包括由一氧化氮（NO）、水杨酸（SA）、乙烯、茉莉酸（JA）和过氧化氢的浓度变化引起的一系列变化（张兴丽 等，2013），刺激沉香的特征化学成分合成。

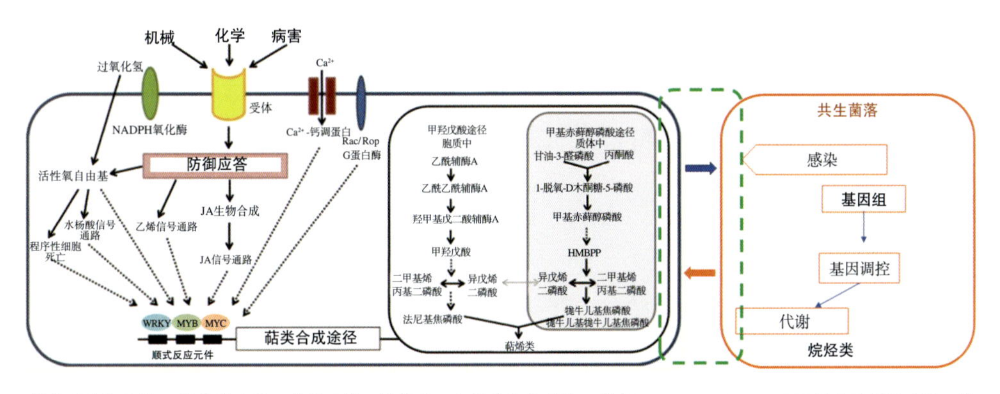

损伤开启细胞的 Ca^{2+} 信号途径，激活乙烯、茉莉酸、水杨酸信号通路，提高 MYB、MYC、WRKY 等转录因子表达，这些转录因子结合在萜类合成途径（甲羟戊酸和甲基赤藓醇-4-磷酸途径）的增强子上，促进萜类合成酶表达，萜类合成增加；共生菌群也随之发生变化，加速木材降解，产生烃类等小分子有机化合物（图片修改引用 Tan et al., 2019）

图 3-1　参与沉香形成的信号通路和潜在机制

已有实验证实茉莉酸、茉莉酸甲酯（MeJA）和水杨酸等可诱导白木香悬浮细胞产生萜类物质。

与此同时，为清除逆境条件下产生的活性氧等物质，与防御有关的酶如超氧化物歧化酶（SOD）、苯丙氨酸氨解酶（PAL）、过氧化氢酶（CAT）和一氧化氮合成酶等升高，并激活下游由防御基因转录因子如 MYB4、WRKY4 等调控的各次生代谢物通路，如苯丙烷代谢通路、萜类代谢通路等；植物内部启动细胞程序性死亡（PCD），轴向薄壁细胞、木射线细胞以及内涵韧皮部淀粉粒分解，形成非淀粉多糖，以此作为物质基础，合成次生代谢物如倍半萜类和色酮类物质，这些代谢物逐渐积累填充死亡的内涵韧皮部、导管以及木射线，起到屏障保护的效果，降低和避免外界胁迫进一步对树体伤害，随着时间的推移，形成了树脂和木材混合物沉香（张兴丽 等，2013; Cui et al., 2013; Liu et al., 2019）。

共生微生物被认为在沉香形成中发挥重要作用。不同方式诱导沉香形成过程中，树干共生微生物种类和数量均发生变化，这一现象在沉香基原树种中普遍存在。已发现至少 30 个种属微生物可能参与沉香形成过程。推测在沉香形成过程中，损伤导致环境胁迫首先激活薄壁细胞保护应答，产生分泌次生代谢产物，从而改变共生菌群的生活环境，引起菌群组成变化，其中木材降解和产生烃类代谢产物的菌种成为优势菌，进一步加速沉香形成（Chen et al., 2018）。

近年来随着沉香形成机制关注度增加，更多的研究人员利用多组学等方法挖掘解析沉香形成的原因，发现转录因子 JAZs 和 bHLH 家族在损伤诱导的倍半萜类合成中发挥重要作用，细胞色素 P450 家族则参与了萜烯类和苯丙素类合成等（Das et al., 2023; Ma et al., 2023a; Xu et al., 2023）。但沉香形成机制研究目前尚处起步阶段，还需结合树木生理、生物合成等多个领域，开展多层次深入研究，揭示沉香成因。

第二节　现代结香技术

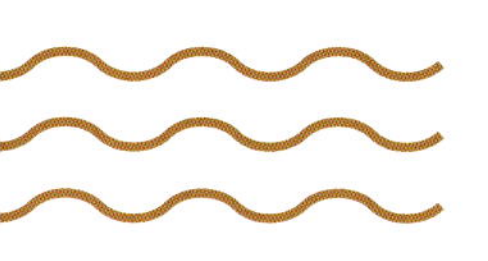

沉香形成是外界损伤刺激引起的一系列复杂生理过程，是基原植物内因和外因共同作用的结果。人工结香技术则是模拟这一过程，加速沉香的形成。目前常用的结香技术包括物理创伤、化学物质和微生物发酵物刺激法等。其中物理创伤刺激法由来已久，是最原始、最古老的人为促进沉香生成的方法。近年来，随着沉香形成机理研究的深入，人工种植沉香基原植物不断增多，现代结香技术得到了快速实践和发展，由最初的传统物理创伤刺激法发展出了微生物发酵物刺激法、化学物质刺激法等现代方法，提高了沉香产量。

一、物理创伤刺激法

物理创伤刺激法（简称物理法）已有上千年历史，北宋《铁围山丛谈》中就记载了“谓之生结，人以刀斧伤之而后膏脉聚焉”。到了明清时期，又发明了火烙法和凿洞法，《崖州志》记载了火烙法：“铁皮香者，皮肤渐渍雨露，将次成香，而内皆白木，土人烙红铁而烁之”；《东莞县志》载：“初凿曰开香门，凿数行如马牙，凿后用黄砂土封盖，使之复生，开后年年可凿”。现代物理创伤刺激法也是基于以上方法，在工具和方式上进行改进和演化，以提高

图 3-2　打孔结香法

结香效率。其中包括砍伤法、凿洞法、打火洞法、火烧法、打钉法、敲皮法、断枝法、半断或全断树干、断根法等。

打火洞法是目前应用较多的一种物理方法，利用烧红圆柱形铁钎围绕树干从下至上，按照一定间距钻多个孔，钻孔部位的细胞受到高温和机械损伤，激活胞内防御机制，在孔洞周围形成沉香。著者团队研究表明打火洞法结香 4 年的沉香可达到《中国药典》（2020 版）和《沉香》（LY/T 2904—2017）的要求，含有多种特征倍半萜和 2-(2- 苯乙基) 色酮类成分（陈媛 等, 2018）。

砍伤法通过在树主干的一侧形成较大的切口，切口附近会分泌树脂，久之便可形成沉香。砍伤法处理白木香树 20 个月后采集的样品，亦可检测出沉香特征倍半萜类和色酮类成分，但乙醇提取物含量有时不能达到《中国药典》（2020 版）和《沉香》（LY/T 2904—2017）的要求，难以入药或推向沉香市场（Liu et al., 2013）。

敲皮法与前两种方法相比，较少应用，通过敲皮法处理土沉香树，10 个月后可成功结香，但其中倍半萜相对含量远低于野生沉香，且乙醇提取物含量也较低，达不到《中国药典》（2020 版）的标准（王东光, 2016）。

有研究者使用打钉、砍伤和凿洞三种处理方式分别对白木香树进行创伤诱导沉香形成，结香两年后，分析发现，尽管三种方法形成的沉香中均含有特征倍半萜类成分，如愈创醇和白木香醛等，但也存在着较高含量脂肪酸和烷烃类等初生代谢物质，这两类成分是健康白木香树干中所含有特征成分（林峰 等, 2010），说明这些方法在白木香树伤口处诱发的次生代谢产物转化形成积累较慢，其结香的效率和效果尚待进一步提升。

二、化学物质刺激法

图 3-3　化学物质刺激结香法

化学物质刺激法（简称化学法）是近年来兴起的一种新的结香方法，该方法利用化学物质，包括盐类、酸性物质等刺激沉香基原植物结香。其中有些化合物能够激活细胞内信号通路，诱导次生代谢生物合成，启动结香；有些化学试剂（盐、酸）可形成环境胁迫，诱导树木细胞启动防御反应和下游的生物合成途径，开始结香。

最初是在物理法结香中，使用氯化钠和氯化亚铁溶液涂抹沉香树的伤口，增强损伤处的环境胁迫，延迟愈合组织的形成和创伤愈合，避免周围细胞快速恢复正常生理活动，偶然发现这种方式能够促进结香。随后在此基础上发展了多种更为简便的化学结香方法。

通体结香法是在沉香树树干上钻孔，利用输液装置将结香剂缓缓注入树干，使其在蒸腾作用下沿树干上行，在树木内部形成较大创伤面并诱导形成沉香。这种方法能够提升沉香的产量。实验结果显示，结香溶液输入白木香内，20 个月后所产沉香树脂丰富，香味浓郁，咀嚼后有苦味和辛辣的味道，乙醇提取物含量高于《中国药典》（2020 版）和《沉香》（LY/T 2904—2017）的要求（魏建和 等, 2010; Zhang et al., 2012）。

偏心灌注法、整树结香法和通体结香法类似，都是将结香剂注入沉香树，利用蒸腾作用运输至更远距离，使整棵树自上而下达到较好的结香效果。著者团队曾检测了十批次偏心灌注法诱导一年形成的沉香，所有指标符合《中国药典》（2020 版）和《沉香》（LY/T 2904—2017）的要求，且检测的沉香样品化学成分组成较稳定，色酮类化学组成与火钻方式结香 4 年的人工沉香样品相近（陈媛 等，2018）。

三、微生物发酵物刺激法

微生物发酵物刺激法（简称微生物法），是将真菌、细菌及其发酵物等接种至创伤面上，模拟感染病变，增强环境胁迫作用，在创面及周围刺激形成沉香（图 3-4）。有研究表明，未结香白木部位和结香部位的菌群存在很大差别，微生物感染也是促使结香的因素之一。

目前该技术研究主要集中在从结香部位中鉴定分离筛选能够高效刺激沉香树结香的真菌和细菌等微生物。研究应用较多的包括曲霉属（*Aspergillus*）、可可毛色二孢菌属（*Lasiodiplodia*）、镰刀菌属（*Fusarium*）等多种菌类。微生物接种方式主要有开香门接种、钻孔法接种、输液法等。其中，输液法结香效率高，目前应用比较普遍。利用输液法对白木香进行菌液接种处理 10 个月，结果表明斑点青霉（*Penicillium meleagrinum*）、黑绿木霉（*Trichoderma atroviride*）、拟康木霉（*Trichoderma koningiopsis*）、青霉病病原菌（*Penicillium italicum*）、葡萄座腔菌（*Botryosphaeria rhodina*）菌液可有效地诱导沉香形成（王东光，2016）。

除上述多种真菌，有些细菌也被报道与结香密切相关，如分散泛菌（*Pantoea dispersa*）和蜡样芽孢杆菌（*Bacillus cereus*）均被发现与马来沉香的沉香螺醇含量密切相关（Chhipa et al., 2019）。国内也有将细菌用于微生物结香的应用。在不同实验地比较分析筛选的促结香优势内生真菌有一定差异，有些研究发现镰刀菌属为优势属（陈彧 等，2023），有些研究则认为青霉菌属为优势菌属，这可能与土沉香生产环境有关。结香方式也能够影响土沉香树内生菌的组成，虫漏沉香微生物多样性高于打孔沉香（Wang et al., 2022）。这说明沉香形成可能是外界多因素和内因共同作用的结果。

需要注意的是，沉香形成过程中真菌种类数量也随特征物质的积累发生变化，仅以某一时间点微生物组成分析结果为依据，判断该微生物能促进结香不够全面，且真菌培养液中的大量真菌代谢产物也具有诱导沉香形成的作用（马华明，2013）。微生物诱导结香涉及的生物过程更为复杂，许多微生物侵染能够降解木材组织细胞壁，增强损伤面胁迫强度；微生物的代谢产物进一步刺激防御反应，两者都能延缓树木生长恢复，延长结香时间达到更好的结香效果。

图 3-4　微生物发酵物刺激结香法

四、其他相关技术

在实际应用中，为了提高结香效率，以上所述技术方法往往还会联合应用，尝试以多种方法组合处理来提高结香质量。例如，在机械损伤时加上真菌侵染，将显著提高防御反应的激素含量，促进沉香特征产物增加（张鹏 等，2022）。

研究者同时也借鉴其他相关研究理论开始尝试更多的结香方法。气态物质，如 CO_2、N_2 等，对心材形成具有重要作用，能够用于诱导沉香形成（刘高峰 等，2023），进而产生了高压气体诱导土沉香结香的方法。亦有模拟自然结香方式、发展虫蛀等结香方法。

随着市场对沉香需求的增加，为保护及合理利用资源，提高沉香生产效率，土沉香植株再生、繁殖和组织培养技术也得到了一定的发展。在土沉香愈伤组织培养液中加入盐、酸等，能够刺激细胞产生多种色酮类和倍半萜类化合物。虽然目前该方法仅在实验室内实现了土沉香细胞培养合成沉香中的活性物质，离形成工业化的合成生物技术尚有较大距离，但这是摆脱药用植物栽培时间和生长环境限制，满足市场需求的重要研发方向。

五、现代结香技术总体评价

现代结香技术是为了满足市场需求和保护野生沉香资源，基于沉香结香机制研究而产生的技术。物理法是通过机械方法在树干造成损伤，刺激沉香形成，其操作较简单，但结香效率和速度有待进一步提高。

化学法所使用的结香剂易于规模化制备生产，能够促进沉香较快产生，但所用化学物质的组成、配比及用量、用法等，需要根据树木的生理状态和生产环境等进行精确优化，避免量少而结香产量低或过量造成树木死亡。因此该方法使用需要一定专业知识和较丰富的实践操作经验。虽然已有多种化学物质刺激结香法，但目前对不同种方法缺乏足够的比较研究，尤其是使用的化学物质种类不透明。因此，需要进一步推进相关研究，优化建立适应性广、稳定高效安全的结香方法。

采用微生物发酵液刺激沉香产生，微生物在创伤面持续生长，能够持续刺激树木产生沉香，具有长效刺激作用，可提升结香效率，但微生物发酵液生产所需条件较复杂，要保持发酵液中微生物活力和成分不变，存储和运输条件要求较高。目前虽然使用的微生物种类及发酵液成分多种多样，其中有效菌种和成分尚不明确。随着研究深入，内生真菌亦被发现与结香密切相关。如一种白木香内生真菌 *Phaeoacremonium rubrigenum* 能够激活甲羟戊酸途径并提高转录因子磷酸化水平，从而促进倍半萜类生成（Liu et al., 2022）。多种方法筛选优良菌群，进一步挖掘其诱导沉香形成的机制，建立与之匹配的使用方法，是研究者在微生物结香方法研发的重要方向。

现代结香方法在结香效率和沉香产量方面有较明显的提升，但由于目前对沉香结香机制的认知尚浅，尽管实际生产中已有多种多样的结香方法，但大都存在结香稳定性不足，有不结香和树木死亡风险，所结沉香也无法媲美野生沉香。现代结香技术仍需进一步提升，不断优化，以建立更高效安全的结香方法，在提高产量的同时，保障沉香的高品质。

第三节　现代不同结香技术所产沉香的品质

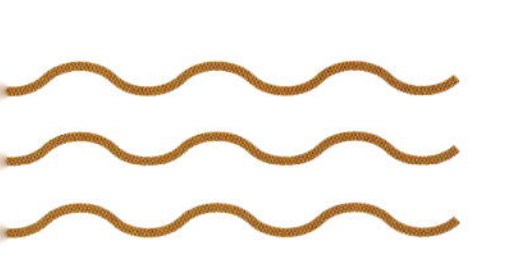

结香是树干对于外界刺激造成的胁迫的防御反应，各种结香技术的方法方式不同，但都是通过外界因素造成树木局部胁迫，促使细胞启动防御反应，树木呼吸作用增强，胞内淀粉类被消耗转化为次生代谢产物。不同方式造成的胁迫强度不同，可能影响结香效率和分泌物的化学组成。

不同结香方法和结香时间形成的沉香样品提取物含量参差不齐。例如，王东光将 20 种微生物发酵液接种至白木香 10 个月，形成的沉香有 7 组乙醇提取物含量高于 10%，其余 13 组的乙醇提取物含量不足 10%（王东光，2016）。砍伤法处理沉香树 20 个月形成的沉香乙醇提取物含量仅为 7.61%（Liu et al., 2013）。化学法结香一年至一年半以上，所产沉香的乙醇提取物含量可达 10% 以上（陈媛 等，2018; Zhang et al., 2012）。研究比较采用不同结香方式（物理、化学和微生物法）结香两年后，物理法形成的结香样品乙醇提取物最低，化学法最高（叶海燕 等，2023）。不同的物理方法所产沉香乙醇提取物也存在较大差别，打钉法 > 砍伤法 > 凿洞法（林峰，2010）。所产沉香的特征成分及含量也存在一定差异。这些研究说明结香方法对于沉香分泌物的合成积累都有重要影响。

著者团队选取国内多个产地，目前应用较多的物理法（刀砍法和打孔法）、化学法、微生物法所产沉香，开展化学成分分析比较（表 3-1）。不同方法造成的创伤面不同，外观也有一定差异（图 3-5）。物理法最常见的为刀砍法和打孔法，因造成损伤的形状不同，刀砍法沉香在树的断面形成，呈大片状；打孔法沉香则是沿洞口上下左右形成含油脂的木条。化学法和微生物法所形成沉香也与结香方法有关，采用输液法在树木内部形成的沉香，剖去白木部分多呈片状。

表 3-1　样品信息

编号	结香方式	产地	乙醇提取物含量（%）	编号	结香方式	产地	乙醇提取物含量（%）	编号	结香方式	产地	乙醇提取物含量（%）
S1	A	中山，广东	11.69	S17	B	海口，海南	22.50	S33	C	海口，海南	16.40
S2	A	中山，广东	12.29	S18	B	东莞，广东	16.30	S34	C	海口，海南	18.96
S3	A	中山，广东	15.66	S19	B	东莞，广东	16.71	S35	C	海口，海南	20.11
S4	A	东莞，广东	16.00	S20	B	东莞，广东	22.14	S36	C	海口，海南	19.71
S5	A	东莞，广东	10.62	S21	B	海口，海南	10.81	S37	C	海口，海南	21.42
S6	A	东莞，广东	20.75	S22	B	海口，海南	25.44	S38	C	海口，海南	16.71
S7	A	东莞，广东	19.03	S23	B	海口，海南	10.20	S39	C	海口，海南	28.15
S8	A	东莞，广东	16.66	S24	C	玉林，广西	14.22	S40	C	中山，广东	29.42
S9	A	东莞，广东	25.42	S25	C	中山，广东	20.56	S41	D	普洱，云南	17.50
S10	A	东莞，广东	11.27	S26	C	中山，广东	24.32	S42	D	普洱，云南	18.95
S11	A	海口，海南	14.51	S27	C	中山，广东	14.21	S43	D	普洱，云南	19.22
S12	A	海口，海南	13.67	S28	C	中山，广东	16.81	S44	D	西双版纳，云南	14.70
S13	A	海口，海南	11.33	S29	C	中山，广东	21.94	S45	D	普洱，云南	19.99
S14	A	海口，海南	12.56	S30	C	中山，广东	21.57	S46	D	中山，广东	17.79
S15	B	化州，广西	13.31	S31	C	化州，广西	18.98	S47	D	海口，海南	26.87
S16	B	中山，广东	15.21	S32	C	海口，海南	18.46	S48	D	北海，广西	30.59

注：A. 刀砍法，B. 打孔法，C. 化学法，D. 微生物法。

对不同结香方式所产沉香进行较全面的化学成分分析，发现物理法、化学法和微生物法形成的沉香化学组成存在一定差异（图 3-6）。虽然物理法中刀砍沉香的乙醇提取物含量较低，但倍半萜类相对含量高于其他方法所产沉香。打孔法、化学法和微生物法所产沉香的总 2-(2- 苯乙基) 色酮相对含量远高于总倍半萜类，说明结香方法对 2-(2- 苯乙基) 色酮类和倍半萜类的生物合成和积累有一定影响。不同方法所产沉香挥发性成分也存在差别，多个物理

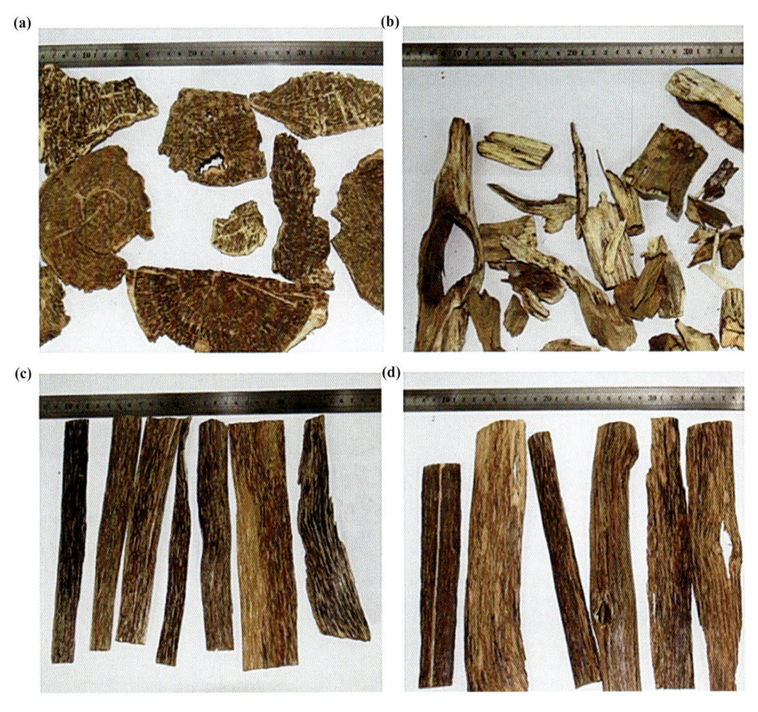

(a) 刀砍法；(b) 打孔法；(c) 化学法；(d) 微生物法

图 3-5　不同结香方式的人工沉香外观

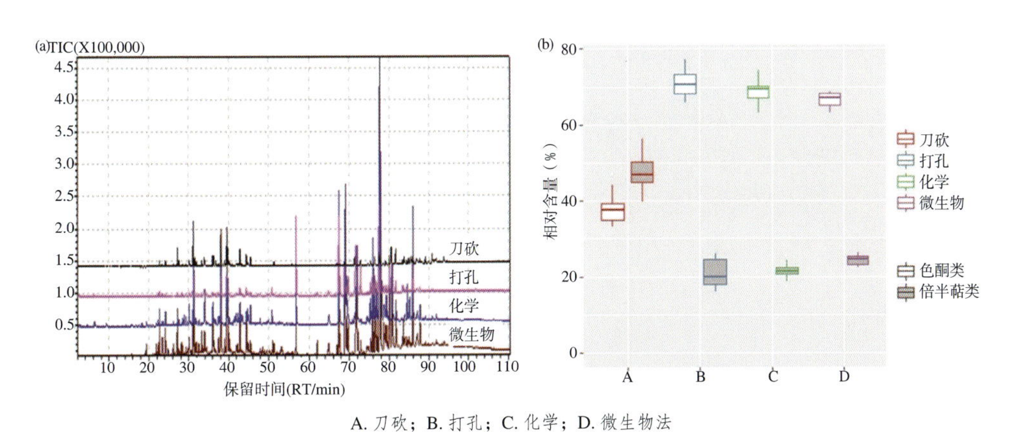

A. 刀砍；B. 打孔；C. 化学；D. 微生物法

图 3-6　(a) 不同结香方式形成沉香的 GC-MS TIC 图；(b) 倍半萜和 2-(2- 苯乙基) 色酮类相对含量

法（打钉、砍伤和打孔）所产沉香中桉叶油、库贝醇、沉香螺醇、苄基丙酮含量很低，而在有些微生物法和化学法中这三者相对含量较高，后者的含量可达前者的几倍甚至数十倍（梅文莉 等 , 2013）。

结香方法也能够影响不同种类 2-(2- 苯乙基) 色酮的生物合成和积累（图 3-7）。刀砍法中 FPEC 和 DEPECs 的相对含量最高，其他三种方法所产沉香的

THPECs 含量明显高于刀砍沉香，其中微生物法的 THPECs 相对含量最高。沉香四醇作为沉香的特征化合物，尽管在不同结香方式所产沉香样本中存在较大变异，但在化学法和微生物法所产沉香中含量最高，而在刀砍法中普遍较低。四种不同方法所产沉香的沉香四醇含量平均值从高到底的排序为：化学法 > 生物法 > 打孔法 > 刀砍法，其他研究中也有类似的结果（叶海燕 等，2023）。

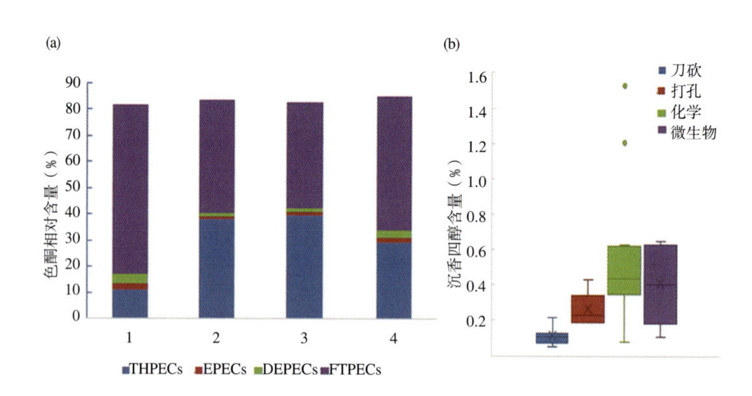

图 3-7　不同结香方式所产沉香中四类色酮相对含量 (a) 和沉香四醇含量 (b)

采用多变量分析方法建立基于 LC MS/MS 数据的沉香结香方式识别模式，筛选出可用于区分不同结香方式所产沉香的特征成分。这些成分包括 THPECs、FTPECs 以及倍半萜类化合物，说明结香方式能够影响沉香主要特征化合物的合成和积累。沉香的特征化合物组成复杂，除了受结香方式影响，还受到树种、生长环境、结香时间影响，每种结香方式的具体实施也存在差异。要进一步筛选不同结香方式的标志化合物，需要在更大范围内收集足够多具代表性的样品，并结合药效和香气评价，才能更准确地反映不同结香方式所产沉香的品质。

比较火钻、打孔以及化学结香方式所产沉香的抗炎镇痛作用，有研究发现所有沉香均能有效缓解二甲苯所致小鼠炎症和醋酸所致的疼痛，其中火钻法形成沉香的抗炎作用最好，打孔法形成沉香的镇痛作用最好（姚诚 等，2021）。这一结果是否具代表性尚待进一步研究证实。对比分析微生物、化学和火钻法所产沉香挥发性成分，发现火钻法形成沉香的沉香螺醇含量最高，微生物法形成沉香的苄基丙酮、白木香醛、沉香螺醇等 6 种沉香品质化合物总含量最高，化学法形成的沉香则最低（张静斐 等, 2018）。通过蒸馏法从火钻法和化学法形成的沉香中获得精油，GC-MS 分析也发现前者的苄基丙酮和沉香螺醇相对含量高于后者（上官京 等, 2022）。著者团队则发现化学法所产沉香倍半萜类相对含量少于火钻法结香 4 年的样品，2-(2- 苯乙基) 色酮类与之相近（陈媛等, 2018）。这说明目前多种多样结香方式所产沉香的化学成分存在差异，并影响其品质和功效。

沉香具有良好的镇静、镇痛、抗菌、抗肿瘤的功效和多种酶抑制活性，因而被用于消化系统、呼吸系统、心血管系统和中枢神经系统相关疾病的治疗（白发平 等, 2022）。为研究沉香药用机理并评估人工沉香的品质，多个团队对人工沉香及提取物开展了多种药理活性和机制研究。魏建和团队以通体结香沉香为研究对象，发现沉香中的多个倍半萜类和色酮类成分有抑制脂多糖诱导的细胞炎症反应的活性（王灿红 等, 2021），并在动物实验中证实此类沉香提取物无致畸、致突变毒性和慢性毒性（侯文成 等, 2019）。最近的研究显示沉香中的槲皮素、β- 谷甾醇、6,7- 二甲氧基 -2-（苯乙基）色酮等能够参与涉及细胞凋亡、炎症反应、免疫调节、缺氧及氧化应激等多个生物学活动（徐亦曾 等, 2023），沉香熏香能够调节小鼠的多个神经，有促睡眠作用（吴玉兰 等, 2023）。这些研究都为人工沉香的品质、应用及开发提供了科学依据。

第四节 现代结香技术所产沉香与野生沉香的比较

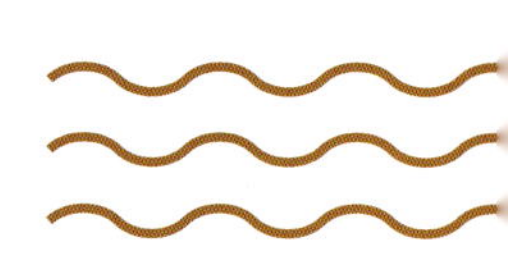

沉香分泌物是香气和药效的物质基础，因此研究现代不同结香技术所产沉香（以下简称人工沉香）与野生沉香的化学成分与差异，对结香技术的优化提升和人工沉香的推广具有重要的意义。

一、感官特征的比较

野生沉香和人工沉香的外形和气味存在区别。从外形上，几乎一眼就能识别野生沉香和人工沉香。年份的差异性比较明显。野生沉香，因为年份久，原本的白木纤维成分残留很少。经历了自然界的干旱缺水、狂风暴雨的严酷环境的交替出现，使得能生存下来的野生沉香的生命力变得无比强大，能够受伤后保持长年的结香，油线粗壮，油脂丰厚，色泽深黑，不容易蜕变，香气力度大，持续时间长。香气有一种特有的年代的久远感，拿在手里，不管沉水与否，感觉就是一件古董。

人工沉香，理论上而言，结香的起因、结香的过程与野生沉香是接近的，不同的是树木的生长和结香的时间相差较大。白木香树的结香速度比较慢，即使有 5 ~ 8 年的结香时间，能获得的油脂量也比较有限，油线的色泽也相对平和，偏褐色，没有野生沉香那种霸气的深黑色。结成沉香的体积也比较小。即使有大块的沉香，内含木质纤维部分也比较多，相对而言，分泌的有效物质所占的比例就低。

二、挥发性成分的比较

刀砍法、打钉法、化学法所产沉香的化学成分为倍半萜类、脂肪族、芳香族、2-(2-苯乙基)色酮类等化合物，其中2-(2-苯乙基)色酮类化合物相对含量较高，而天然野生沉香倍半萜类更多，数量和含量均高于现代结香技术形成的沉香（陈晓颖 等，2012）。可能的原因是现代结香技术在白木香树干造成的损伤比自然结香条件造成的损伤更严重，相应的防御反应更为强烈，能够在短时间内合成大量色酮类物质，而倍半萜类物质的合成基因调控通路启动较晚，促进倍半萜类物质生物合成的相关基因的表达有一定延迟性，倍半萜类的合成也随之延后，但随着结香时间的延长，倍半萜相对含量会逐渐增加（陈晓东 等，2015）。

现代结香方法形成的沉香周期较短，大部分2年内采收，野生沉香的形成较慢，需经过更长时间积累，因此野生沉香倍半萜含量较现代结香方法形成的沉香高。研究发现野生沉香精油和化学法形成沉香的精油，都含有倍半萜类和芳香族类，但脂肪酸和烷烃类在化学法形成沉香的精油中（5.75%）含量高于野生沉香精油（0.67%），这些化合物的混合物在室温下通常为固态，使精油具有酸味（Chen et al., 2011）。有些野生沉香精油与化学法形成沉香的芳香族和倍半萜类化合物相对含量有差别，野生沉香中苄基丙酮含量较低，而γ-桉叶油醇、愈创木醇、α-古巴烯-11-醇和白木香醛等主要成分含量较高。人工沉香和野生沉香相比，存在倍半萜类相对含量低，香气成分相对较少的特点，这可能导致沉香或提取精油的气味差异。但同一人工结香方法形成沉香的特征成分含量比野生沉香更稳定，质量更可控（Liu et al., 2013）。

由于沉香中的挥发性成分复杂多变且野生沉香资源稀缺，系统比较不同产地、结香方式的野生沉香和人工沉香的挥发性成分有较大难度。沉香中的色酮类成分相对稳定，因此多数研究集中在沉香样品的色酮类成分分析比较。

三、非挥发性成分的比较

1. 人工和野生沉香的HPLC图谱分析

著者团队使用高效液相指纹图谱研究野生沉香和人工沉香的化学成分差异（尚丽丽 等，2018）。选取 48 批次沉香样品作为分析对象，包括不同产区的 31 批次野生沉香样品和 17 批次人工沉香样品（表 3-2）。样品随机分为训练集和验证集两组：训练集样品共 34 个，包括 25 批次野生样品和不同结香方法所产 9 批次人工沉香样品，用于建立沉香识别模型；验证集样品 14 个，包括 6 批次野生沉香和 8 批次人工沉香，用于验证模型的准确性。

表 3-2　野生沉香和人工沉香样品信息

编号	样品信息	编号	样品信息	编号	样品信息
y1	老挝，野生	y17	印度尼西亚，野生	r2	物理法人工沉香，火钻
y2	老挝，野生	y18	安汶，野生	r3	物理法人工沉香，打孔，香龄 10 个月
y3	越南，野生	y19	苏门答腊，野生	r4	化学法人工沉香，输液
y4	越南，野生	y20	东马来西亚，野生	r5	化学法人工沉香，通体结香
y5	越南顺化，野生	y21	西马来西亚，野生	r6	化学法人工沉香，通体结香、香龄 15 个月
y6	越南，野生	y22	巴布亚新几内亚，野生	r7	生物法人工沉香，菌种、香龄 15 个月
y7	越南，野生	y23	巴布亚新几内亚，野生	r8	生物法人工沉香，菌种、香龄 12 个月
y8	柬埔寨，野生	y24	菲律宾，野生	r9	生物法人工沉香，菌种、香龄 12 个月
y9	海南，野生	y25	东加里曼丹，野生	r10	物理法人工沉香，打钉，香龄约 3 年
y10	海南，野生	y26	越南，野生	r11	化学法人工沉香，输液，香龄约 15 个月
y11	海南，野生	y27	海南，野生	r12	化学法人工沉香，通体结香，香龄 12 个月
y12	海南，野生	y28	巴布亚新几内亚，野生	r13	生物法人工沉香，菌种，香龄 14 个月
y13	海南，野生	y29	印度尼西亚，野生，野生	r14	生物法人工沉香，菌种，香龄 12 个月
y14	莞香系海南，野生	y30	星洲系文莱，野生	r15	化学法人工沉香，香龄约 15 年
y15	莞香系海南，野生	y31	星洲系马来西亚，野生	r16	物理法人工沉香，打孔，香龄 4 年
y16	莞香系香港，野生	r1	火钻，香龄 24 个月	r17	物理法人工沉香，火钻，香龄 5 ~ 6 年

训练集沉香样品色谱图，如图 3-8 和图 3-9 所示。利用相似度评价系统分析，25 批次野生沉香图谱匹配得到 15 个共有峰，相似度在 0.540 ~ 0.853 之间，均值 0.698；9 批次现代结香技术所产沉香 HPLC 图谱匹配得到 36 个共有峰，相似度在 0.638 ~ 0.976，均值 0.882。这一结果显示，野生沉香样品间差异明显高于人工沉香，与其他相关研究的结论一致。

与人工沉香相比，野生沉香的全区域的峰响应值都较小。多个研究表明人工沉香中的色酮类总含量随结香时间增加而逐渐减少，且四类色酮呈现出动态演化的趋势，即 DEPECs → EPECs → THPECs → FTPECs 逐渐过渡变化的过程（廖格 等，2016）。推测结香时间差异是造成野生沉香与人工沉香色酮的组成区别的主要原因。有研究显示，结香时间较长的人工沉香表现出野生沉香的特点（邱聪花 等，2023）。

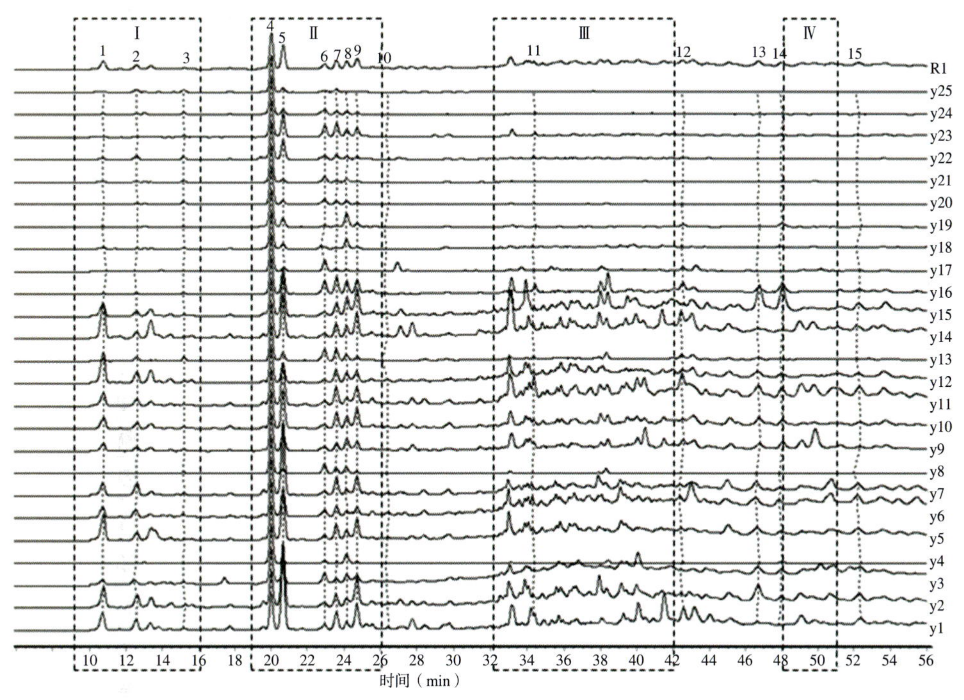

图 3-8　25 批野生沉香样品 HPLC 图谱

在野生沉香共有峰和人工沉香共有峰中选择出24个代表性色谱峰（X1～X24）（图3-10），并根据色酮裂解规律及二级质谱数据，对部分色谱峰的主要成分进行了推测（表3-3）。

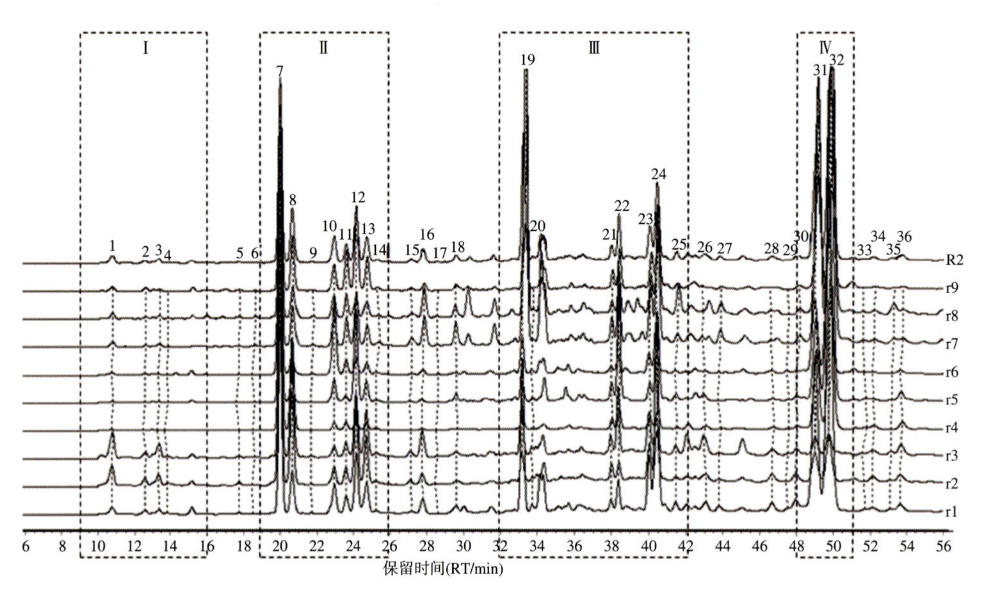

图3-9　9批人工沉香样品HPLC图谱

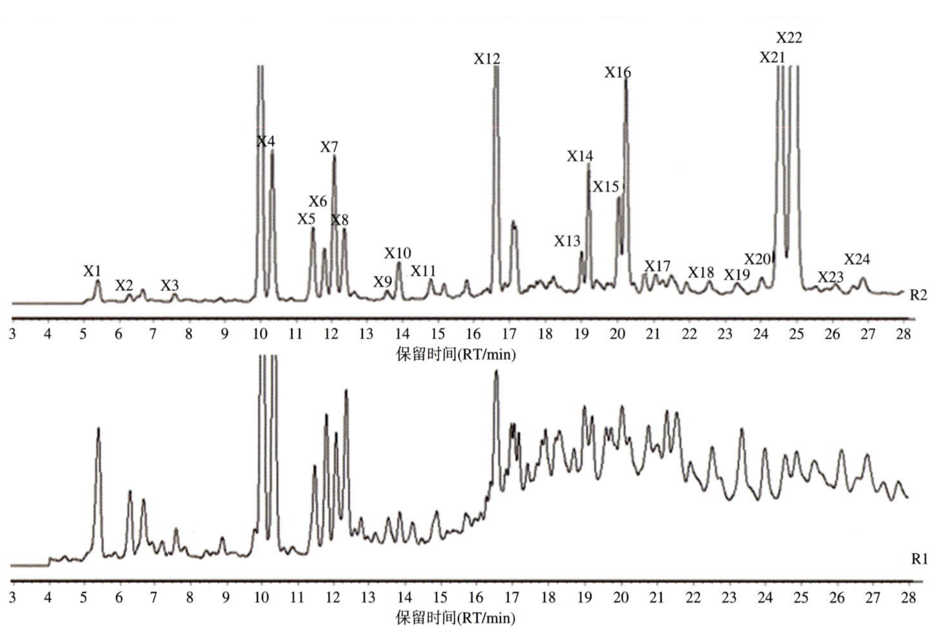

图3-10　野生沉香和人工沉香代表性色谱峰

表 3-3　沉香中的 2-(2- 苯乙基) 色成分 HPLC-Q-TOF/MS 分析

峰号	保留时间 (min)	相对保留时间 (min)	[M+H]+	MS/MS 碎片				化合物类型	推荐色酮化合物
				[M+H-18]+	[M+H-18-18]+	M+H-18-28]+	[M+H-28]+		
X1	10.741	5.4035	365.1228	347.1121	329.1027			THPECs	(5*S*, 6*R*, 7*R*, 8*S*)-四羟基-2-[2-(3-羟基-4-甲氧基苯基)乙基]-5, 6, 7, 8-四氢色酮
X2	12.441	6.2205	365.1238	347.1125	329.1018			THPECs	沉香色酮 A
X3	19.878	10.0000	319.1173	301.1073	283.0964			THPECs	沉香四醇
X4	20.558	10.3421	349.1284	331.1173	313.1074			THPECs	(5*S*, 6*R*, 7*S*, 8*R*)-5, 6, 7, 8-四羟基-2-[2-(4 甲氧基苯基)乙基]-5, 6, 7, 8-四氢色酮
X5	22.792	11.4659	319.1177	301.1072	283.0963			THPECs	异沉香四醇
X6	23.472	11.8080	349.1284	331.1173	313.1066			THPECs	(5*S*, 6*R*, 7*S*, 8*R*)-2-[2-(4-甲氧基苯基)乙基]-5, 6, 7, 8-四氢色酮
X7	24.011	12.0792	319.1194	301.1071	283.0956			THPECs	沉香色酮 B
X8	24.618	12.3845	349.1273	331.118	313.1069			THPECs	沉香色酮 C
X9	23.741	11.8706	347.1127	329.1025		301.1115		EPECs	四氢色酮 M
X10	24.255	12.1273	347.113	329.1017		301.1077		EPECs	5*α*, 6*α* 环氧 7*β*, 8*α*, 3'-三羟基-4'-甲氧基-2-(2-苯乙基)色酮
X12	28.003	14.0017	329.1021				301.1085	DEPECs	环氧沉香色酮 C
X15	33.389	16.6947	331.1182	313.1082		285.1134		EPECs	四氢色酮 L
X16	40.488	20.2440	301.107	283.0967		255.1018		EPECs	四氢色酮 K
X21	48.866	24.5830	313.1075				285.1139	DEPECs	环氧沉香色酮 B
X22	49.586	24.9452	283.0962				254.0928	DEPECs	环氧沉香色酮 A

根据沉香中 4 类 2-(2- 苯乙基) 色酮分布，将沉香液相色谱图分为 Ⅰ 到 Ⅳ 4 个区，Ⅰ 区：保留时间 9 ~ 16min，为 THPECs 型色酮；Ⅱ 区：保留时间 18 ~ 26min，为 THPECs 型色酮；Ⅲ 区：相对保留时间 32 ~ 42min，为 EPECs、DEPECs 型色酮；Ⅳ 区：相对保留时间 48 ~ 51min，为 FPECs 型色酮。

野生沉香、人工沉香的 HPLC 图谱在 4 个区域都有一定差异（图 3-8、图 3-9）。Ⅰ、Ⅱ 区域内两类沉香图谱的主要色谱峰出峰时间和数量相同，仅在色谱峰强度方面有差异，这说明野生沉香、人工沉香在这两个区域内的化学成分基本一致，仅含量存在差别；Ⅲ、Ⅳ区域内野生沉香色谱峰数量明显高于人工沉香，但色谱峰强度普遍偏低，且两类沉香在Ⅳ区域内色谱峰强度差异尤为显著。在Ⅳ区域内，人工沉香图谱中具有显著的两个色谱峰，而野生沉香图谱中色谱峰强度偏低或不具有这两个色谱峰。综上分析，野生、人工沉香的 THPECs 色酮、EPECs 色酮和 DEPECs 色酮的种类及含量具有显著差异。

2. 基于HPLC图谱的人工和野生沉香识别

由于野生沉香样品存在较大的变异性，简单的图谱对比和相似度计算难以准确识别野生沉香和人工沉香，需进一步用化学计量学的方法分析挖掘数据，建立野生和人工沉香的识别模型。

经分析，以 9 个色谱峰（图 3-10 中的 X2、X3、X7、X9、X13、X17、X18、X19、X20）相对峰面积建立的人工和野生沉香的 Fisher 识别模型（图 3-11），对 25 批次训练集样品判别正确率为 100%，14 批次验证集样品判别正确率为 85.71%，具有较好的准确性和适应性。用来验证模型可靠性的 14 批次验证集样品，其中 6 个野生样品被判定为野生沉香；6 个结香时间 3 年以内的人工样品判定为人工沉香；而结香时间为 4 ~ 6 年的人工沉香被判定为野生沉香。基于同样 9 个色谱峰数据的 PLS-DA 识别模型，对人工和野生沉香的判别结果一致，进一步验证了人工和野生沉香识别结果的可靠性。上述结果说明结香时间长短对沉香品质具有重要影响。野生沉香和结香时间 3 年以内的人工沉香由于差异较大，容易识别，但随着结香时间的延长，人工沉香的品质逐渐提高，甚至和野生沉香有较大的相似度。

3. 人工和野生沉香的二维液相图谱区别

沉香成分复杂，为进一步提高液相色谱的分辨率，采用二维液相（2D-LC）分析化学法、微生物法和火钻法形成的沉香（图 3-12），以及不同品级的

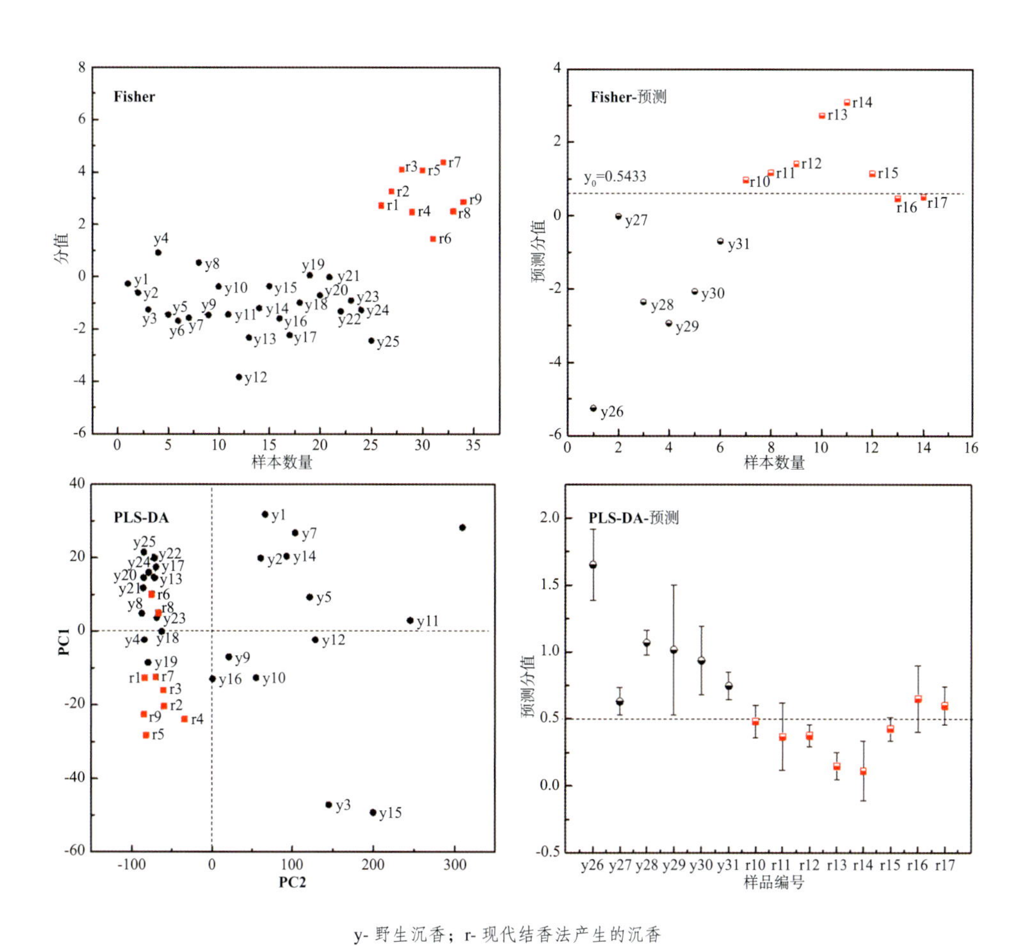

y- 野生沉香；r- 现代结香法产生的沉香

图 3-11　Fisher 识别模型和 PLS-DA 识别模型的分类图和预测图

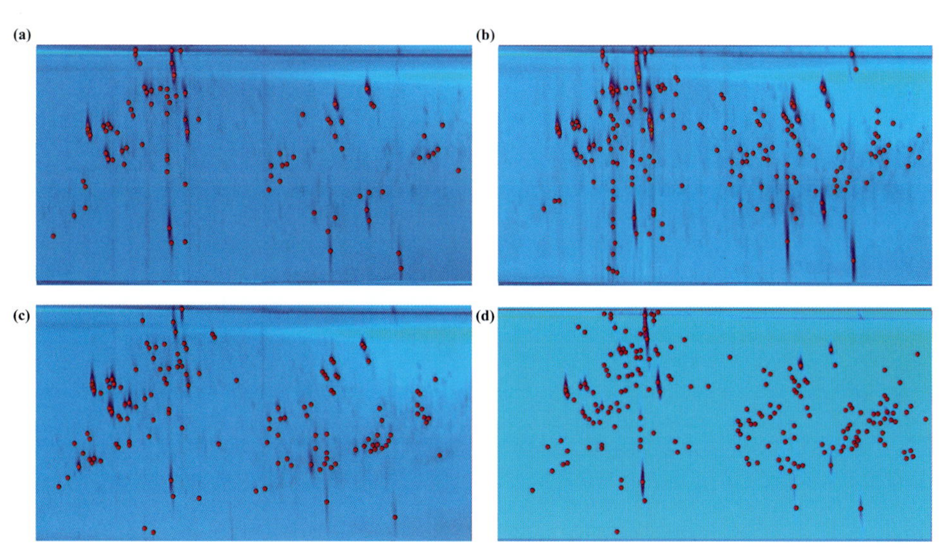

(a). 化学法，结香 12 个月；(b). 微生物法，结香 15 个月；(c). 和 (d). 火钻法，结香 12 个月

图 3-12　人工沉香 2D-LC 图谱

野生沉香的化学成分（图 3-13）。

不同结香方式所产人工沉香的化学成分仍存在一定区别。样品 A ~ D 的乙醇提取物含量分别为 14.22%、17.50%、13.30%、25.44%，样品 A（化学法）的 2D-LC 图谱中有信号的斑点比其他人工沉香样品少，说明该样品在此段检测到的化合物较少，这也进一步证实结香方式等因素影响沉香的化学成分。

与人工沉香相比，野生沉香图谱出现了更多斑点（图 3-13），显示该段化合物更丰富，说明野生沉香中含有更多种化合物。A ~ D 乙醇提取物含量分别为 18.30%、43.03%、31.23%、37.64%。

通过保留时间及质谱信息比对，筛选人工沉香和野生沉香的共有峰并定量比较。人工沉香中共有峰含量差异较大，化学法形成的沉香样品与微生物法和火钻法形成的 3 个样品有一定区别。野生沉香中共有峰的含量普遍较高，特别是极性较低的化合物含量均高于人工沉香中相应的化合物。这一结果说明与人工沉香相比，野生沉香中含有更多种化合物，这些化合物多为极性较低的化合物，如 Flindersia 色酮、双色酮、倍半萜 - 色酮聚合物、倍半萜类化合物等，而人工沉香这些化合物含量多数都比野生沉香低。

图 3-13(a) 为结香时间约 10 年的野生沉香样品，与三个结香时间更长的

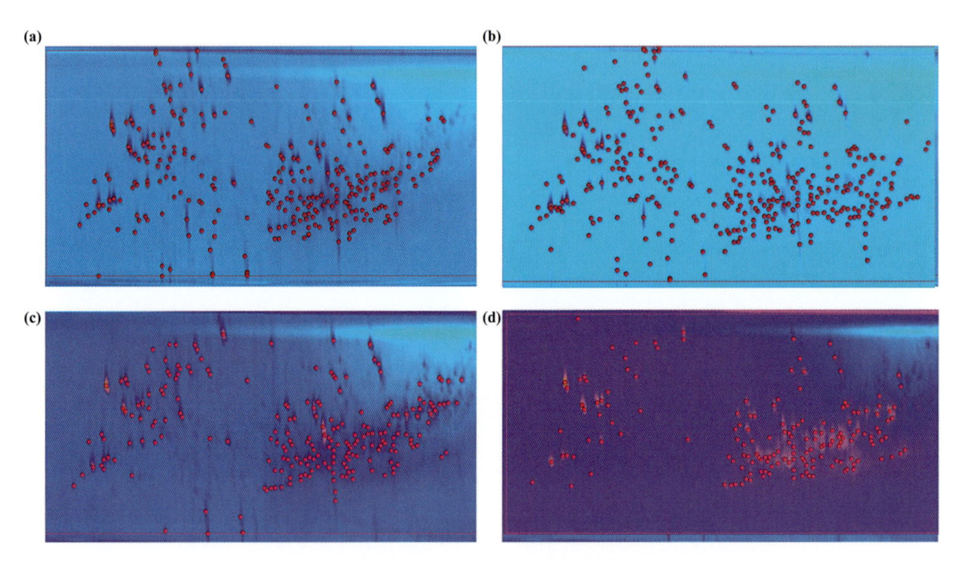

图 3-13　野生沉香 2D-LC 图谱

野生样品相比（乙醇提取物含量均 >30%），该样品中极性较低的化合物含量虽然高于人工沉香，但低于其他野生沉香样品。这一结果体现了随结香时间增加，沉香中低极性化合物种类逐渐变多的演变趋势。已有研究显示野生沉香由于含有更多的倍半萜 - 色酮聚合物，氧化物清除活性更高（Tian et al., 2021），也有研究表明野生沉香和人工沉香具有相近的抗氧化活性和酶抑制活性（Ma et al., 2023b）。因此这些化合物如何影响沉香的品质也待进一步研究确认。

四、熏香香气成分的比较

HS-GC-MS 分析人工沉香和野生沉香加热后释放的挥发性成分（图 3-14），不同种类沉香释放的挥发性成分种类相近，主要为芳香族和倍半萜类化合物，但其含量有较大区别。即使同为物理法产生的沉香，火钻（S1 ~ S3）与刀砍（S4）、打孔（S5）也存在较大差异。野生沉香 W1 与 W2 的挥发性成

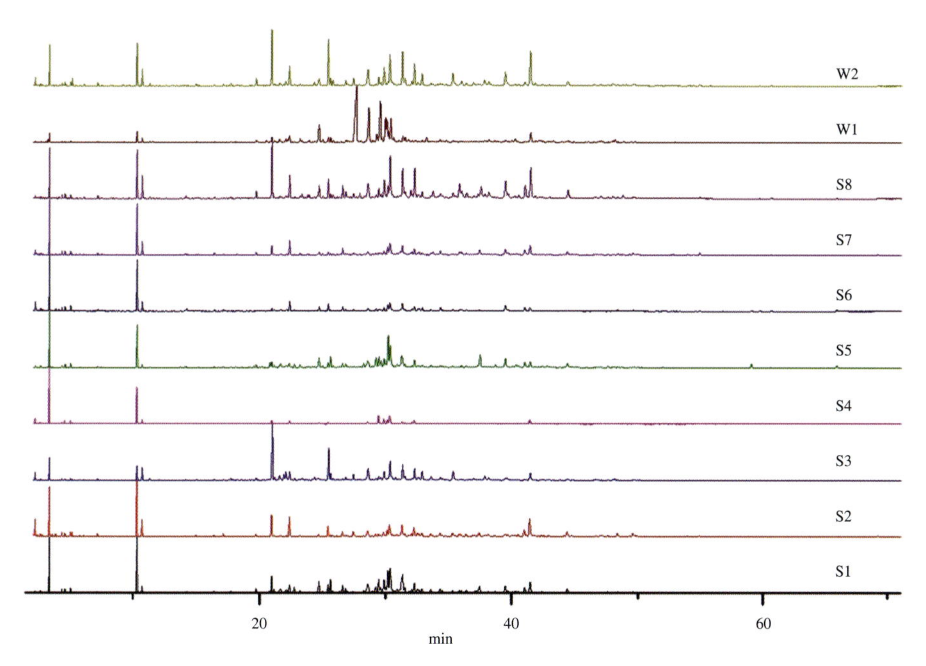

S1 ~ S5：物理法；S6 ~ S8：化学法；W1. 惠安系野生沉香；W2. 国产野生沉香

图 3-14　HS-GC-MS 分析野生沉香和人工沉香 TIC 图

分组成也有一定区别。从样品相似度上无法区分人工样品和野生样品。例如，S3（火钻）样品与S8（化学法）和W2（野生）相似度分别为0.71和0.67，高于其他样品。因此仅从HS-GC-MS图谱上难以找到区分评价野生沉香与人工沉香的特征成分并评估香气差异。同时发现野生沉香（惠安系）的图谱与其他样品相似度最低（0.10～0.36），芳香族类关键香气成分苯甲醛相对含量较低，这与第二章中的分析结果相似。树种不同可能是造成这一差异的主要原因，但尚需更多的样品进一步验证。

多数人工沉香样品加热后释放出大量的芳香族化合物，仅火钻法结香的S3样品中苯甲醛（2.95%）和苄基丙酮（2.54%）略低于野生沉香W1（分别为3.48%和4.72%），S3是结香5～6年的火钻样品，被认为与野生样品气味品质相当，与二者相似的还有S8（化学法），这三个样品的倍半萜类化合物总相对含量较高，这一结果表明至少在国产沉香中，通过HS-GC-MS检测到的样品挥发性气体中倍半萜含量越高，表明释放的气味成分越多，可能气味质量等级越高。根据这一规律比较不同人工沉香，发现即使是同一方法，所产人工沉香倍半萜类含量差异较大。这也说明不同种人工沉香结香技术不存在孰优孰劣的区别，合理应用均可获得高品质人工沉香。

五、燃香香气成分的比较

燃香是沉香传统应用的主要方式，由第二章可知，沉香燃烧释放的气味化合物种类和含量均高于加热（熏香）。因此比较人工沉香和野生沉香燃烧释放的气味化合物组成，有利于我们进一步分析人工沉香和野生沉香的可能差异，为人工沉香的更广泛应用提供依据。

选取人工沉香（图3-15）和野生沉香（图3-16）样品，收集燃烧释放的烟气，利用HS-GC-MS分析其中挥发性成分。与野生沉香相比，尽管结香方式、时间、环境等因素影响人工沉香样品燃烧释放的挥发性成分，但整体图谱更相似，野生沉香样品间的差异更大。同时也可看到，野生沉香和人工沉香燃烧后的烟气中挥发物种类和数量明显多于熏香条件下释放的化合物（图3-15），尤其是保留时间20min之前的化合物，说明这些小分子化合物是高温燃烧条件下才能够生成并释放的，这些化合物多为芳香族化合物，具明显气味特征，因此燃烧后，人工沉香和野生沉香的气味都能够进一步丰富。野生沉香燃烧释放的关键气味化合物苄基丙酮（花香）含量较高（图3-16），而人工沉香中苄基丙酮释放量较低（图3-15）。这可能是野生沉香气味品质更优的原因之一。

熏香条件下，野生沉香和人工沉香保留时间10～20min能够检测到的挥发性成分均较少，但燃烧状态下，人工沉香释放的保留时间10～20min化合物含量高于大多数野生沉香，由第二章节可知这些化合物多具有烟熏、粉尘和木材气味，可能造成野生沉香与人工沉香的气味品质差异。野生沉香在保留时间20～40min之间的倍半萜类的种类和数量都明显高于人工沉香，这一结果与熏香分析结果类似，也进一步显示野生沉香中含有更丰富的倍半萜类化合物。倍半萜类化合物与芳香族化合物相比，具有更高的沸点。丰富的倍半萜类可能是沉香香气丰富持久穿透力强的原因，也是野生沉香香气优于人工沉香的原因之一。

所有的人工沉香燃烧后的烟气中都能检测到2-（2-苯乙基）色酮，有些样本中还可检测到2-[2-（4-甲氧基苯基）乙基]色酮成分（图3-15），而多数野生沉香样品的烟气中未检测到这两个色酮化合物（图3-16）。在本实验中所用的人工沉香为普通沉香，这两种色酮含量很低，但在燃烧的烟气中含量较高。推测与其他色酮相比，这两个色酮具有较好的挥发性，因此可以在烟气的挥发性成分中被检测到。也有可能在高温燃烧过程中，其他色酮类部分降解生成2-(2-苯乙基)色酮和2-[2-（4-甲氧基苯基）乙基]色酮。由于人工沉香中色酮类含量高于野生沉香，能够生产更多的2-(2-苯乙基)色酮和2-[2-（4-甲氧基苯基）乙基]色酮，随烟气挥发进入空气。2-(2-苯乙基)色酮和2-[2-（4-甲氧基苯基）乙基]色酮在室温下仅有微弱的气味，但在高温时可裂解产生芳香族化合物，对沉香燃烧气味产生影响。

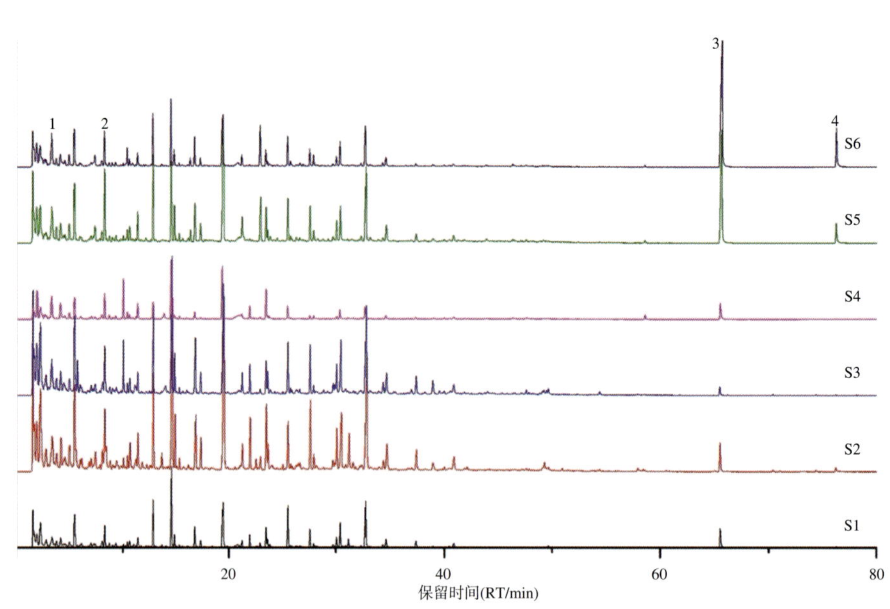

S1 ~ S2：火钻法；S3：微生物法；S4：打孔；S5 ~ S6：化学法

1. 苯甲醛；2. 苄基丙酮；3. 2-(2- 苯乙基) 色酮；4. 2-[2-(4- 甲氧基苯基) 乙基] 色酮

图 3-15　HS-GC-MS 分析人工沉香燃烧烟气 TIC 图

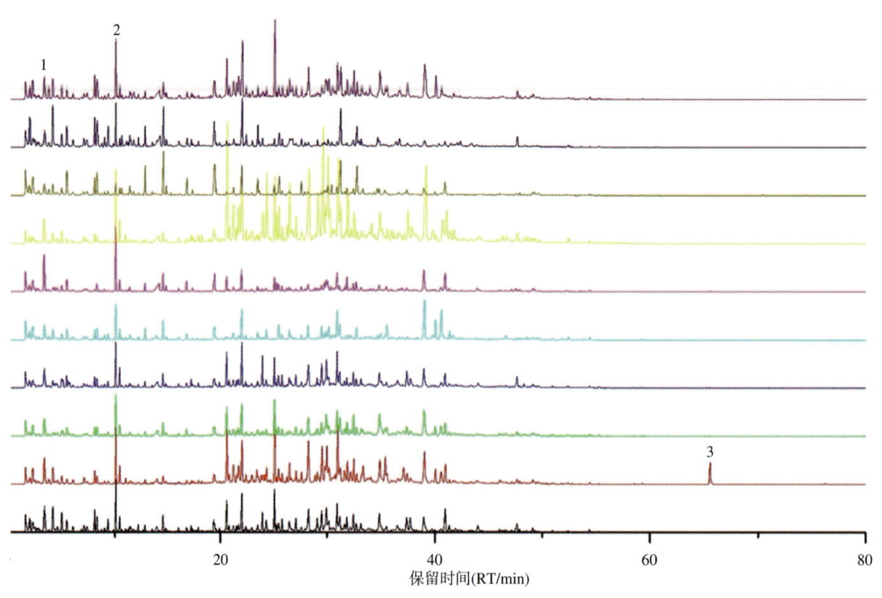

1. 苯甲醛；2. 苄基丙酮；3. 2-(2- 苯乙基) 色酮

图 3-16　HS-GC-MS 分析野生沉香燃烧烟气 TIC 图

第四章

野生奇楠和栽培奇楠

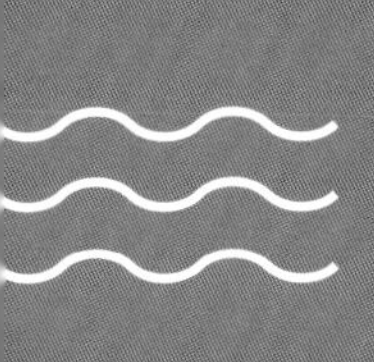

野生奇楠结香品质佳，香气浓郁持久，被认为是高品质的沉香，但产地和特定的变异植株量极少，产量稀少，异常珍贵。随着近年来沉香良种资源选育和栽培技术的迅速发展，易结香白木香新品种在我国迅速推广，该品种受到外界刺激后极易结香，结香速度快，产香量高，栽培奇楠供应量迅速上升。一方面，该品种的快速发展弥补了野生奇楠供应量严重不足的问题；另一方面，关于野生奇楠和栽培奇楠的品质差异也备受关注。本章将对野生奇楠和栽培奇楠的特性差异进行详细的描述，并和人工沉香样品进行对比分析，以促进沉香产业的科学发展。

第一节　野生奇楠原产地和品质特性历史记载

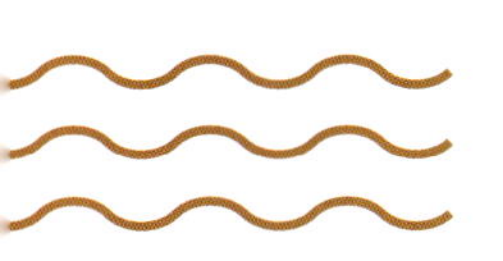

奇楠，古籍中记载有“伽南”“伽倆”“棋楠”“伽罗”“伽南香”“伽蓝香”“伽蓝木”“伽南木香”“奇南香”等诸多名字，系音译外来词不统一所致。英文名有 Kanankoh、Kyara、Chi-Nan 和 Qi-Nan 等。奇楠指结香品质佳的沉香，野生奇楠主要产地为中国和越南。

一、野生奇楠原产地和基原植物历史记载

野生奇楠主要产自中国和越南。明朝费信在《星槎胜览》中记载占城的物产：“棋南香一山所产，酋长差人看守采取，民下不可得，如有私偷卖者，露犯则断其手”。占城为现今的越南，这说明越南出产奇楠，且当时珍贵稀少。清朝李调元在《粤东笔记》中记载：“伽倆，杂出于海上诸山”；守砚主人在《宦游笔记》中也记载：“伽，一作琪，出粤东海上诸山”。这里的“海”指的是中国南海，说明奇楠在海南岛及南海周边一些地方也有出产。清朝屈大均在《广东新语》记载了越南和海南两个奇楠产地，书中云：“伽倆，杂出于海上诸山。……伽倆本与沉香同类……然以洋伽倆为上，产占城者，剖之香甚轻微，然久而不减。产琼者名土伽倆，状如油速，剖之香特酷烈”。“琼”即是海南中部的黎族聚居山区，并以“洋”和“土”区分越南和海南所产奇楠。

古人并未有系统科学的植物学分类方法，无法准确得知野生奇楠的基原植物。日本学者20世纪80～90年代报道中的奇楠样品基本都产自越南，基原植物为马来沉香（*A. aggallocha*）。据报道，越南主要分布的沉香属植物为柯拉斯那沉香，也有少量的马来沉香，因此，越南野生奇楠的基原植物尚需进一步确认。我国主要的沉香属植物为白木香，易结香白木香母树和栽培奇楠的大力发展和科学研究已表明中国野生奇楠的基原植物应为白木香。

二、野生奇楠品质特性历史记载

野生奇楠被认为是高品质的沉香，古时用奇楠称谓和其他沉香加以区别。明朝黄衷在《海语》中摘录《广州志》关于沉香的描述："沉香有黄沉，黑至贵者蜡沉，削之则卷，嚼之则柔，皆树枯其根所结伽南木。乃沉之生结者大抵诸香无异种，但分生、死结，久近粗细耳，如青桂香、马蹄香、栈香、速香之类各有次第。而伽南为上，沉，次之，余，再次之"。此处的"伽南木"即为奇楠，因结香时间长，木性弱，树脂充盈，列为上品，沉水的沉香次之。民国陈存仁主编的《中国药学大辞典》记载："伽罗（奇楠、奇蓝、棋楠、伽南、奇南香）与沉香为同一物，惟脂膏尤多，木质黑色，有光泽，此乃上品，远非沉香所能及"。同样说明奇楠为上品，非沉香所能比。

野生奇楠质软，味辣，香味持久。明朝学者张燮在其《东西洋考》中记载："奇楠香其香经数岁不歇，为诸香之最。故价转高，以手爪刺之、能入爪，既出，香痕复合如故"。说明了奇楠质软，香味经久不衰减，为众香之首。明代陈让《海外逸说》记载："伽南与沉香并生，沉香质坚，雕剔之如刀刮竹，伽南质软，指刻之如锥画沙，味辣有脂，嚼之黏牙"。简单几句话总结了奇楠和沉香同出一物，而质地不同。

奇楠化学特征尽管和其他沉香有所区别，但也具有一定药效。明末医药学家倪朱谟的《本草汇言》记载奇楠沉香"主治功用与沉香同，但性气较沉香稍润缓耳，气惟含摄，能缩二便"。清代龙柏撰写的《脉药联珠药性考》中记载奇楠“下气辟恶，风痰闭塞，通窍醒神”。清代赵学敏编著的《本草纲目拾遗》记载奇楠“味辛性敛，佩之缩二便，固脾保肾，入汤剂能闭精固气”。可见，奇楠的主要功效是理气、止痛、通窍；治胸闷不舒、气滞疼痛、风痰闭塞。

野生奇楠和沉香的功能主治有所不同。明代医家卢之颐在《本草乘雅半偈》中描述：“而奇南一香，原属同类，因树分牝牡，则阴阳形质，臭味情性，各各差别。其成沉之本，为牝，为阴，故味苦浓，性通利，臭含藏，燃之臭转胜，阴体而阳用，藏精而起亟也。成南之本，为牡，为阳，味辛辣，臭显发，性禁止，系之闭二便，阳体而阴用，卫外而为固也”。虽然阴阳说法欠科学，但实际上表达了两者有所差异的意思，明确了奇楠和沉香虽同类，但性状和药理有别。北京市公共卫生局主编的《北京市中药饮片切制经验》（1960年）在沉香条目下记载：“处方写海南沉、落水沉、盔沉、上沉香皆付本品；写伽楠沉香应另付”。这说明奇楠和沉香的药效有别。

综上所属，野生奇楠树脂多，质地软，持久释香，味辛辣。古人已清楚认识沉香和奇楠同出一物，但性状和药理有所区别。现代研究认为，沉香和奇楠均为沉香属植物形成，自然变异导致性状不同，其所含的化学成分特征有明显区别，致使药理和使用方法有所差异。

第二节　野生奇楠品质特性

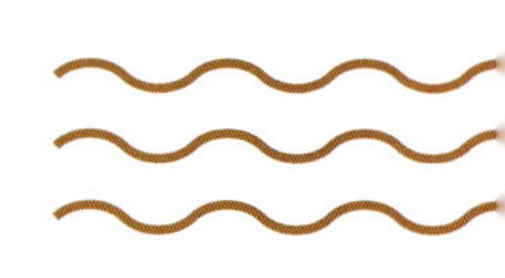

一、野生奇楠感官特征和经验鉴别

野生奇楠质地柔软，用刀削之，能打卷，类似奶酪切片的状态，用指甲能卡出指甲印。其次，野生奇楠树脂充盈，很多优质的野生奇楠香，用肉眼就能看到晶莹透明的树脂，在显微镜下观察就像一个水晶宫一样（图4-1～图4-3）。另外，野生奇楠最为典型的特征，就是在舌尖能品鉴到明显的苦、涩、麻味，咀嚼之，有黏牙齿的感觉。野生奇楠香气非常的饱满，有力，持续时间长。具有酸甜辛凉辣，以及哈密瓜和荔枝的果香味，是上等奇楠，有些只具备部分香气特征。有个别的绿奇楠和顶级的白奇楠，在常温状态下，就像太阳一样，不断向外散发美好的浓郁的香气，堪称人间瑰宝。

图4-1　野生黄奇楠（a）和局部放大图（b）

图 4-2　野生黑奇楠（a）和局部放大图（b）

图 4-3　野生奇楠

以下选取 5 种越南野生奇楠（绿奇楠、黑奇楠、紫奇楠、黄奇楠、白奇楠），分别对其感官特征进行详细的描述。

1. 越南野生绿奇楠

内部树脂结油是否发黑，是评价奇楠品质的主要指标之一，但碰到外观偏白的绿奇楠就很难评价。优质绿奇楠内部结成的是类似蜜一样的树脂，像翠玉般，质地柔和，指甲刻痕处会自行复原，可谓至高品质。

细看外侧青白部分，有无数条树脂线像金丝结（图 4-4）。具有独特的清甜味，像糖蜜一般，结成的树脂香气能感受到林荫般的清凉辛味，清甜微酸，苦环抱于中，绝妙无比，香气清澈委婉、绵绵延续。

图 4-4　越南野生绿奇楠

2. 越南野生黑奇楠

表面坚硬，但内部树脂又类似绿奇楠般柔和。该品系土沉的原因，表面香味甚微，偶尔有尚未处理之白木形成的斑纹，也可谓一种美丽。

感受野生黑奇楠的香味稍有难度，常温表面香气甚微（图 4-5）。起香时，有杂味，香气清淡，转而出现较强的辛味。初香类似一般沉香，渐渐地出现奇楠特有的清甜味，如遇无杂味之黑奇楠，则为珍品。

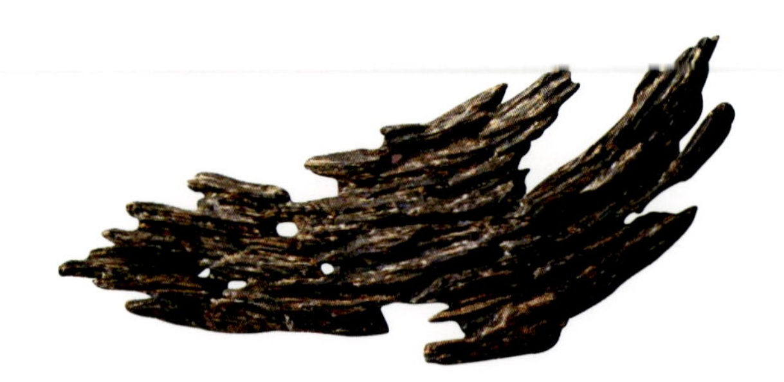

图 4-5　越南野生黑奇楠

3. 越南野生紫奇楠

紫奇楠木质介于黑奇楠和绿奇楠之间，柔中带刚。浓淡相间，紫红焦茶色彩混同于一体，容易与黑皮绿奇楠混淆（图 4-6）。

主基调香味是辛强甜弱。相比绿奇楠，起香稍晚。细细品鉴，在清澈之中又略呈现多样化的香气特征。香味能完整消散、有段落感，也是本香的特点之一。

图 4-6　越南野生紫奇楠

4. 越南野生黄奇楠

与绿奇楠相比，木线稍粗，偏橘橙色。质地虽然有绿奇楠般的柔和，但树脂化程度稍有不及，像黄熟香一般（图 4-7）。

相比绿奇楠，有较强的涩味，干苦中带有柔和的甜味，令人有种明亮清新之感。

图 4-7　越南野生黄奇楠

5. 越南野生白奇楠

白奇楠整体呈现外白内黑，饱满色黑的树脂由内渗出，若隐若现，树脂仿佛金丝镶嵌（图 4-8）。削成薄片有透明感，呈深茶色，适度加温后，树脂便能游离于香木表面。

清凉而微辛馥郁，香气饱满平稳品质高，香甜有厚重感，持续时间长，香气有令人愉悦的安心感。

图 4-8　越南野生白奇楠

二、野生奇楠的构造特征

从上述 5 种越南野生奇楠（绿奇楠、黑奇楠、紫奇楠、黄奇楠、白奇楠）中分别取样（图 4-9），所取野生奇楠样品呈不规则块状，表面颜色呈黑色、黑褐色、棕褐色。可采用肉眼或 10 倍左右的放大镜观察野生奇楠的宏观横切面和纵切面，宏观构造能够呈现其颜色、纹理及结构特征，如图 4-9 所示。野生奇楠为散孔材，无心边材区别，有光泽；生长轮不明显，放大镜下可观察到少量管孔，大小略一致，均匀散生分布，树脂可见；可观察到木射线，数目中等，极细，有射线斑纹。肉眼下可见内涵韧皮部，较多，呈多孔式（岛屿型），均匀分布于次生木质部内，几乎被树脂填充。轴向薄壁组织通常不见，无波痕及胞间道。

微观构造显示（图 4-10），5 种野生奇楠的树脂非常丰富，几乎充满于内涵韧皮部和木射线，部分管孔可见。5 种野生奇楠的内涵韧皮部均为多孔型（岛屿型），管孔分类为散孔材，管孔类型为单管孔和径列复管孔，未见管孔团，且管孔周围存在极少轴向薄壁组织，木射线分类均为异形Ⅲ形，非叠生，多为单列木射线，偶见双列木射线。导管分子形状为圆柱形，穿孔板

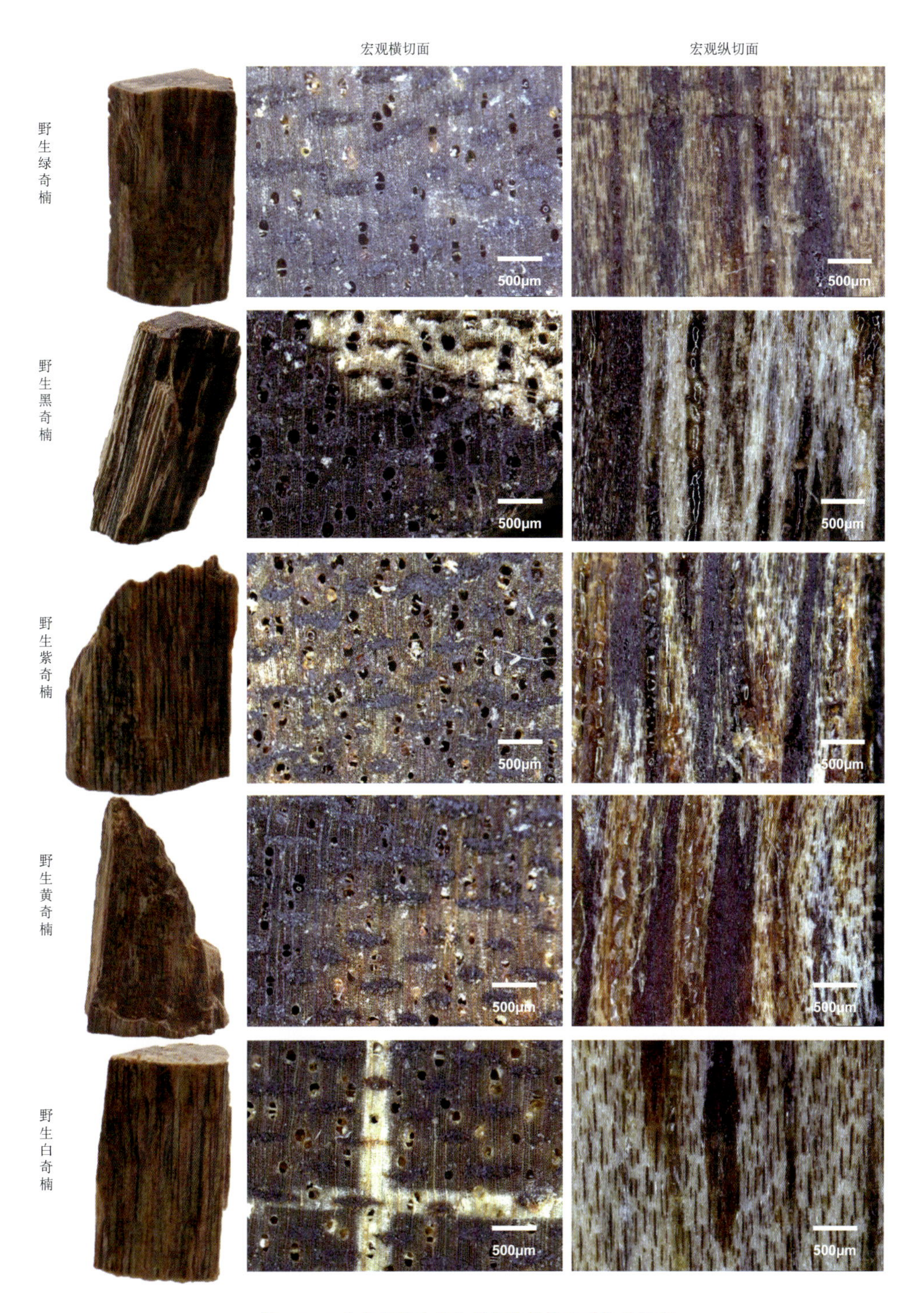

图 4-9　5 种越南野生奇楠样品取样及宏观构造特征

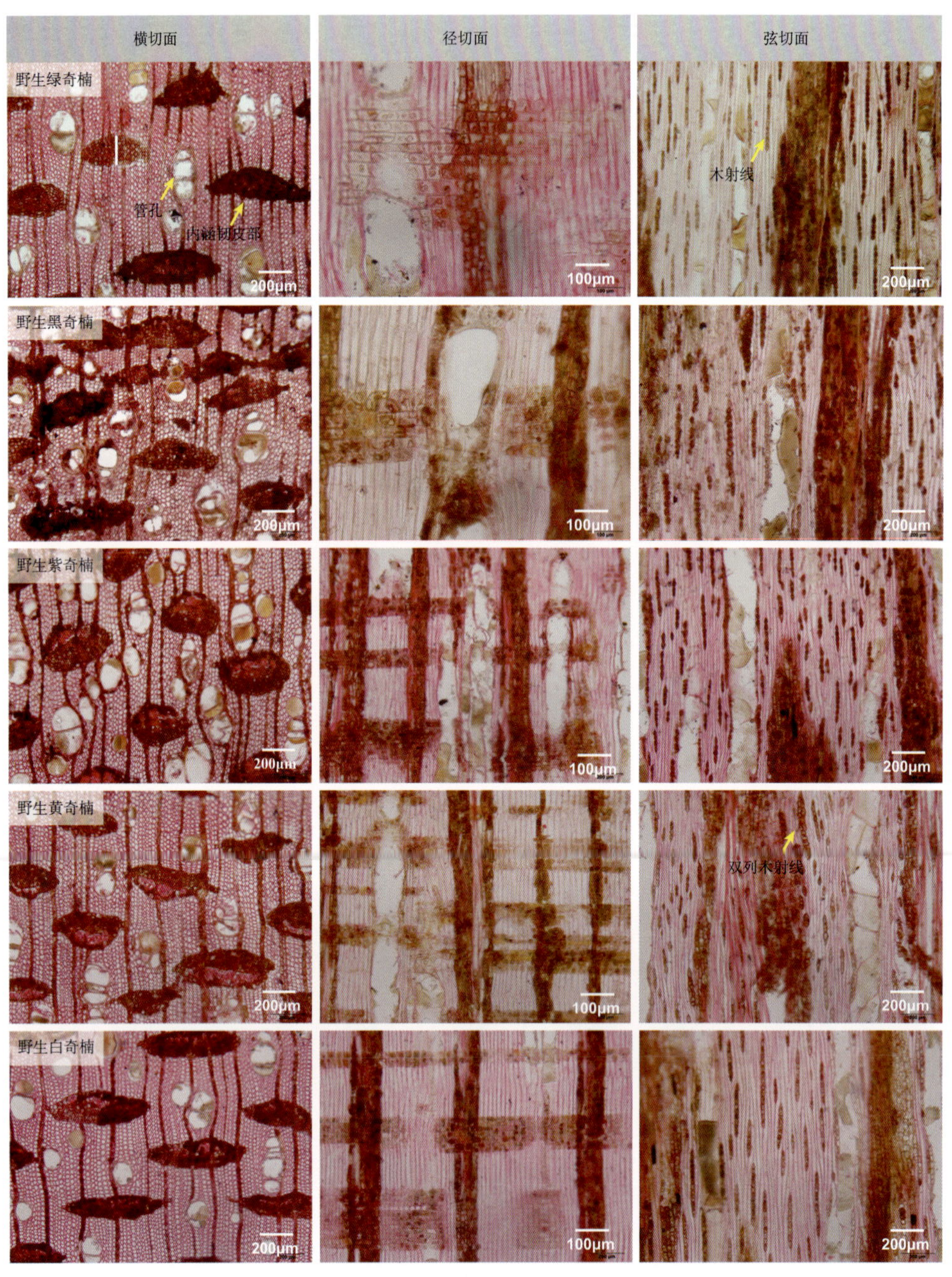

图 4-10　5 种越南野生奇楠样品微观构造特征

为单穿孔板。5 种野生奇楠内涵韧皮部数量、长度和宽度存在显著区别，野生绿奇楠单位面积内内涵韧皮部数量最少，黑奇楠最多；5 种野生奇楠内涵韧皮部长度分别为 458.7μm ± 116.9μm、424.5μm ± 120.1μm、374.3μm ± 42.8μm、384.1μm ± 62.5μm、549.4μm ± 78.3μm；宽度分别为 180.2μm ± 14.2μm、168.9μm ±

13.5μm、228.7μm ± 8.0μm、171.1μm ± 62.5μm、153.6μm ± 22.2μm。紫奇楠的内涵韧皮部明显成短粗状，而白奇楠呈细条状。从木射线长度来看，黄奇楠和紫奇楠的木射线明显较短。

三、野生奇楠的化学特征

5 种越南野生奇楠的树脂非常丰富，乙醇提取物含量为 36.28% ~ 56.86%，其中绿奇楠和白奇楠的显色反应呈无色，其他三种均为浅樱红色（图 4-11）。5 种越南野生奇楠的薄层色谱斑点和沉香标品略有不同（图 4-12），中间 2 个蓝色斑点缺失，且中下部分斑点颜色偏绿色，而非蓝色。

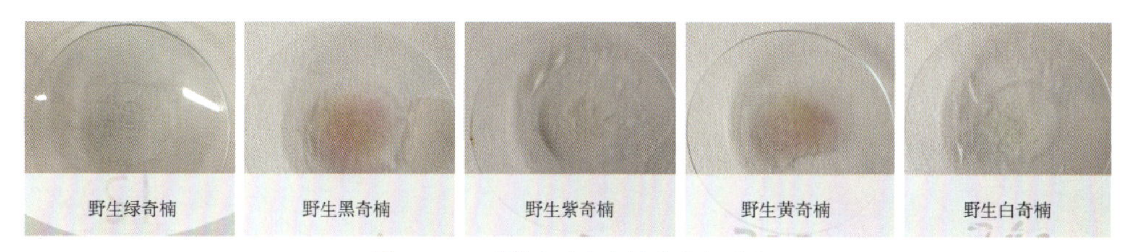

图 4-11　5 种越南野生奇楠的显色反应

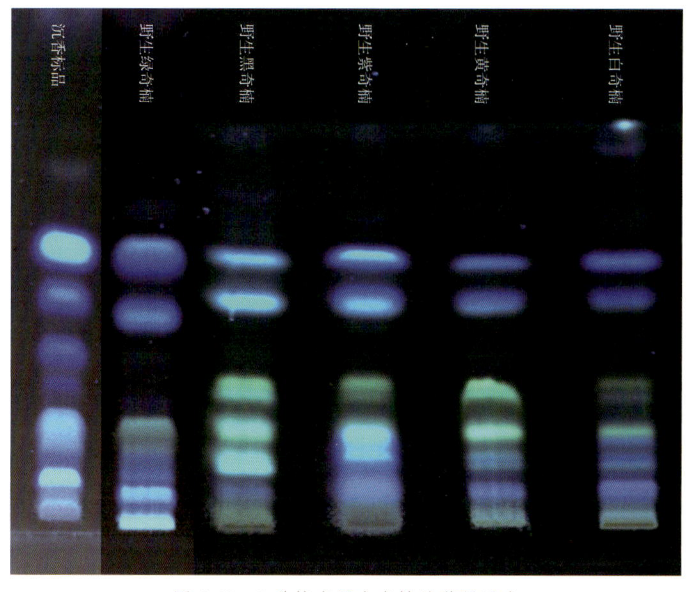

图 4-12　5 种越南野生奇楠的薄层反应

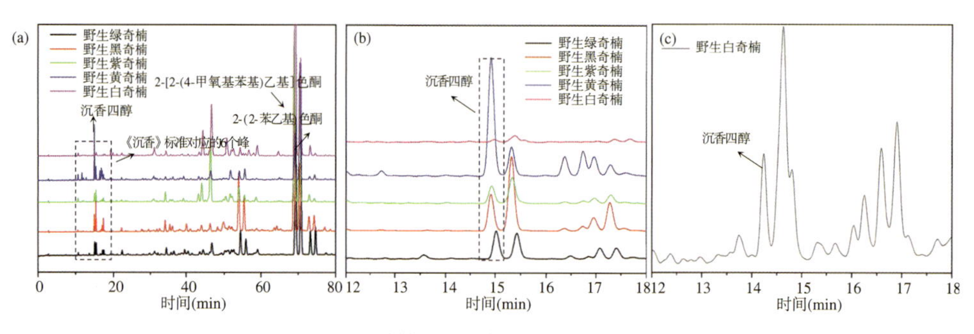

图 4-13　5 种越南野生奇楠的高效液相色谱图

5 种越南野生奇楠的高效液相色谱图显示（图 4-13），均含有林业行业标准《沉香》（LY/T 2904-2017）规定的 6 个特征峰，相较而言，白奇楠的这 6 个特征峰较弱。沉香四醇含量差异较大，其中黄奇楠沉香四醇含量高达 1.42%，黑奇楠达 0.42%，绿奇楠达 0.28%，紫奇楠达到 0.23%，白奇楠仅为 0.06%，白奇楠没有达到《中国药典》（2020 版）规定沉香四醇含量不低于 0.1% 的规定。2-[2-（4- 甲氧基苯基）乙基] 色酮和 2-(2- 苯乙基) 色酮的含量均明显较高，这 5 种野生奇楠的 2-[2-（4- 甲氧基苯基）乙基] 色酮和 2-(2- 苯乙基) 色酮的含量之和达到 9.81% ~ 18.12%（表 4-1）。这表明即使同为越南野生奇楠，化学成分特征也有明显不同，可依照化学分类学原则，进一步将奇楠划分为两个类型，一类是沉香四醇和两个代表性 2-(2- 苯乙基) 色酮的含量均较高；另一类是两个代表性 2-(2- 苯乙基) 色酮的含量较高，而沉香四醇含量极低。沉香四醇等较高极性化合物的欠缺，直接的表现就是水溶性差，这说明不同类型的奇楠应该采用不同的精细化应用方式。

表 4-1　5 种野生奇楠的特征色酮定量分析

样品	沉香四醇含量 (%)	2-[2-(4- 甲氧基苯基) 乙基] 色酮含量 (%)	2-(2- 苯乙基) 色酮含量 (%)	两个色酮总含量含量 (%)
野生绿奇楠	0.28	6.19	5.46	11.65
野生黑奇楠	0.42	6.26	3.81	10.07
野生紫奇楠	0.23	9.22	6.78	16.00
野生黄奇楠	1.42	3.06	6.74	9.81
野生白奇楠	0.06	13.11	5.01	18.12

使用 GC-MS 分析 5 种野生奇楠（图 4-14），鉴定了 30 多种主要挥发性化学成分、11 种 2-(2- 苯乙基) 色酮类化合物。所有的化合物中，2-(2- 苯乙基) 色酮和 2-[2-（4- 甲氧基苯基）乙基] 色酮含量最高。挥发性化学成分中，5 种奇楠所含成分差异不大，主要是含量有所区别。野生绿奇楠中主含石竹烯、Viridiflorol、桉叶油醇、长叶松萜烯等，其中石竹烯含量最高；野生黑奇楠中主含菖蒲酮、韦得醇、异长叶烯、石竹烯、罗汉柏烯等，其中罗汉柏烯含量最高；野生紫奇楠中主含石竹烯氧化物、Viridiflorol、印蒿酮、石竹烯、松柏烯等，其中石竹烯含量最高；野生黄奇楠中主含圆柚酮、古芸烯、印蒿酮、石竹烯、桉叶油醇等，其中桉叶油醇含量最高；野生白奇楠中主要有匙叶桉油烯醇、石竹烯、艾里莫酚烯、印蒿酮、桉油烯醇等，石竹烯和桉油烯醇含量最高。

Yang 等（2021）分析了 7 批野生奇楠的化学成分，从中鉴定出 56 种物质，包括愈创木烷型和螺旋醇型倍半萜等，以及多个 2-(2- 苯乙基) 色酮类物质，2-[2-（4- 甲氧基苯基）乙基] 色酮和 2-(2- 苯乙基) 色酮相对含量之和含量为 43.89% ~ 73.04%。结合前文，可知虽然野生奇楠的挥发性成分和人工沉香特征化合物都是倍半萜和色酮类物质，但野生奇楠中 2-[2-（4- 甲氧基苯基）乙基] 色酮和 2-(2- 苯乙基) 色酮含量远高人工沉香，这是奇楠的主要化学特征，也是奇楠与人工沉香的主要区别。

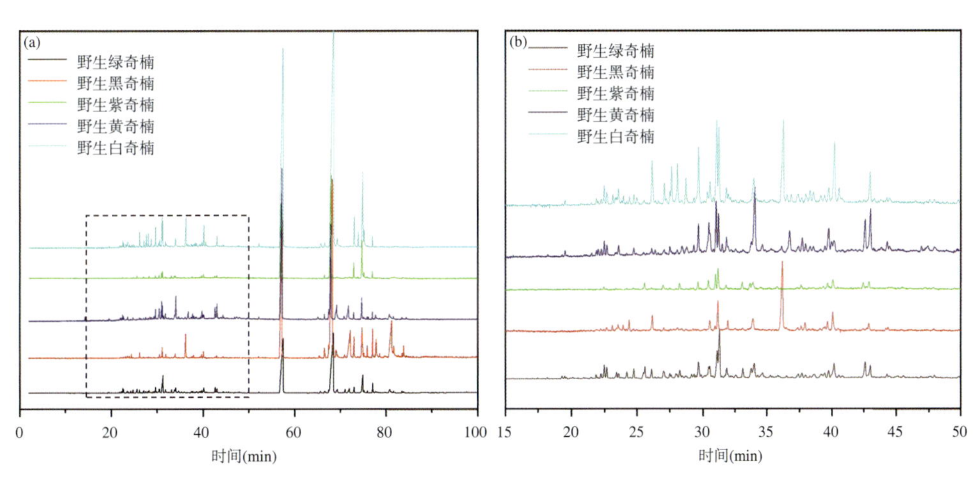

图 4-14 5 种越南野生奇楠的气相质谱

第三节　栽培奇楠的品质特性

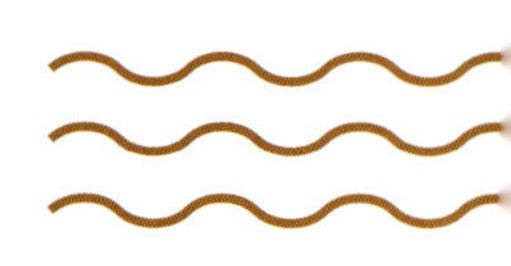

图 4-15　栽培奇楠

栽培奇楠（图 4-15）的成功，是现代香农的一大创举，濒临灭绝的奇楠，迎来了新的希望。生长快，容易结香，因此也被称为“易结香”品种。目前，能看到的成果，最长结香时间为 10 年左右，树心结油，形状多为细长的条形。树脂多为棕褐色，看似密度很高，但是能达到沉水级的仍然是少数（图 4-16）。常温状态下，初出茅庐的青涩味道，还占据主要位置。未来几年之后，随着结香时间的不断积累，结出的奇楠品质会越来越高。或者说，储存时间越久，醇化效果将带出更加稳重的香气。但目前的栽培奇楠，在常温下，能自发性对外散发蜜香的能力还比较弱。在高温的作用下，清凉甘甜表现尚好，但香气持续的时间和散发的空间，还不如野生奇楠，结出奇楠的体积还相对比较小。

图 4-16　栽培奇楠

一、栽培奇楠的构造特征

栽培奇楠的基原植物为白木香，具备白木香木材的典型构造特征。使用DNA条形码技术对58个市场上主流奇楠种质资源和白木香、云南沉香、柯拉斯那沉香、马来沉香、毛沉香进行分析比较，发现奇楠种质上与白木香树种的遗传距离最近，而与其他4个树种存在更远的遗传距离，证明奇楠种质是白木香树种，只是在外观和沉香品质上存在区别（Kang et al., 2022）。

物理结香技术所产的栽培奇楠呈不规则的片状或块状，表面颜色呈黑褐色、黄褐色或棕褐色，偶见微泛绿色（图4-17）。味苦、辣或微辣，嚼之有麻

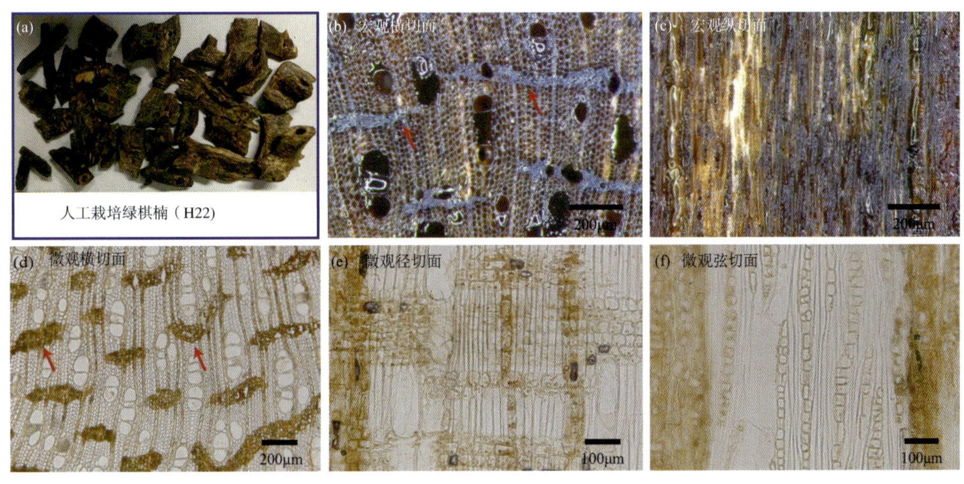

图 4-17　栽培奇楠样品光学图片、宏观和微观构造

舌感。香气辛辣，冲鼻。研究表明，栽培奇楠样品内涵韧皮部为多孔型（岛屿型），管孔分类为散孔材，管孔类型均为径列复管孔、单管孔与管孔团偶见，且管孔周围极少见有轴向薄壁组织，不同样品略有差异，木射线分类均为异形Ⅲ形，非叠生，主要为单列及双列木射线，部分样品可见多列木射线，射线内几乎都可见树脂分布，导管分子形状为圆柱形，穿孔板为单穿孔板，晶体在部分样品的内涵韧皮部中可见（刘欣怡 等，2022）。栽培奇楠树脂均较为丰富，主要分布在内涵韧皮部、射线细胞及管孔中，不同品种的树脂分布部位有所差别。

二、栽培奇楠的化学特征

1. 乙醇提取物含量

栽培奇楠的特点之一就是树脂含量丰富，经分析 22 批次结香 10 ~ 18 个月的栽培奇楠，其乙醇提取物 21.45% ~ 53.1%（图 4-18），平均值为 41.10%，其中大于 30% 的占九成以上（陈媛 等，2022）。冯剑等（2022）也报道了 10 批钻孔栽培奇楠的乙醇提取物含量高达 32.94% ~ 56.69%。说明白木香易结香种质经过物理结香技术处理，所产栽培奇楠的乙醇提取物含量明显高于现代结香技术所产的人工沉香。

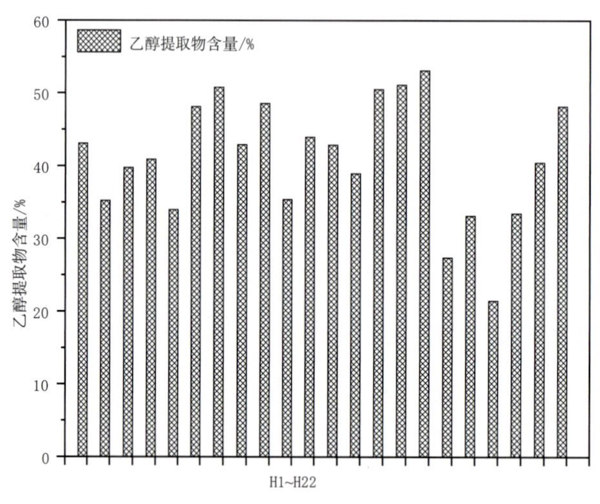

图 4-18　栽培奇楠样品乙醇提取物含量及含水率

2. 化学成分特征

栽培奇楠独特的香味和广泛的应用与其树脂中的化学成分有着密切的关系，2-(2- 苯乙基) 色酮类化合物和倍半萜类化合物是其主要的特征成分。对栽培奇楠中两类成分的定性和定量分析，有助于对其质量进行科学评价，更好地推动易结香品种的良种选育和推广种植。

倍半萜类化合物具有多种功能和生理活性，从沉香中分离出来的倍半萜类化合物多达上百种，是沉香重要的化学成分。沉香中的倍半萜类物质可以通过显色反应表达出来。22 批次的惠东绿奇楠样品的显色反应多呈现红色、紫堇色、樱红色或浅樱红色、浅紫色（图 4-19），这说明绿奇楠中含有显色特征明显的倍半萜成分。

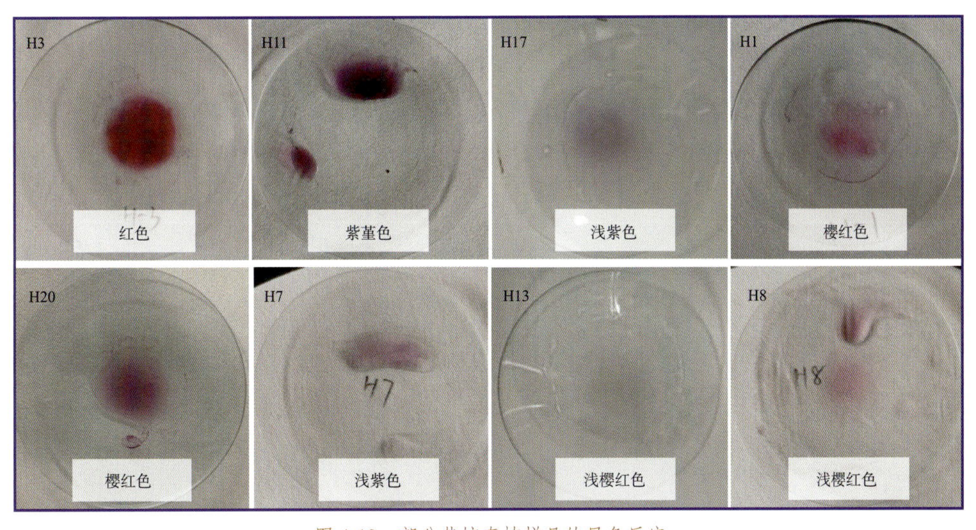

图 4-19 部分栽培奇楠样品的显色反应

GC-MS 是最常用的沉香成分分析方法，通过全挥发性成分表达，保留时间 14 ~ 55min 主要是倍半萜类物质出峰；55min 之后主要为色酮类。对 22 批次惠东栽培奇楠的 GC-MS 总离子流图（TIC）进行全峰匹配，共获得 16 个共有峰（图 4-20a），22 批次样品的出峰强度和数量相似度极高，说明其成分差异不大。14 ~ 55min 之前，出峰面积占总面积的 7.9% ~ 22.8%，平均为 13.5%，略高于沉香样品倍半萜类物质的相对峰面积（平均 12.9%）（陈

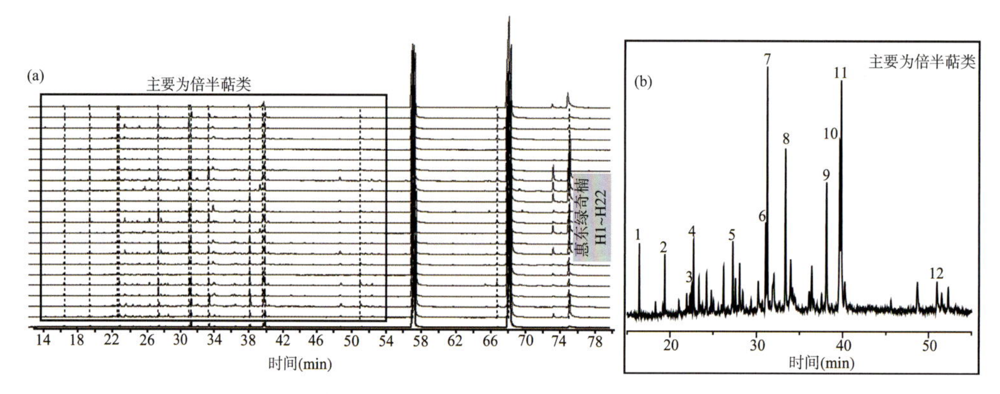

图 4-20　22 批次栽培奇楠 TIC 图和 GC-MS 对照指纹图谱（14 ~ 55min）

媛 等，2018）。图 4-20b 给出了 GC-MS 对照指纹图谱中 14 ~ 55 min（主为倍半萜类物质）的出峰情况，根据质谱库检索结合保留指数（RI）（付跃进 等，2020），分析认为 12 个共有色谱峰主要为 2- 叔丁基戊基苯酚、*α*- 檀香醇、反 - 愈创木 -11- 烯 -10 醇、荜澄茄油烯醇、姜酚、*α*- 乙酸阔叶缬草醇酯、乙酸檀香酯等。

2-(2- 苯乙基）色酮类物质是沉香中的另一类特征化合物，栽培奇楠和

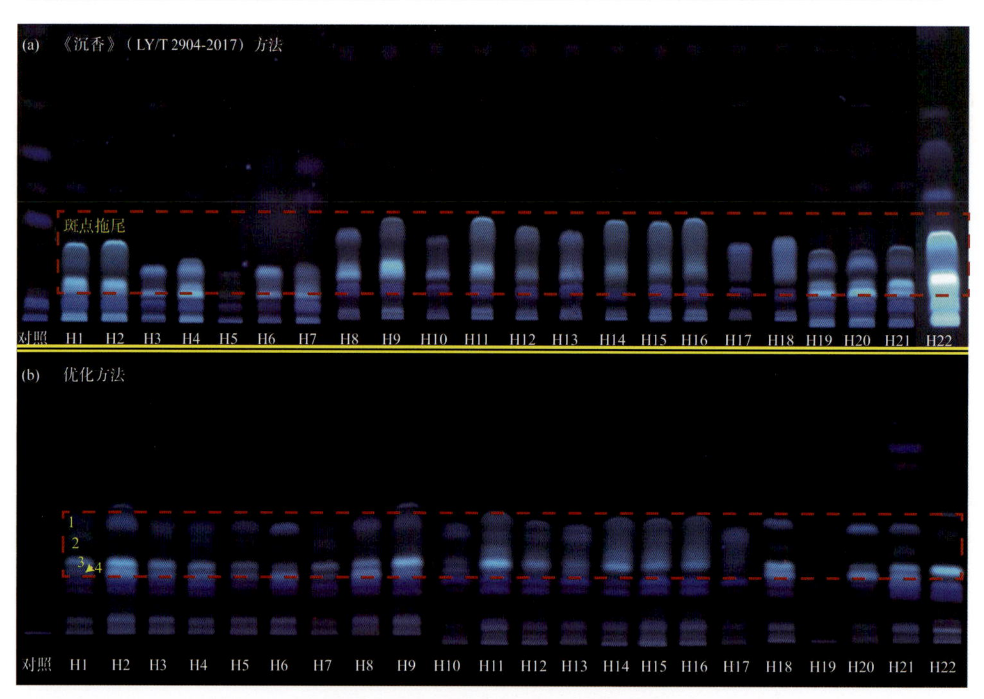

图 4-21　部分栽培奇楠样品的薄层色谱

沉香中的色酮类物质存在明显差异。沉香中的色酮类成分可以通过薄层色谱的荧光斑点反映出来。图 4-21 展示了 22 批次惠东栽培奇楠和沉香对照样的薄层色谱。由图可知，采用《沉香》(LY/T 2904-2017) 行业标准方法，栽培奇楠薄层色谱的斑点出现严重拖尾现象，主要是由于栽培奇楠中两个特征 2-(2- 苯乙基) 色酮成分含量远高于人工沉香。为了更好地对斑点进行分离，在展开剂中加入低极性溶剂，并且调整为弱酸性。优化后方法栽培奇楠的薄层色谱的斑点分离度明显提升，但和沉香对照品比，仍有显著区别。

高效液相色谱被广泛地应用在沉香鉴定及质量评价中，如行业标准《沉香》(LY/T 2904-2017) 要求沉香高效液相色谱应呈现 6 个特征峰，主要为沉香四醇等 5,6,7,8- 四氢 -2-(2- 苯乙基) 色酮类化合物。惠东栽培奇楠和人工沉香相比，6 个特征峰出现信号低、保留时间不匹配、部分峰缺失等情况（图 4-22)，这说明栽培奇楠和沉香的化学特征有显著的区别，栽培奇楠中的四氢色酮类化合物成分少于人工沉香，且含量较低。

经优化液相色谱分离条件，改进后的高效液相特征图谱更好地表现出栽培奇楠的化学成分特征，且成分分离良好，峰型稳定，如图 4-23 所示。经全峰匹配后，22 批次惠东栽培奇楠获得 33 个共有特征峰（图 4-23)，与对照指纹图谱的相似度在 0.867 ~ 0.996 之间，高度相似说明这些栽培奇楠尽管外观

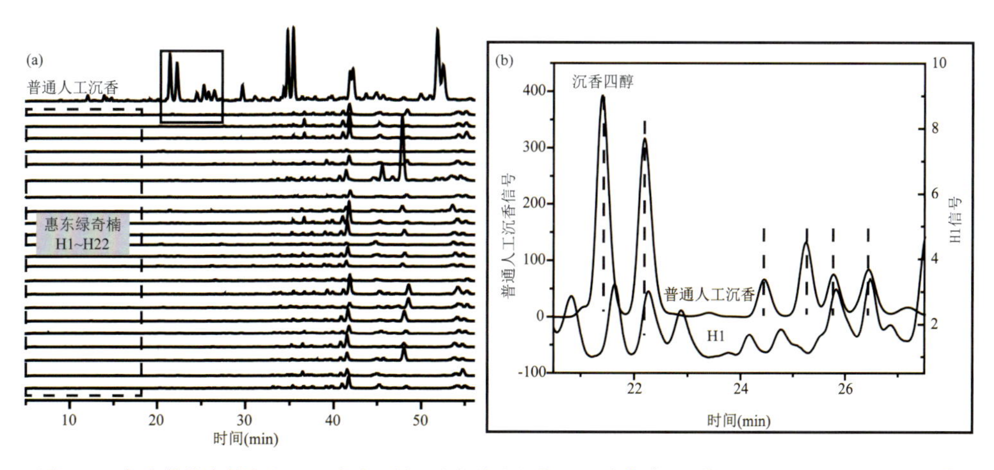

图 4-22　部分栽培奇楠和人工沉香对照样品的高效液相特征图谱［《沉香》(LY/T 2904-2017) 方法］

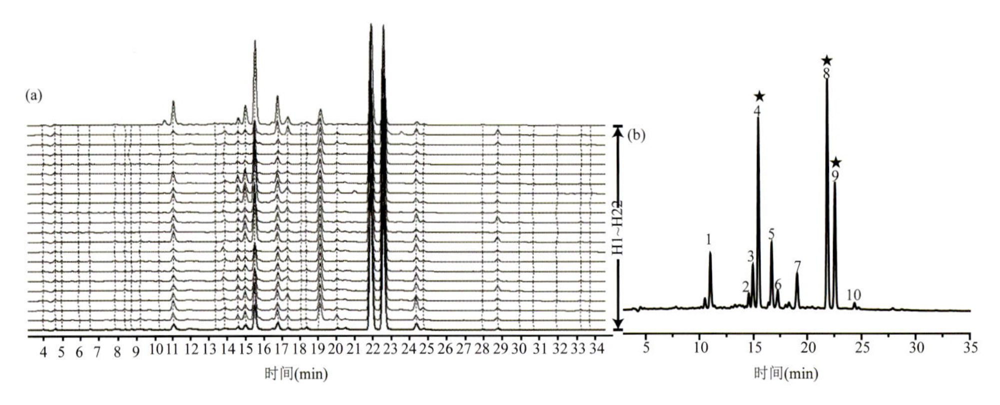

图 4-23　22 批次惠东栽培奇楠液相特征图谱 (a) 和对照指纹图谱 (b)

性状和结香性能有所差异，但具有稳定的色酮类化学成分。图 4-23b 展示了 22 批次惠东绿奇楠的对照指纹图谱，其中有 10 个峰较为明显，峰 4、8 和 9 是绿奇楠中含量最高的化学成分。

通过超高效液相色谱 - 四极杆高分辨飞行时间质谱联用对惠东栽培奇楠主要成分的碎裂行为进行分析，通过匹对离子碎片和文献，对 10 个特征峰中 7 个共有峰进行定性分析发现，惠东栽培奇楠的主要成分为 2-(2- 苯乙基) 色酮类化合物，其中 2-[2-（3- 羟基 -4- 甲氧基苯基）乙基] 色酮（4 号峰）、2-[2-（4- 甲氧基苯基）乙基] 色酮（8 号峰）和 2-(2- 苯乙基) 色酮（9 号峰）为最强特征峰。

2-(2- 苯乙基) 色酮类化合物具有神经保护、抗菌和抗炎等多种生物活性，行业标准《沉香质量分级》(LY/T 3223-2020) 和海南省地方标准均提出以 2-(2- 苯乙基) 色酮和 2-[2-（4- 甲氧基苯基）乙基] 色酮的相对或绝对含量作为沉香质量分级依据。这 2 个色酮作为栽培奇楠的主要成分，对于质量的精细评价具有重要作用。利用 2-(2- 苯乙基) 色酮标准品，通过“一标多测”的方法，对栽培奇楠样品中的 2-[2-（3- 羟基 -4- 甲氧基苯基）乙基] 色酮、2-[2-（4- 甲氧基苯基）乙基] 色酮和 2-(2- 苯乙基) 色酮三个特征色酮进行定量分析，结果显示 (图 4-24)，22 批次惠东绿奇楠样品的 2-[2-（3- 羟基 -4- 甲氧基苯基）乙基] 色酮含量在 0.76% ~ 8.21%，平均值为 3.79%；2-[2-（4- 甲氧基苯基）乙基] 色酮含量在 2.56% ~ 20.74%，平均值为 11.09%；2-(2- 苯

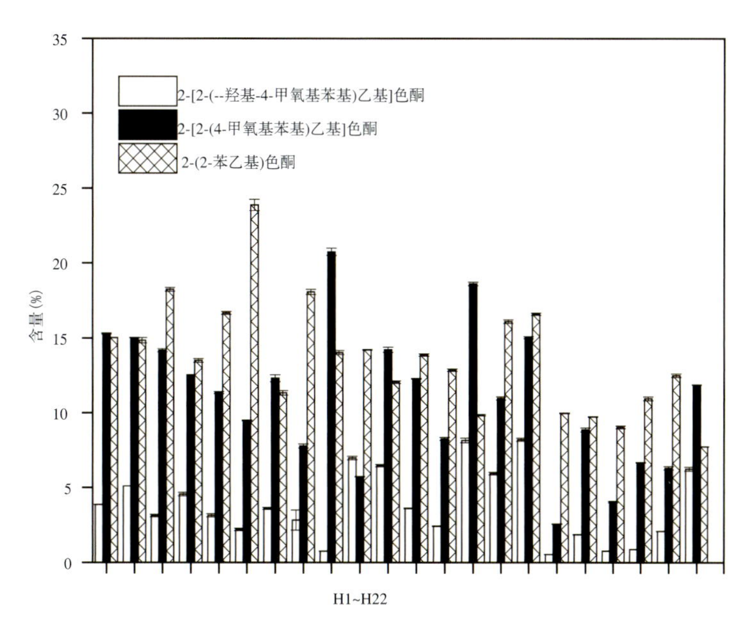

图 4-24　栽培奇楠样品中 2-[2-(4- 甲氧基苯基) 乙基] 色酮和 2-(2- 苯乙基) 色酮的含量

乙基) 色酮含量在 7.74% ~ 23.88%，平均值为 13.68%；3 个色酮含量之和为 13.06% ~ 39.83%，占乙醇提取物总含量的 47.72% ~ 99.29%。

第四节　栽培奇楠与野生奇楠的比较

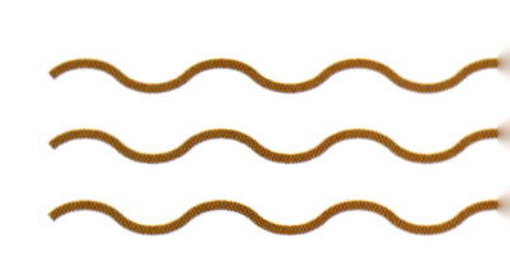

一、感官特征的比较

栽培奇楠和野生奇楠在外形、气味和化学成分上，既有相似之处，又存在显著区别。他们都具有丰富的树脂，颜色相近。但是野生奇楠的表面色泽呈偏黄褐色，树脂在高倍放大镜中，看到的是透明晶亮的状态，让人联想到麦芽糖一般的甘甜。外形特征一般很夸张，像陡峭悬壁、飞禽猛兽等很有力量的状态。重量一般在几百克至几千克。香气甘甜、清凉交叉呈现，具有令人神往的厚重感。

栽培奇楠呈现树心结油的状态，树脂多为棕褐色，看似密度挺高，但沉水级别鲜有。常温下，气味尚较弱、偏青涩；高温下，能闻到清凉甘甜的香气，但持续时间和散发的空间相对较小。

二、化学成分的比较

前一章提到，野生沉香和人工沉香由于树龄、结香时间等存在差异，导致两者的化学组成存在差异，影响其品质和应用。野生奇楠和栽培奇楠中是否存在类似情况，著者团队开展了相关研究。

1. 挥发性化学成分的比较

著者团队对13批次栽培奇楠与12批次野生奇楠的挥发性化学成分进行了分析（图4-25），结果显示，栽培奇楠和野生奇楠气质图谱相似度在0.549～0.982之间，相似度较高，13批次栽培奇楠的挥发性峰面积（0～54min）占总峰面积的6%～22%；12批次野生奇楠的挥发性峰面积（0～54min）占总峰面积的5%～27%，但野生奇楠的倍半萜类成分的强度略高于栽培奇楠。Zhang等采用GC-MS研究了22批钻孔栽培奇楠和7批野生奇楠的挥发性化学成分，同样发现野生奇楠与栽培奇楠所含的倍半萜类化合物种类具有极高的相似度（Zhang et al., 2022），但野生奇楠所含倍半萜成分的多样性和丰富度高于栽培奇楠，愈创木烷型和沉香呋喃型倍半萜相对含量之和更高（Yang et al., 2021），这一差异可能影响两者的气味。

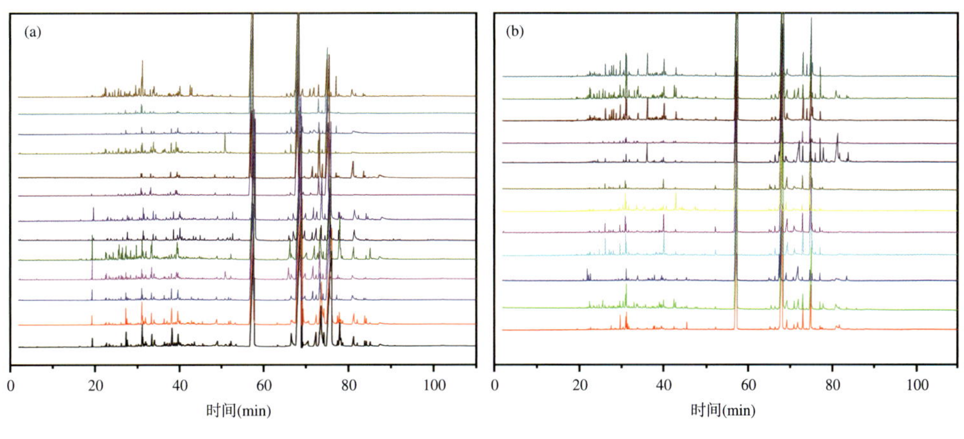

图4-25　栽培奇楠(a)与野生奇楠(b)GC-MS TIC图

2. 非挥发性化学成分的比较

著者团队对12批次栽培奇楠与12批次野生奇楠的非挥发性化学成分进行了分析（图4-26），结果显示，绝大多数栽培奇楠样品的薄层色谱、特征图谱不符合林业标准和《中国药典》（2020版）中沉香的规定。栽培奇楠的高效液相图谱相似度极高，不含沉香四醇或沉香四醇含量极低（0.01%～0.02%），低于《中国药典》（2020版）中大于0.1%的规定。但是野生奇楠在色酮成分上可以分为两种类型，一种是沉香四醇不能达到《中国药典》(2020 版) 规定，2-[2-（4- 甲氧基苯基）乙基] 色酮和 2-(2- 苯乙基) 色酮含量较高的类型；另一种是不但含有较高的沉香四醇，同时也含有较高的 2-[2-（4- 甲氧基苯基）乙基] 色酮和 2-(2- 苯乙基) 色酮。研究发现，无论是国产的野生奇楠还是越南野生奇楠，均存在这两种化学类型。说明沉香的良种选育还需继续深入研究，另外，需要对栽培奇楠的成分、气味、药效和毒性等进行全面研究，为栽培奇楠的开发应用提供科学依据。

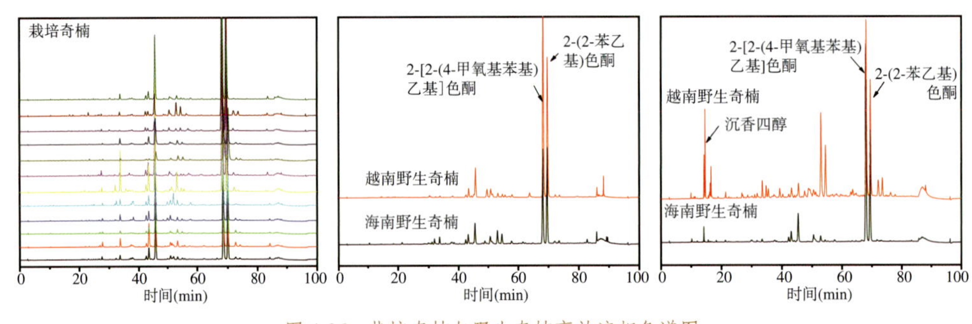

图 4-26 栽培奇楠与野生奇楠高效液相色谱图

此外，文献报道也证实栽培奇楠和野生奇楠中的主要化学成分均为 2-[2-（4- 甲氧基苯基）乙基] 色酮和 2-(2- 苯乙基) 色酮，相对含量之和分别为 72.43% ~ 95.61% 和 43.89% ~ 73.04%（Zhang et al., 2022）。栽培奇楠中两种色酮相对含量更高，说明与野生奇楠相比，栽培奇楠成分种类较少。类似现象也出现在人工沉香和野生沉香中，可能都是因为人工沉香和栽培奇楠结香时间较短。

3. 香气成分的比较

栽培奇楠和野生奇楠在室温下均有明显的香气，以清凉辛辣为主，有些样品兼具甜香、蜜香等特征气味。著者团队用固相微萃取顶空气相质谱（SPME-GC-MS）分析室温下野生奇楠和栽培奇楠释放的挥发性成分（图 4-27）。结果显示，不仅两者 SPME-GC-MS TIC 图谱存在一定差异，野生奇楠和栽培奇楠还存在个体差异。野生奇楠和栽培奇楠释放的主要气味成分均为脂肪族类、芳香族类和倍半萜类。野生奇楠样品释放的化合物种类和丰度并未表现出明显的

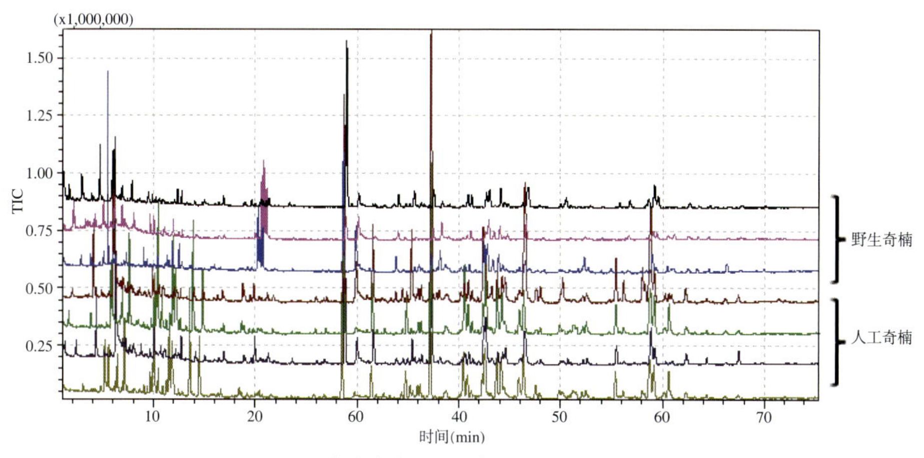

图 4-27　栽培奇楠与野生奇楠 SPME-GC-MS TIC 图

优势，但其中芳香族化合物种类和相对含量与栽培奇楠相比差异较大（表 4-2），野生奇楠样品中苯甲醛（辛、苦杏仁）相对含量较低，但 4- 甲氧基苯甲醛（甜味、茴香）和苄基丙酮（花香）含量相对较高，这些差异可能造成奇楠样品间的气味差异。除芳香族化合物外，奇楠样品均能释放多种脂肪醛醇类化合物，如壬醛、辛醇等化合物，这些化合物具有明显的气味特征，是植物、食品中常见的气味化合物，对奇楠样品的室温气味也有重要影响。在奇楠样品室温挥发性成分中，总含量最高的是倍半萜类化合物，这类化合物被认为是沉香香气品质的重要贡献者。倍半萜类化合物分子量大于芳香族和脂肪醛类化合物，沸点也较高，气味相对温和，对于奇楠的持久香气贡献较大。

表 4-2　野生奇楠和栽培奇楠室温释放的芳香族化合物

化合物名称	相对含量（%）						
	野生奇楠			栽培奇楠			
	奇楠	海南绿奇楠	海南绿奇楠	结香 3 年	结香 1 年	结香 1 年	结香 1 年
苯甲醛	1.81	1.15	/	7.18	19.06	2.37	2.42
苯乙酮	0.64	0.78	/	1.06	2.19	0.4	0.33
2- 羟基 - 苯甲醛	/	1.12	1.04	0.33	0.75	/	/
苄基丙酮	0.84	0.78	0.65	0.25	0.36	0.43	0.55
苯甲醇	0.94	/	/	/	0.61	/	/
苯乙醇	0.43	/	/	/	/	/	/
4- 甲氧基苯甲醛	1.73	6.71	4.23	1.68	1.94	/	/

注：/ 表示未检出。

4. 熏香成分的比较

野生奇楠和栽培奇楠独特的香气特征，使其成为熏香绝佳的原料。著者团队采用热重傅里叶变换红外光谱（TG-FTIR）和顶空气相色谱 - 质谱（HS-GC-MS），分析野生奇楠和栽培奇楠在不同加热温度下释放的化学成分（图 4-28、图 4-29）。热重分析结果显示，当加热温度在 200℃以下，样品中水分和部分树脂挥发；温度在 200 ~ 550℃时，树脂中的化合物继续挥发释放，同时木质部分燃烧产生大量 CO_2。温度继续升高到 550℃以上，质量损失减缓，说明其中有机物基本燃烧殆尽，剩余的固体残留物为燃烧后的灰烬，主要是无机矿物质。

熏香时，加热温度通常低于 200℃，此时气味化合物主要来自树脂中部分化合物的挥发或分解。为进一步研究奇楠在熏香条件下挥发的规律，分别在 40℃、70℃、100℃、140℃、180℃条件下加热样品，使用 HS-GC-MS 分析比较野生奇楠和栽培奇楠释放的挥发性成分。

随着温度升高，栽培奇楠和野生奇楠释放的化合物种类和丰度都大大增加。栽培奇楠和野生奇楠在 40℃时可检测出少量倍半萜成分；当加热到 100℃时两者可检测到的化合物种类均明显增加，以倍半萜为主，相对含量之

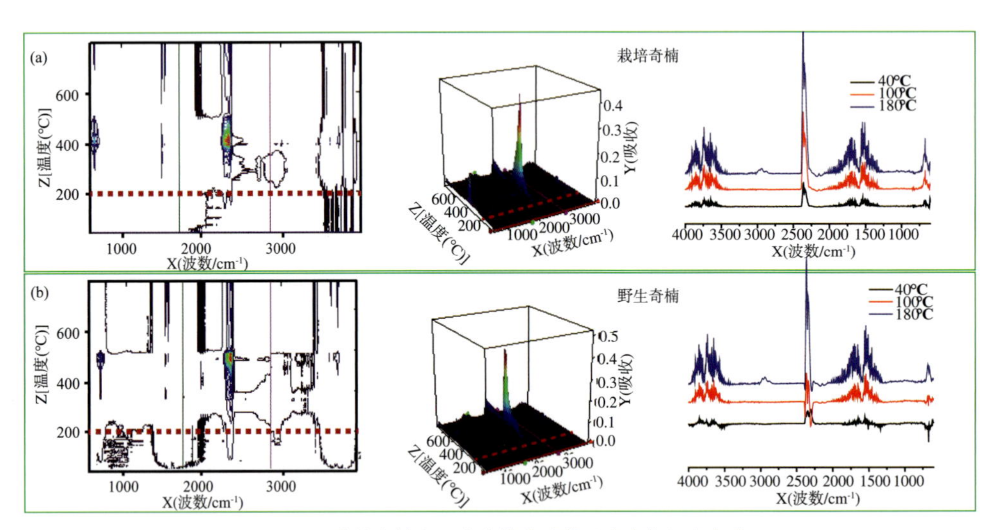

图 4-28　栽培奇楠与野生奇楠热重傅里叶变换红外光谱

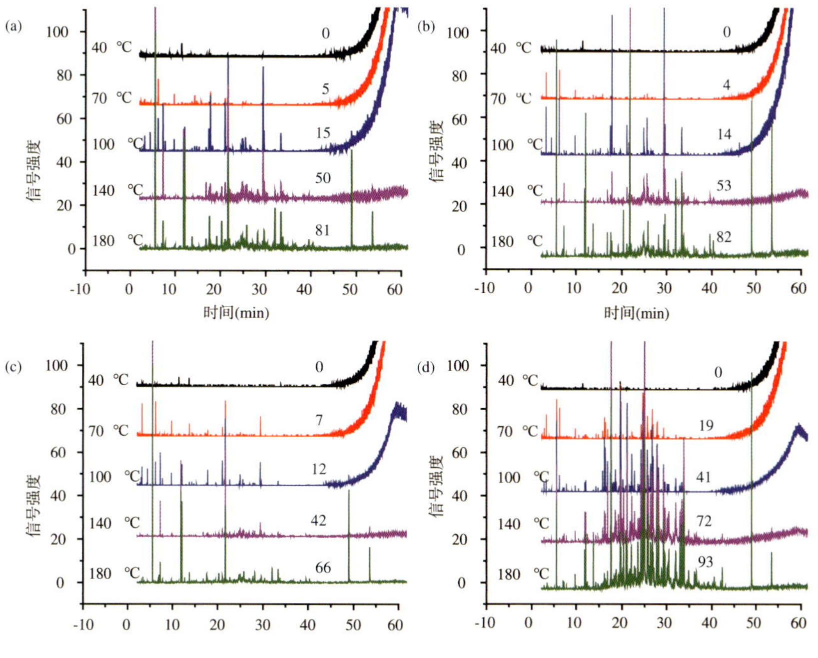

图 4-29　栽培奇楠（a）（b）（c）与野生奇楠（d）不同温度下 GC-MS 图谱

和分别为 70.42%、71.07%，但组成有一定差异，野生奇楠的相对含量最高的倍半萜为苦参醇（13.06%），而栽培奇楠中异香橙烯环氧化物（16.06%）相对含量最高，具有温暖的木香香气。当温度升高至 180℃时，野生奇楠和栽培奇楠释放的挥发物中都出现了 2-(2- 苯乙基) 色酮和 2-[2-（4- 甲氧基苯基）乙基] 色酮，这也是奇楠与人工沉香熏香释放化学成分的一个重要区别，野生奇楠和栽培奇楠释放的 2-(2- 苯乙基) 色酮平均相对含量存在一定差异，分别为 9.34% 和 4.27%；芳香族化合物，如苯甲醛和苄基丙酮，也都能被检测到；主要挥发性成分仍为倍半萜类，野生奇楠和栽培奇楠有 16 个相同的倍半萜成分，包括异香橙烯环氧化物、α- 桉叶油醇等（Chen et al., 2020），导致其气味具有相似性。由以上结果可以看出，栽培奇楠和野生奇楠随温度升高释放挥发性成分的规律类似，化学组成相近，仅个别成分相对含量存在差异，低温下野生奇楠挥发性成分含量较高，也是其香气更持久的重要原因之一。

三、生物活性的比较

栽培奇楠提取物主要含色酮和倍半萜类化合物，色酮类为 FTPEC 类，其中 6- 羟基 -2-[2-(3- 羟基 -4- 甲氧基苯基) 乙基] 色酮能够抑制脂多糖诱导巨噬细胞产生 NO，具有抗炎活性 (张琳 等 , 2023)。学者发现，栽培奇楠水蒸气蒸馏精油中倍半萜类化合物含量丰富，占相对质量分数的 88.07%，超临界萃取栽培奇楠油中含有大量的 2-(2- 苯乙基) 色酮类化合物，占总质量分数的 60% 以上。超临界萃取栽培奇楠油相比于水蒸气蒸馏精油具有更强的清除 DPPH 和 ABTS 自由基能力，2-(2- 苯乙基) 色酮类化合物具有抗氧化能力，可与倍半萜成分协同发挥作用，展现出较强的抗氧化效果。但是，水蒸气提取的奇楠精油具有最优的抗炎活性，不但优于超临界萃取油，而且抗炎能力优于人工沉香精油 (陈细钦 等 , 2022)。进一步，著者团队证实了 2-[2-(4- 甲氧基苯基) 乙基] 色酮和 2-(2- 苯乙基) 色酮的抗炎能力较弱，而通过超临界萃取得到的栽培奇楠油中这两种色酮的含量极高，这可能是其抗炎活性不如水蒸馏精油的原因 (Yan et al., 2024)。此外，栽培奇楠沉香精油具备抗菌效果 (Ma et al., 2024)。

栽培奇楠熏香挥发出的成分不仅能够使小鼠进入镇静状态并提高血清中 5- 羟色胺浓度，而且能够影响多个与情绪相关的神经通路，包括多巴胺能突触、长期抑郁和神经活性配体 - 受体结合等 (Kao et al, 2021)。此外，栽培奇楠熏香成分还可通过影响神经递质途径，特别是涉及血清素和 GABA 的途径，从而提高睡眠质量 (Jiang et al., 2024)。

栽培奇楠和野生奇楠的化学成分高度相似。然而，由于野生奇楠极为稀有，针对其生物活性的研究相对较少，难以与栽培奇楠的生物活性进行直接对比。现有研究表明，黄奇楠的乙醚提取物具有显著的抗菌、抗肿瘤、乙酰胆碱酯酶抑制及降血糖活性。这些发现为深入了解奇楠的药理作用提供了重要的参考依据。

第五节　栽培奇楠和人工沉香的对比分析

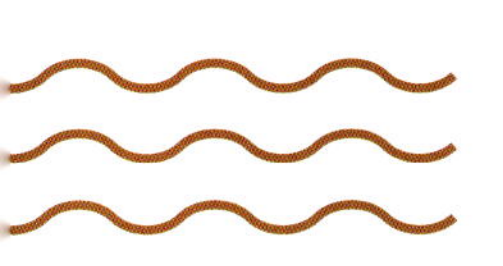

由前文可知，栽培奇楠与第三章所述人工沉香的外观、气味和化学成分均存在明显差异。因此为了区别两者，通常将两者分别称为栽培奇楠和人工沉香。著者团队对两类沉香开展系统比较研究，以期为两类沉香特别是栽培奇楠市场应用提供科学参考，促进沉香产业健康快速发展。

一、基本性质的对比

乙醇提取物含量是市场上通用的沉香质量评价和分级指标。著者团队随机选取了 10 批结香时间为 10 ~ 16 个月的打洞法形成的栽培奇楠以及 9 批结香时间为 12 ~ 36 个月的刀砍沉香（表 4-3），分析两者树脂含量差异性。结果表明，10 批栽培奇楠样品的乙醇提取物含量在 33.2% ~ 53.1%，平均含量高达 43.1%，而 9 批人工沉香乙醇提取物含量在 15.6% ~ 29.4%，平均含量为 22.5%，表明栽培奇楠乙醇提取物含量明显高于人工沉香。

表 4-3　栽培奇楠和沉香的样品信息

编号	树龄（年）	结香时间（月）	产地	编号	树龄（年）	结香时间（月）	产地
Q1	3	11	惠东	A1	9	24	中山
Q2	4	11	惠东	A2	8	24	中山
Q3	4	14	惠东	A3	8	24	中山
Q4	4	12	惠东	A4	10	24	中山
Q5	4	15	惠东	A5	12	48	中山
Q6	3.5	10	惠东	A6	8	12	中山
Q7	4	15	惠东	A7	8	36	中山
Q8	4	13	惠东	A8	10	24	中山
Q9	4	16	惠东	A9	10	36	中山
Q10	4	14	惠东				

对两种沉香的微观构造特性进行分析（图 4-30），发现两种沉香树脂都主要分布在内涵韧皮部和木射线薄壁细胞中，栽培奇楠的内涵韧皮部和木射线薄壁细胞组织比量分别为 26.4%±5.1% 和 13.2%±3.5%，人工沉香的内涵韧皮部和木射线薄壁细胞组织比量分别为 15.2%±4.4% 和 4.5%±1.2%，栽培奇楠的这两种结构的组织比量均明显大于人工沉香。内涵韧皮部和木射线

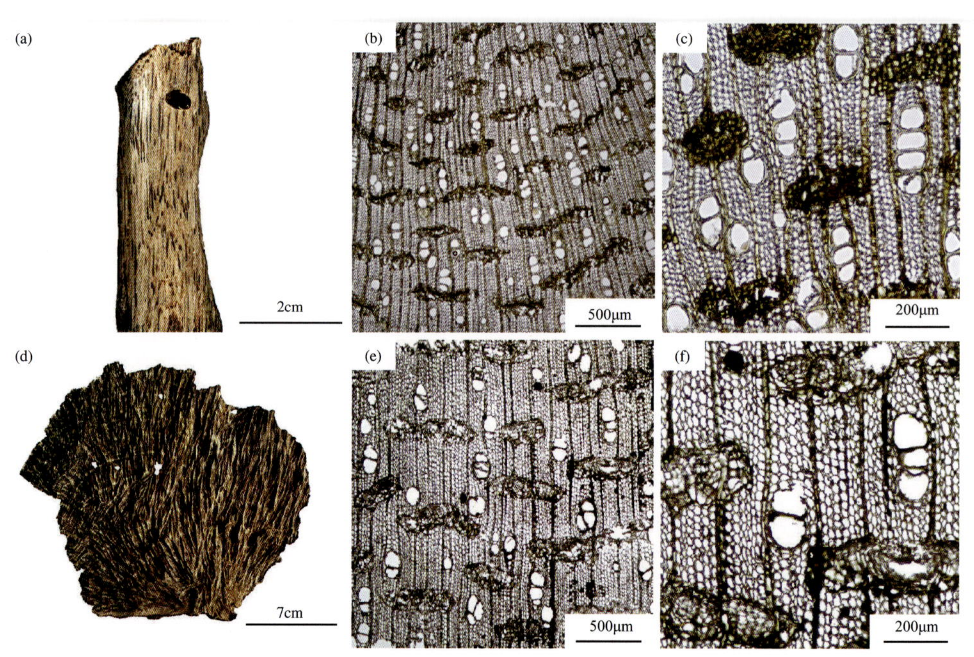

(a) 栽培奇楠的外观形貌；(b、c) 栽培奇楠的横切面微观构造；
(d) 人工沉香的外观形貌；(e、f) 人工沉香的横切面微观构造
图 4-30　栽培奇楠与人工沉香的外观形貌及横切面微观构造

是沉香树脂产生的主要功能结构，栽培奇楠中两者的组织比量大，说明能应对胁迫的组织更多，受到外界损伤后，可产生更多的树脂并为其累积提供更多的组织空间。有研究显示栽培奇楠中的树脂有向导管和木纤维扩散的趋势，而人工沉香样品树脂仅少量会分布导管中（刘欣怡 等 , 2022）。部分栽培奇楠样品内涵韧皮部与髓心中可见大量草酸钙棱晶，推测其有利于奇楠树受到创伤开始结香后结香面积的扩展与树脂含量的增加。这可能都是栽培奇楠比人工沉香更易结香以及树脂含量高的原因。另外，研究显示，栽培奇楠树脂含量与导管细胞壁的厚度呈现负相关，即细胞壁越厚，越不利于树脂产量；但是细胞内淀粉利用率、可溶性糖生长率、叶氮含量越高，越有利于树脂含量增加（Li et al., 2022）。

二、化学成分特征的对比

化学物质基础决定着沉香的品质和特征，同时也是沉香具有多种药理作用和独特香气的物质基础。采用多种分析方法，如 GC-MS、HPLC、超高效液相色谱 - 飞行时间质谱联用技术（UPLC-Q-TOF-MS）、热重傅里叶变换红外光谱（TG-FTIR）和顶空气相色谱 - 质谱（HS-GC-MS）等，分析比较栽培奇楠和人工沉香的挥发性成分和非挥发性的 2-(2- 苯乙基) 色酮类，并对两类沉香的香气成分和生物活性进行比较，全面解析两者间的成分和品质差异，加深对两类沉香的科学认识，更能为两类沉香的市场推广和高值化利用提供科学依据。

1. 挥发性成分对比

栽培奇楠的特征化学成分组成与人工沉香相似，均以倍半萜类和 2-(2-苯乙基) 色酮两大类物质为主，但栽培奇楠与人工沉香中倍半萜类化合物、2-(2- 苯乙基) 色酮的相对含量存在差异（陈媛 等 , 2022; 胡泽坤 等 , 2022）。著者团体采用 GC-MS 分析了栽培奇楠（钻孔法）和人工沉香（火钻法）的挥发性成分，虽然两类沉香中的特征化合物都是倍半萜类和色酮类，但这两类化合物的相对含量相差甚远。人工沉香中倍半萜类化合物的相对含量近46.41%，而栽培奇楠中倍半萜类化合物的相对含量仅为14.4%，但在倍半萜类化合物类型上，栽培奇楠与人工沉香差异不明显，存在大量的共有化合物，包括α-檀香醛、沉香螺旋醇、α-乙酸阔叶缬草醇酯以及缬草烯醛等。

人工沉香中色酮类化合物种类更多，共检测出9种，包括6,8-二羟基-2-(2-苯乙基)色酮、6,7-二甲氧基-2-(2-苯乙基)色酮、6-羟基-7-甲氧基-2-[2-（4-甲氧基苯基）乙基]色酮以及沉香四醇等，2-[2-（4-甲氧基苯基）乙基]色酮和2-(2-苯乙基)色酮相对含量之和仅为1.5%。而栽培奇楠中色酮类化合物种类较少，仅检测出3种，主要以2-[2-（4-甲氧基苯基）乙基]色酮和2-(2-苯乙基)色酮为主，这两个色酮相对含量之和高达76.96%（表4-4）。

表4-4 人工沉香和栽培奇楠挥发性成分

序号	保留时间(min)	相似度	IR值	推荐化合物	分子式	相对含量(%)	
						奇楠	沉香
1	18.28	76	1538	二氢沉香呋喃	$C_{15}H_{26}O$	0.03	0.08
2	19.31	82	1559	α-檀香醛	$C_{15}H_{22}O$	0.21	0.14
3	19.52	80	1568	桉油烯醇	$C_{15}H_{24}O$	0.02	/
4	21.08	77	1600	缬草酮	$C_{15}H_{26}O$	0.02	0.04
5	21.51	85	1608	β-木香醇	$C_{15}H_{24}O$	0.03	0.09
6	21.94	92	1613	沉香螺醇	$C_{15}H_{26}O$	0.05	0.09
7	22.02	79	1614	苍术醇	$C_{15}H_{26}O$	0.03	0.15
8	22.25	83	1619	愈创木醇	$C_{15}H_{26}O$	0.05	0.11
9	22.47	87	1627	11-愈创木烯-10-醇	$C_{15}H_{26}O$	0.26	0.55
10	22.68	87	1632	epi-β-石竹烯	$C_{15}H_{24}$	0.29	0.23
11	23.06	89	1633	愈创木醇	$C_{15}H_{26}O$	/	0.87
12	23.30	79	1644	异戊烯醇	$C_{15}H_{24}O$	0.23	0.28
13	23.97	75	1652	异桉油烯醇	$C_{15}H_{24}O$	0	0.34
14	24.19	86	1662	α-木香醛	$C_{15}H_{22}O$	0.12	0.34
15	26.64	92	1711	3,11-芹子二烯-9-酮	$C_{15}H_{22}O$	0.05	0.14
16	27.21	77	1723	姜黄酚	$C_{15}H_{22}O$	0.66	1.10
17	27.46	79	1722	表-兰桉醇	$C_{15}H_{26}O$	0.19	0.42
18	27.99	88	1742	顺-桉叶烷-6-烯-11-醇	$C_{15}H_{26}O$	0.12	0.39
19	28.36	81	1746	11-愈创木烯-10-醇	$C_{15}H_{26}O$	0.16	0.68
20	30.52	77	1783	α-木香醇	$C_{15}H_{24}O$	0.07	0.58
21	30.9	79	1795	α-乙酸阔叶缬草醇酯	$C_{17}H_{28}O_3$	0.83	0.49

（续）

序号	保留时间 (min)	相似度	IR 值	推荐化合物	分子式	相对含量 (%)	
						奇楠	沉香
22	31.17	76	1799	缬草烯醛	$C_{15}H_{22}O$	0.66	/
23	31.35	78	1800	乙酸阔叶缬草醇酯	$C_{17}H_{28}O_3$	/	1.77
24	31.60	76	1804	3,11- 芹子二烯 -9- 酮	$C_{15}H_{22}O$	0.08	4.24
25	31.86	75	1814	依兰醇	$C_{15}H_{24}O$	0.22	0.60
26	33.29	76	1838	榄香烯	$C_{15}H_{24}$	0.82	/
27	33.82	75	1843	依兰烯醛	$C_{15}H_{22}O$	0.69	0.39
28	34.34	85	1849	香橙烯 -4,10- 二醇	$C_{15}H_{26}O_2$	0.08	2.17
29	36.20	74	1880	6,10-Epoxy-7(14)-isodaucene	$C_{15}H_{24}O$	0.22	/
30	38.54	77	1919	α- 木香醛	$C_{15}H_{22}O$	0.07	2.43
31	39.44	73	1933	Eudesma-5,11(13)-dien-8,12-olide	$C_{15}H_{20}O_2$	1.11	0.67
32	39.62	80	1936	Phenanthrenone	$C_{15}H_{22}O_3$	1.49	3.50
33	40.06	81	1943	异海松醛	$C_{20}H_{30}O$	0.01	2.50
34	46.02	71	2047	3,11- 芹子二烯 -9- 醇	$C_{15}H_{24}O$	/	0.76
35	57.15	97	2278	2-(2- 苯乙基) 色酮	$C_{17}H_{14}O_2$	38.81	3.94
36	67.40	96	2527	6- 甲氧基 -2-(2- 苯乙基) 色酮	$C_{18}H_{16}O_3$	0.64	4.00
37	67.98	96	2549	2-[2-(4- 甲氧基苯基) 乙基] 色酮	$C_{18}H_{16}O_3$	38.16	0.50
38	69.20	/	2575	6,8- 二羟基 -2-(2- 苯乙基) 色酮	$C_{17}H_{14}O_4$	/	2.51
39	71.63	/	2641	沉香四醇	$C_{17}H_{18}O_6$	/	4.31
40	77.99	93	2822	6,7- 二甲氧基 -2-(2- 苯乙基) 色酮	$C_{19}H_{18}O_4$	/	3.82
41	82.21	/	2948	6- 甲氧基 -2-[2-(3- 羟基 4- 甲氧基苯基) 乙基] 色酮	$C_{19}H_{18}O_5$	/	0.64
42	87.26	/	3108	6- 羟基 -7- 甲氧基 -2-[2-(4- 甲氧基苯基) 乙基] 色酮	$C_{19}H_{18}O_5$	/	0.93
43	94.21	/	3341	6- 羟基 -7- 甲氧基 -2-[2-(3- 羟基 -4- 甲氧基苯基) 乙基] 色酮	$C_{19}H_{18}O_6$	/	0.71

基于样品的 GC-MS 数据，建立栽培奇楠和人工沉香的 OPLS-DA 识别模型。如图 4-31(a) 所示，OPLS-DA 得分图显示栽培奇楠和人工沉香样品可以完全分开。左侧为栽培奇楠，右侧为人工沉香，栽培奇楠组样品更为聚集，说明栽培奇楠样品间差异较小，而人工沉香样品离散分布，说明人工沉香组存在较大的样品间差异。OPLS-DA 模型的预测能力为 99.0%，且 R^2（Y）与 Q^2 之间的差值为 0.003，表明该模型预测能力较强。且该模型小于拟合风险（R^2=0.134<0.5，Q^2=-0.475<0），具有显著统计学意义［图 4-31(b)］。

如图 4-31(b) 所示，用于构建分类模型的变量 VIP 值（Variable Importance Plot, VIP）反映了该变量对分类的影响程度，VIP>1 被认为是该

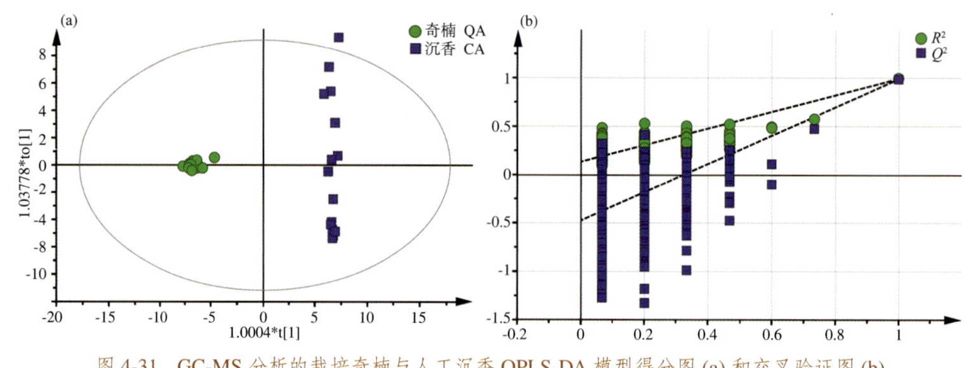

图 4-31 GC-MS 分析的栽培奇楠与人工沉香 OPLS-DA 模型得分图 (a) 和交叉验证图 (b)

变量对样品分类有重要影响，据此共筛选 7 个变量，这 7 个变量代表的化合物被视为能够区分栽培奇楠和人工沉香的特征成分，分别为 2-[2-（4- 甲氧基苯基）乙基] 色酮（VIP=3.94）、2-(2- 苯乙基) 色酮（VIP=3.74）、沉香四醇（VIP=1.36）、6- 甲氧基 -2-（2- 苯乙基）色酮（VIP=1.27）、3,11- 芹子二烯 -9- 酮（VIP=1.27）、6,7- 二甲氧基 -2-(2- 苯乙基) 色酮（VIP=1.12）和异海松醛（VIP=1.00）。3,11- 芹子二烯 -9- 酮、异海松醛为人工沉香中常见的倍半萜类化学成分，这两个化合物在人工沉香中相对含量较高，可达 5% 及以上。2-[2-（4- 甲氧基苯基）乙基] 色酮、2-(2- 苯乙基) 色酮大量存在于栽培奇楠中，两者的 VIP 值极高，可达 3.5 以上，是区分栽培奇楠与人工沉香的最重要的化学成分。沉香四醇、6- 甲氧基 -2-(2- 苯乙基) 色酮和 6,7- 二甲氧基 -2-(2- 苯乙基) 色酮在人工沉香中较高，可视作人工沉香的特征化学成分。

2. 非挥发性成分对比

著者团队进一步采用 HPLC 和 UHPLC-Q-TOF-MS 方法，分析栽培奇楠与人工沉香中 2-(2- 苯乙基) 色酮类的差异。图 4-32 和图 4-33 分别为栽培奇楠与人工沉香的 HPLC 图谱，两者的 HPLC 特征图谱有明显差异（图 4-34），说明两者的色酮类成分组成不同。使用 LC-MS 在栽培奇楠与人工沉香中共鉴定了 29 个 2-(2- 苯乙基) 色酮类化合物（表 5-3）。其中沉香四醇、4- 甲氧基 - 沉香四醇、异沉香四醇、6- 羟基 -2-(2- 苯乙基) 色酮、6,7- 二甲氧基 -2-（苯乙基）色酮以及 2-(2- 苯乙基) 色酮 6 个化合物通过对照品的保留时间及质谱

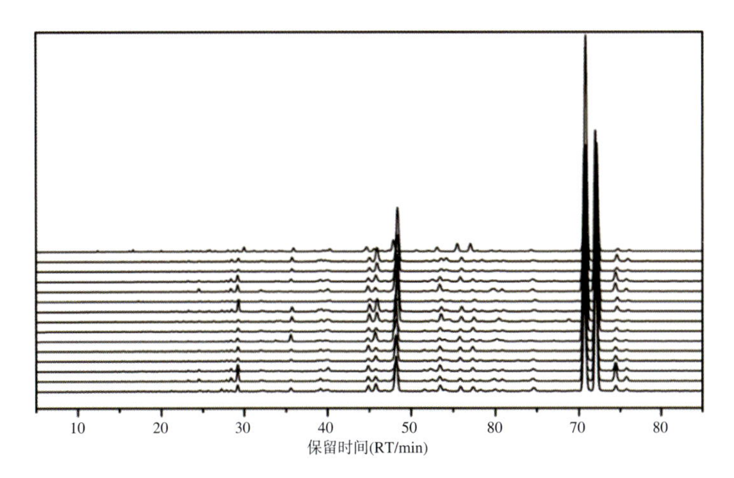

图 4-32　15 批栽培奇楠 HPLC 图谱

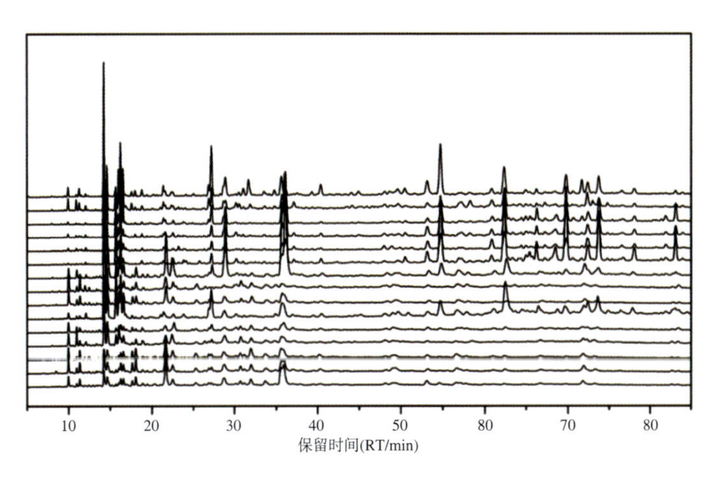

图 4-33　15 批人工沉香 HPLC 图

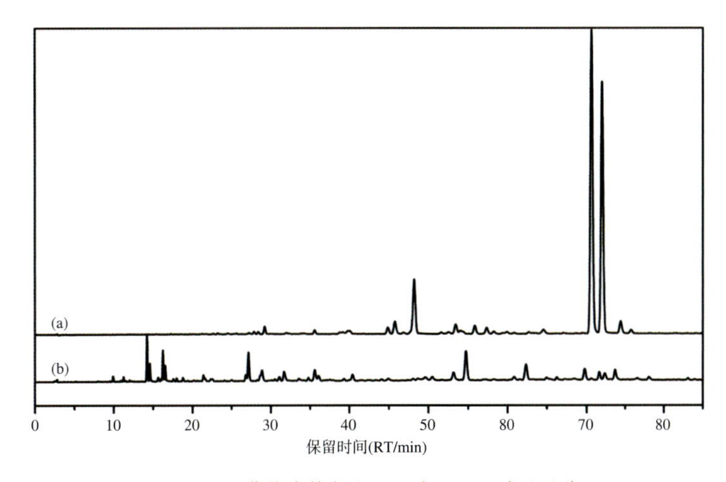

图 4-34　栽培奇楠与人工沉香 HPLC 对照图谱

信息进行定性。保留时间 5 ~ 17min 主要为四氢色酮（THEPCs），保留时间在 18 ~ 36min 主要为二环氧色酮（DEPECs）和环氧色酮（EPECs），保留时间 37 ~ 85min 主要为 Flidersia 型 2-(2- 苯乙基) 色酮（FTPECs）。

栽培奇楠组内各样品与对照图谱的相似度在 0.87 ~ 0.99 之间，相似度在 0.9 以上的有 13 个样品，占栽培奇楠样品总量的 86%，平均相似度为 0.96，说明不同栽培奇楠样品 HPLC 图谱的相似度较高。人工沉香各样品与对照图谱的相似度在 0.57 ~ 0.88 之间，平均相似度为 0.73，相比于栽培奇楠，人工沉香样品间的差异性较大，这与 GC-MS 数据具有相似的结果。由图 4-34 可知，栽培奇楠中色酮类化合物种类单一、组成简单，其主要色酮类化合物出现在保留时间 37 ~ 80min 之间，在栽培奇楠中已鉴定出的化合物均属于 FTPECs，并且在保留时间 70 ~ 72min 出现信号响应值极高的两个特征峰，经鉴定两个物质分别为 2-[2-（4- 甲氧基苯基）乙基] 色酮和 2-(2- 苯乙基) 色酮。在人工沉香中，除含有 FTPECs 型色酮外，还存在着 DEPECs、EPECs 及 THEPCs 型色酮。

基于样品 HPLC 数据，建立栽培奇楠和人工沉香 OPLS-DA 区分模型。与 GC-MS 分析结果（图 4-31）类似，栽培奇楠与人工沉香样品之间存在明显分离（图 4-35a）。评分区左侧为栽培奇楠，右侧为人工沉香，说明栽培奇楠和人工沉香的色酮类成分存在显著差异。OPLS-DA 模型具有较强的预测能力。此外，为验证该模型有效性，进行了 800 次置换交叉验证，结果表明（图 4-35b），OPLS-DA 模型没有过拟合风险（R^2=0.096<0.5，Q^2=-0.431<0）。

共筛选出 4 个成分对识别栽培奇楠和人工沉香比较重要（图 4-35），包括 3 个 FTPECs 型色酮，分别为 2-(2- 苯乙基) 色酮（VIP=3.94）、2-[2-（4- 甲氧基苯基）乙基] 色酮（VIP=3.74）、2-[2-（3- 甲氧基 -4- 羟基苯基）乙基] 色酮（VIP=1.28），1 个 THEPCs，即沉香四醇（VIP=1.13）。差异化合物 2-(2- 苯乙基) 色酮、2-[2-（4- 甲氧基苯基）乙基] 色酮、2-[2-（3- 甲氧基 -4- 羟基苯基）乙基] 色酮主要存在奇楠中，沉香四醇主要存在于人工沉香中。2-(2- 苯乙基) 色酮与 2-[2-(4- 甲氧基苯基）乙基] 色酮两个化合物的 VIP 值大于 3.7，

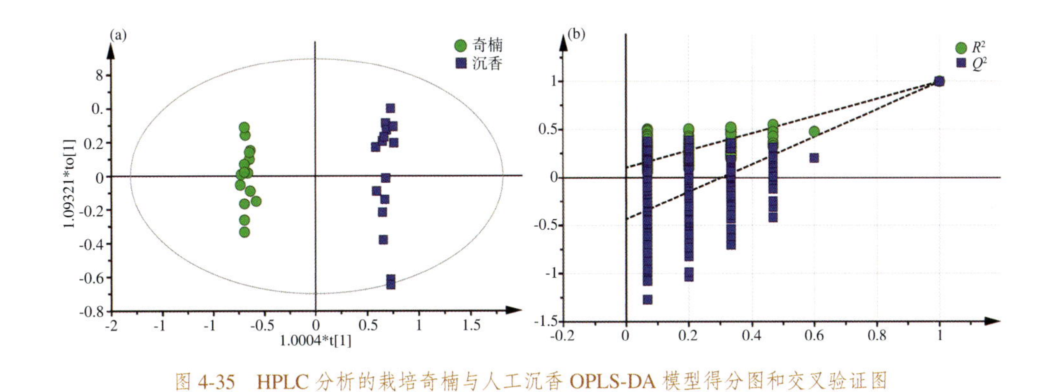

图 4-35　HPLC 分析的栽培奇楠与人工沉香 OPLS-DA 模型得分图和交叉验证图

其远高于 1，说明这两个化合物在栽培奇楠与人工沉香中存在显著差异，同时两个化合物在栽培奇楠中的含量极高，这也是栽培奇楠乙醇提取物含量显著高于人工沉香的重要原因。通过 GC-MS 与 HPLC 两种检测手段获得的化学成分中均发现 2-(2- 苯乙基) 色酮、2-[2-（4- 甲氧基苯基）乙基] 色酮与沉香四醇是区分栽培奇楠与人工沉香的重要化合物。

3. 香气成分对比

香气是判别栽培奇楠和人工沉香的主要依据，著者团队进一步研究了上述钻孔栽培奇楠和火钻人工沉香样品以及白木的香气特点。选取生长环境、树龄、结香方式相同的栽培奇楠和普通白木香树，对获得的栽培奇楠和人工沉香进行气味分析。两种沉香以及白木的整体香气由花香、甜香、木香、青草（新鲜）味、草药香、清凉（薄荷）和辛辣气味组成，其中花香是与玫瑰、栀子花等相关的香气，甜香是与蜂蜜、焦糖、奶油等相关的香气，木香是与杉木、杨木等木材相关的香气，清香是与新鲜切割青草、水果等相关的香气，药香是与当归、黄芪等中草药相关的气息，辛香是与辣椒、胡椒等辛香料相关的气息，清凉是与薄荷相关联的香气。

由感官评价得分雷达图（图 4-36）可知，栽培奇楠与人工沉香在辛香、药香、花香的感官特征上存在差异。人工沉香中各香气的感官特性强度相对均衡，其中药香味和木味相对较突出。栽培奇楠以辛香最为突出，辛香具有尖锐、辛辣而强烈的特点，栽培奇楠的清凉气味在 4 个组中也是最强的，香气感官属性的不平衡可能是栽培奇楠在室温下的气味更为突出的重要原因。因此，栽培奇楠具有较明显的清凉、辛辣气味。白木部分也对栽培奇楠和人工沉香整体香气做出了贡献，如图 4-36 所示，两种沉香白木部分的气味强度较低，主要由木香和清凉气味构成。

进一步采用顶空 - 固相微萃取技术 - 气相色谱 - 嗅闻 - 质谱联用技术（HS-SPME-GC-O-MS）结合直接强度法和频率检测法对栽培奇楠、人工沉香和白木样品进行香气成分分析，获得的气味强度和 GC-MS 图谱如图 4-37 所示，在 2 ~ 10min 时，两个白木组、栽培奇楠和人工沉香组均具有较强的香气强度，且 4 组的气味强度相近。栽培奇楠和人工沉香的挥发物香气成分更为复杂，在不同时间段均存在香气物质，在保留时间 10 ~ 50min 时，栽培奇楠和人工沉香可检测到多种挥发性气味成分，且人工沉香中挥发性物质的含量和香气强度显著高于栽培奇楠。这些化合物在白木组气味强度远低于两种沉香组。同时由图 4-37 可知，不是所有的挥发性物质都具有能被感知的气味特性，对被测样品的香气做出贡献；气味强度高的化合物往往也不是 GC-MS 信号高的分子，化合物相对含量高不表示该化合物对样品的整体气味贡献大。因此，用挥发性物质总含量或者某单一化合物含量来评估样品香气品质的方法并不全面。

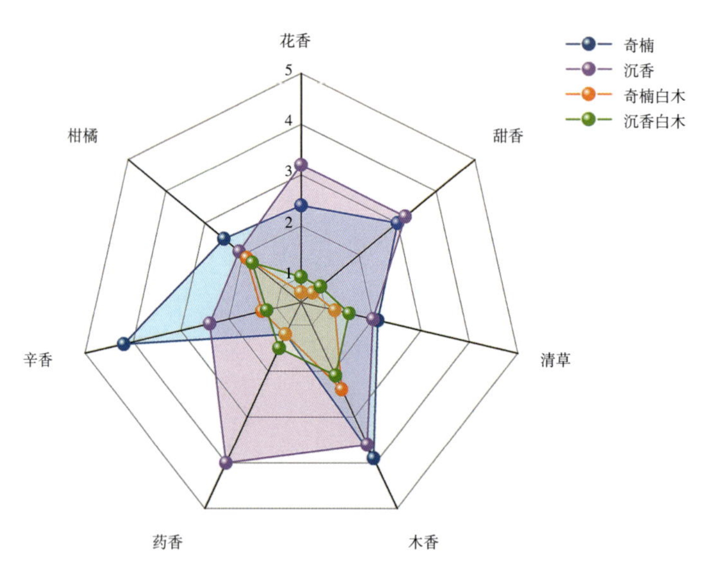

图 4-36 栽培奇楠、人工沉香及其白木感官评价得分雷达图

通过 HS-SPME-GC-O-MS 结合直接强度法和频率检测法共鉴定出栽培奇楠与人工沉香中的 61 种香气物质（FD ≥ 1）。由表 4-6 可知，主要包括脂肪族化合物、芳香族化合物、倍半萜类化合物，其中脂肪族化合物主要为乙酸、己醛、庚醛、辛醛、壬醛、癸醛等，许多芳香族化合物和倍半萜类化合物在之前的研究中已经被报道。沉香的特征成分 2-(2- 苯乙基) 色酮类未被检测到，说明低温条件下（70℃），2-(2- 苯乙基) 色酮类化合物不挥发，不影响奇楠和沉香的气味。

在白木中共检测到 15 种化合物，包括脂肪族化合物、芳香族化合物和倍半萜类化合物。如图 4-37 所示，脂肪族化合物的香气强度更为强烈，他们为沉香白木部分提供了青草、柑橘气味，其中己醛具有强烈的割青草香气，辛醛、壬醛、癸醛具有清新的柑橘香气。由此说明沉香白木部分与树脂部分的挥发物共同构成了沉香复杂的香气特征。

栽培奇楠和人工沉香树脂中芳香族化合物和倍半萜类化合物为其提供了木香、药香、花香或甜香等芳香属性。许多倍半萜类化合物香气类似，且强

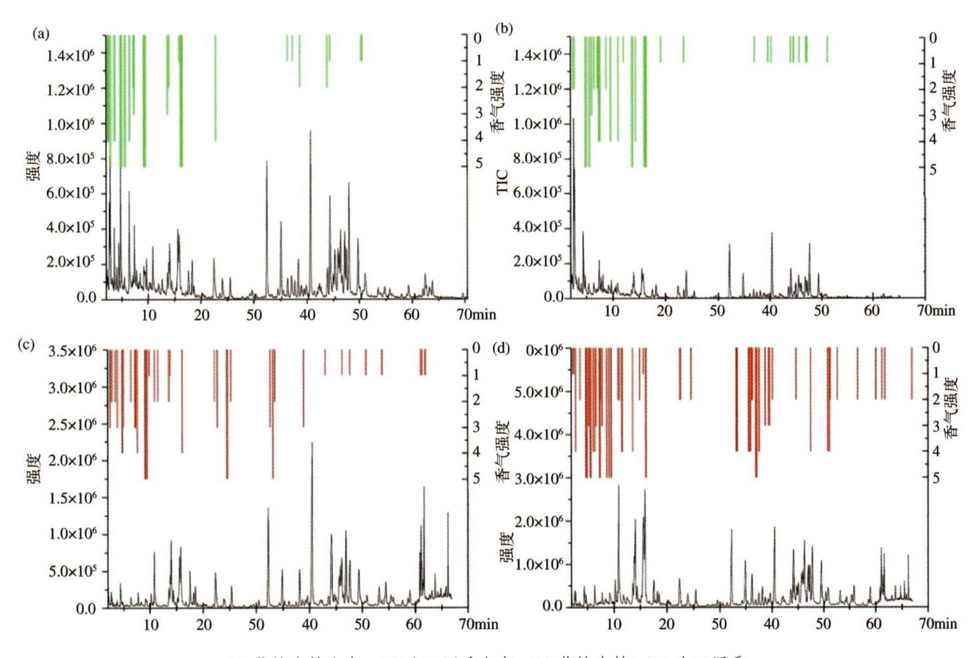

(a) 栽培奇楠白木；(b) 人工沉香白木；(c) 栽培奇楠；(d) 人工沉香

注：黑色线条代表样品的 GC-MS 图谱，绿色与红色线条为香气强度

图 4-37　栽培奇楠与人工沉香 GC-MS 谱图及相应的香气强度

度较低，能够提供连续的甜香、木香、辛辣、薄荷气味（表 4-6），这使得在没有化学标品的情况下，通过质谱难以准确区分化学物质。为了进一步筛选对沉香香气具有重要贡献的化学成分，结合 GC-O 嗅闻检测技术中的香气提取物稀释分析法来量化这些香气活性物质对沉香香气贡献程度。

表 4-6　栽培奇楠与人工沉香中香气活性化合物

编号	推荐化合物		强度和频率			
			奇楠	沉香	奇楠白木	沉香白木
1	己醛	新鲜青草味，水果味，脂肪醛气味	4/5	4/5	5/5	3/5
2	乙基苯	苦味	4/5	5/5	5/5	5/5
3	庚醛	新鲜草药味，脂肪醛气味，葡萄酒糟，臭氧味	2/3	3/4	5/5	5/5
4	辛醛	脂肪醛味，蜡味，柑橘类皮，草药味，脂肪气味	3/5	4/5	3/5	4/5
5	6-甲基-5-庚烯-2-酮	柑橘，霉味，柠檬草，苹果气味	2/4	2/5	2/5	2/5
6	壬醛	蜡，脂肪醛，玫瑰，鸢尾花，橙皮味	5/5	5/5	5/5	5/5
7	顺-4-十四烯	牛奶气味	5/5	5/5	5/5	5/5
8	乙酸	强烈刺激酸味	5/5	5/5	4/5	4/5
9	癸醛	甜味，脂肪醛，蜡，橙皮，柑橘花气味	4/5	4/5	2/4	2/3
10	苯甲醛	强烈刺激苦味，杏仁，樱桃气味	5/5	5/5	5/5	5/5
11	香柑油烯	辛辣，辣椒	5/5	5/5	3/5	3/4
12	反式-*α*-香柑油烯	木味，温暖，茶气味	5/5	5/5	3/5	3/5
13	*β*-榄香烯	甜味	2/3	2/5	/	/
14	*α*-愈创木烯	甜味，树脂，胡椒	1/3	2/5	/	/
15	*α*-布黎烯	温暖木味	/	4/5	/	/
16	香橙烯	木味，薄荷味	1/2	2/4		
17	蛇麻烯	木味	2/5	3/5	5/5	5/5
18	*γ*-芹子烯	木味	1/2	2/4		
19	(4*R*, 4a*S*, 6*S*)-4,4a-二甲基-6-(丙-1-烯-2-基)-1,2,3,4,4a，5,6,7-八氢萘	谷物米饭	2/5	3/5	2/3	/
20	4a，8-二甲基-2-(丙-1-烯-2-基)-1,2,3,4,4a,5,6,7-八氢萘	脂类，辛辣，芝麻	1/3	3/5	/	/
21	*β*-芹子烯	干草	4/5	5/5	/	/
22	*α*-芹子烯	龙涎香	4/5	5/5	/	/
23	雅榄蓝烯	草药味	2/3	1/3	/	/
24	4-Epi-顺-二氢沉香呋喃	药味	1/3	1/3	/	/
25	4a, 5-二甲基-3-(丙-1-烯-2-基)-1,2,3,4,4a,5,6,7-八氢萘-1-醇	玫瑰花，烟熏	4/5	4/5	2/5	2/5

（续）

编号	推荐化合物	强度和频率				
			奇楠	沉香	奇楠白木	沉香白木
26	苄基丙酮	花香	5/5	5/5	2/5	2/5
27	香橙烯氧化物	甜味	4/5	5/5	3/5	/
28	β- 朱栾	新鲜，甜味	4/5	5/5	/	/
29	(-)- 匙叶桉油烯醇	蜜香	4/5	5/5	/	/
30	葎草烷 -1,6- 二烯 -3- 醇	温和，甜，花香	/	2/4	/	/
31	2-(4a, 8- 二甲基 -1, 2, 3, 4, 4a, 5, 6, 7- 八氢 -2- 萘基)- 丙 -2- 烯 -1- 醇	木味	1/3	2/5	/	/
32	β-Oplopenone	木味，烟熏	1/3	1/5	/	/
33	顺 - 桉叶烷 -6- 烯 -11- 醇	花香	4/5	5/5	/	/
34	环氧化葎草烯	花香，甜味，灰尘	1/3	3/5	/	/
35	异香橙烯氧化物	烟熏，灰尘	4/5	5/5	/	/
36	榄香醇	辛辣，柑橘类，树脂	-	2/5	/	/
37	(E)- 异瓦伦醛	薄荷草药	2/5	4/5	/	/
38	愈创木醇	玫瑰，粉尘	2/5	5/5	/	/
39	绿花百千层醇	甜味，绿色草药，热带水果，薄荷	1/3	5/5	/	/
40	epi-γ- 桉叶醇	甜味，木味	2/5	3/5	/	/
41	γ- 桉叶醇	蜡，甜味	/	2/4	/	/
42	蓝桉醇	木味	/	1/3	/	/
43	α- 檀香醇 -	檀香木味	1/5	2/5	1/3	1/4
44	柏木烷 -8,13- 二醇	灰尘	1/5	2/5	1/4	1/3
45	β- 桉叶醇	木味	2/5	3/5	/	/
46	沉香螺醇	辛辣，胡椒，木味	1/5	2/5	/	/
47	布藜醇	强烈玫瑰花味	1/5	2/5	/	/
48	苍术醇	辛辣	1/5	2/5	/	/
49	反式 - 愈创木 -11- 烯 -10- 醇	灰尘，木味	2/4	2/5	2/5	1/4
50	α- 桉叶醇	木味，青草	2/5	2/5	2/5	1/4
51	缬草醛	木味，草药味	1/5	2/5	/	/
52	马鞭草烯酮	木味	1/5	2/5	/	/
53	缬草醇	臭味，木味	1/5	2/5	/	/
54	芹子 -6- 烯 -4α- 醇	木味，草药味	/	2/5	/	/
55	桉叶烷 -7(11)- 烯 -4- 醇	木味	1/5	2/5	/	/
56	圆柚酮	葡萄皮，柑橘，栀子花，木味	1/5	2/5	/	/
57	Thunbergol	新鲜树叶	1/4	3/5	1/5	1/5
58	木香醇	新鲜树叶，花香	1/4	3/5	1/5	1/5
59	异椰油酸甲酯	木味，草药味	1/4	2/5	/	/
60	2,3,4,4a,5,6,7- 八氢 -1,4a- 二甲基 -7- 异丙基 -2- 萘酚	木味，草药味	1/4	2/5	/	/
61	穿心莲内酯	木味	1/5	2/5	/	/

GC-O 嗅闻检测技术中的 AEDA 方法可通过 FD 值快速筛选出关键香气物质，特别适用于标准品少，气味分子组成复杂的样品的香气研究。为了量化栽培奇楠和人工沉香中每种香气成分的 FD 值，通过改变 GC 的分流比进行逐步稀释。在栽培奇楠和人工沉香中共鉴定出 20 种 FD ≥ 3 的香气成分（表 4-7），在白木中有 12 个关键香气成分 FD ≥ 3，这些成分包括脂肪醛化合物、芳香族化合物和倍半萜类化合物。

脂肪醛类化合物主要为白木部分提供气味，具有强烈气味，但 FD 较低，仅有壬醛的 FD ≥ 9，壬醛具有蜡、脂肪醛、玫瑰、鸢尾花、橙皮味等特征气味。己醛、辛醛也来自白木，这两种化合物的 FD 值均为 3，己醛具有强烈的青草香气，辛醛具有清新的柑橘香气。值得注意的是，虽然脂肪醛类化合物的香气强度与倍半萜类化合物相当，甚至高于多数检测到的倍半萜类化合物，但其 FD 值并不高，具有最高稀释因子的化合物为倍半萜类和芳香族化合物，这一结果示脂肪醛类化合物对沉香气味贡献有限。

芳香族化合物乙基苯、苯甲醛和苄基丙酮的 FD ≥ 3。苄基丙酮具有甜蜜的花香，在栽培奇楠和人工沉香中的 FD 均高达 81，对沉香整体的花香气味的呈现具有重要贡献。苯甲醛具有杏仁味的香气属性，其 FD 值为 27，对沉香香气的形成也具有重要贡献。且这两个化合物在室温下均有浓烈的特征气味，因此推测芳香族化合物对沉香香气特别是较低温度下气味的呈现具有重要贡献。倍半萜类化合物是沉香树脂中的重要特征成分，也是对沉香香气具有最重要贡献的成分，这类化合物主要为沉香提供了木香、药香、辛香、花香或甜香气息。在栽培奇楠和人工沉香中，4a,5- 二甲基 -3-（丙 -1- 烯 -2- 基）-1,2,3,4,4a,5,6,7- 八氢萘 -1- 醇和（-）- 匙叶桉油烯醇的 FD 高达 81，贡献了栽培奇楠和人工沉香中强烈的花香和甜香。且关键香气成分中的大多数的倍半萜类都只在栽培奇楠和人工沉香的稀释样本中能检测到（表 4-7），这一结果也表明栽培奇楠和人工沉香中的特征香气主要来源于树脂部分的芳香族和倍半萜类化合物，印证了市场以树脂含量作为沉香品质评价的重要经验指标的合理性。

除了苄基丙酮（花香）、4a,5- 二甲基 -3-（丙 -1- 烯 -2- 基）-1,2,3,4,4a,5,6,7-

八氢萘 -1- 醇（玫瑰花香、烟熏）和匙叶桉油烯醇（蜜香）这三个化合物，人工沉香中 FD ≥ 81 的化合物还有（E）- 异瓦伦醛（草药）和愈创木醇（玫瑰、粉尘），这些化合物具有最高的 FD，共同平衡组成了沉香的花香、草药、玫瑰花、辛辣和清凉气味特征。其中（E）- 异瓦伦醛（草药）和愈创木醇（玫瑰，粉尘）在栽培奇楠中的 FD 分别仅为 27 和 9。另一个倍半萜类化合物顺 - 桉叶烷 -6- 烯 -11- 醇（花香）在人工沉香中的 FD ≥ 27，也高于栽培奇楠（FD ≥ 9）。其他具有辛辣和清凉气味的关键香气成分（柑油烯、苯甲醛、绿花白千层醇等）的 FD 在人工沉香和栽培奇楠中没有差别。因此推测，嗅闻检测人员能够从栽培奇楠中辨别到更为强烈的清凉和辛辣气味，可能是气味识别过程中，这类气味化合物没有被花香、蜜香、草药香气的化合物掩盖。人工沉香和栽培奇楠中 FD ≥ 27 的倍半萜类化合物为榄香烯和 α- 芹子烯，分别为沉香提供了甜味和龙涎香味。FD ≥ 3 的倍半萜类化合物对沉香的整体香气也具有一定的贡献，如香橙烯环氧化物、β- 朱栾、异香橙烯环氧化物、绿花白千层醇分别具有甜香、草药香、果香、甜薄荷果香等丰富的香气特征，这些关键香气成分对于沉香复杂独特气味的形成均有贡献。

栽培奇楠和人工沉香不仅关键香气成分存在一定差异（表 4-7），其挥发物的种类和含量也存在差异，人工沉香在保留时间 10 ~ 20min 化合物的种类、信号强度以及香气强度均高于栽培奇楠，如反 -α- 香柑油烯（木香）、α- 愈创木烯（木香、辛香）、α- 布黎烯（木香）、蛇麻烯（木香）等，这些化合物以挥发性较高且不含氧原子的倍半萜类化合物为主，且这些倍半萜类化合物大多具有花香、木香的香气属性。在保留时间 40 ~ 50min，人工沉香中化合物的种类、强度同样高于栽培奇楠，这部分化合物主要为蓝桉醇（玫瑰花香）、α- 桉油醇（花香）、Isobalenecenal（药香）等次要香气成分，这些化合物属于沸点较高的化合物，挥发温度比脂肪醛、芳香族和不含氧的倍半萜类高，推测此类化合物对沉香的持久香气具有重要贡献，能够为沉香持续提供花香、药香、木香等特征气味。这些化合物差异可能导致栽培奇楠和人工沉香气味的持久性存在差异。这一推测尚待进一步研究证实。

表 4-7 栽培奇楠与人工沉香中的关键香气化合物

序号	推荐化合物	气味特征	稀释因子 FD			
			QN	OA	QW	OW
1	己醛	新鲜青草味，水果味，脂肪醛气味	3	3	3	3
2	乙基苯	苦味	3	3	3	3
3	庚醛	新鲜草药味，脂肪醛气味，葡萄酒糟，臭氧味	3	3	3	3
4	辛醛	脂肪醛味，蜡味，柑橘类皮，草药味，脂肪气味	9	9	9	9
5	苯甲醛	强烈刺激甜苦味，杏仁，樱桃气味	27	27	27	27
6	香柑油烯	辛辣，辣椒	9	9	3	3
7	*β*- 榄香烯	甜味	27	27	3	3
8	*β*- 芹子烯	干草	9	9	3	3
9	*α*- 芹子烯	龙涎香	27	27	9	9
10	雅榄蓝烯	草药味	3	3	/	/
11	4a,5- 二甲基 -3-(丙 -1- 烯 -2- 基)-1,2,3,4,4a,5,6,7- 八氢萘 -1- 醇	玫瑰花香，烟熏味	81	81	3	3
12	苄基丙酮	花香	81	81	3	3
13	香橙烯氧化物	甜味	3	3	/	/
14	*β*- 朱栾	新鲜，甜味	3	3	/	/
15	(-)- 匙叶桉油烯醇	蜜香	81	81	/	/
16	顺 - 桉叶烷 -6- 烯 -11- 醇	花香	9	27	/	/
17	异香橙烯氧化物	烟熏，灰尘	3	3	/	/
18	(E)- 异瓦伦醛	薄荷，草药	27	81	/	/
19	愈创木醇	玫瑰，粉尘	9	81	/	/
20	绿花白千层醇	甜，绿色草药，热带水果，薄荷	3	3	/	/

香气感知是香气活性化合物释放到相应感官的复杂过程，研究表明复杂的香气组成中普遍存在成分间互相作用的现象。沉香在保留时间 10 ~ 20min 的化合物多为不含氧原子的烯类倍半萜化合物，具有相似的结构，且香气特征相似，其香气可能具有加成作用，虽然这些化合物的稀释因子相对较低，但在香气加成作用下可为人工沉香提供木香、甜香的气息。对于保留时间 40 ~ 50min 的化合物多是含有氧原子的醇、醛类倍半萜类化合物，如蓝桉醇（玫瑰花香）、*α*- 桉油醇（花香）、(E)- 异瓦伦醛（药香）结构相似，且香型也具有相近的特性，因此这些化合物之间可能存在协同作用，增强了沉香中的花香、药香、木香的香气。具有甜香、木香香型的物质更多地存在于人工沉香中，这些有甜香、木香香型的物质有助于平衡沉香中气味尖锐的辛香香气。

因此人工沉香中的甜香、木香以及药香味更为突出，栽培奇楠中由于缺少这些甜香、木香的香气成分，表现出较强烈的辛香气味属性。

4. 熏香成分对比

沉香除在室温和低温加热条件下使用，还被广泛应用于燃香和熏香。因此有必要进一步研究温度对沉香挥发的气味分子组成的影响，并比较不同温度下，栽培奇楠和人工沉香挥发物的差别。

为了更好地模拟沉香香气成分的释放，选用顶空代替固相微萃取技术采集挥发性成分，探究从低温到高温（60℃、100℃、140℃、180℃）沉香中的挥发性及气味成分的释放规律。由栽培奇楠（图 4-38a）和人工沉香（图 4-38b）在不同加热温度下的 HS-GC-MS 图谱可知，随温度升高，检测到挥发物的种类和强度不断增加。当温度低于 60℃时，在栽培奇楠和人工沉香样品中均未检测出明显的挥发性化学成分，这主要与顶空前处理方式及 GC-MS 检测器灵敏度有关，前文研究结果表明在低温下经过 SPME 萃取后能够检测到大量挥发性成分，且两者气味强度具有一定区别；当温度达到 100℃时出现芳香族化合物以及倍半萜类化合物；当温度达到 140℃和 180℃时挥发性成分的种类及含量进一步增加。加热温度为 180℃时，保留时间前 15min 出现的芳香族化合的含量显著增加，同时在保留时间 45 ~ 55min 出现了分子量较大、含氧原子较多、挥发温度较高的倍半萜类化合物。栽培奇楠中出现大量挥发性较

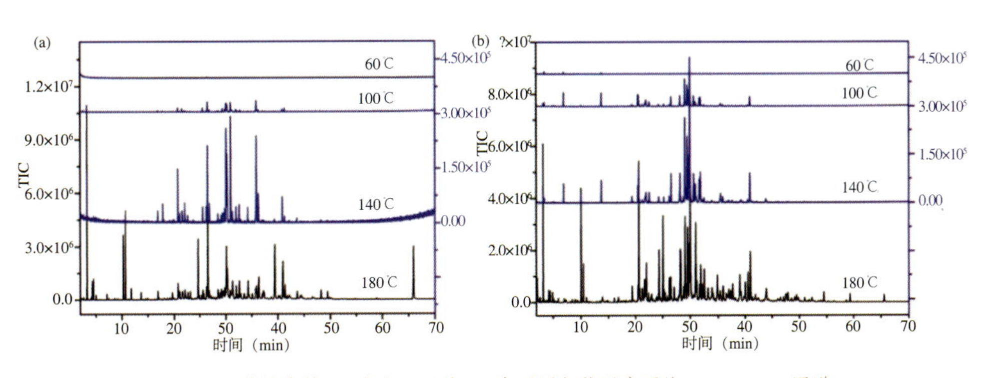

图 4-38　栽培奇楠 (a) 和人工沉香 (b) 在不同加热温度下的 HS-GC-MS 图谱

差的 2-(2- 苯乙基) 色酮，人工沉香仅出现少量 2-(2- 苯乙基) 色酮，但其他类型的 2-(2- 苯乙基) 色酮类化合物未被检测到，尽管这些色酮在人工沉香提取物中大量存在。

因在 60℃未成功鉴定出化学成分，著者团队统计了栽培奇楠和人工沉香在 100 ~ 180℃下释放的挥发性成分的相对含量（图 4-39）。加热温度为 100℃、140℃和 180℃时，栽培奇楠中芳香族化合物相对含量分别为 2.55%、5.43%、19.2%，人工沉香中芳香族化合物相对含量分别为 4.13%、5.43% 和 11.13%。随着温度的升高，栽培奇楠和人工沉香中的芳香族化合物相对含量急剧增加，其中大部分化合物在低温下即使经 SPME 浓缩也未检出。芳香族化合物相对含量的增加是由色酮类化合物在高温下裂解导致的。2-(2- 苯乙基) 色酮可裂解产生苯甲醛，2-[2-(4- 甲氧基苯基) 乙基] 色酮可裂解产生茴香醛。栽培奇楠加热过程中芳香族化合物的强度显著高于沉香，尤其是苯甲醛的强度，这与栽培奇楠树脂中含有大量的 2-(2- 苯乙基) 色酮具有密切关系。虽然 2-(2- 苯乙基) 色酮在人工沉香中的含量极低，但 180℃加热过程中仍然产生了一些苯甲醛，这可能是由于沉香中的沉香四醇等色酮类化合物通过加热同

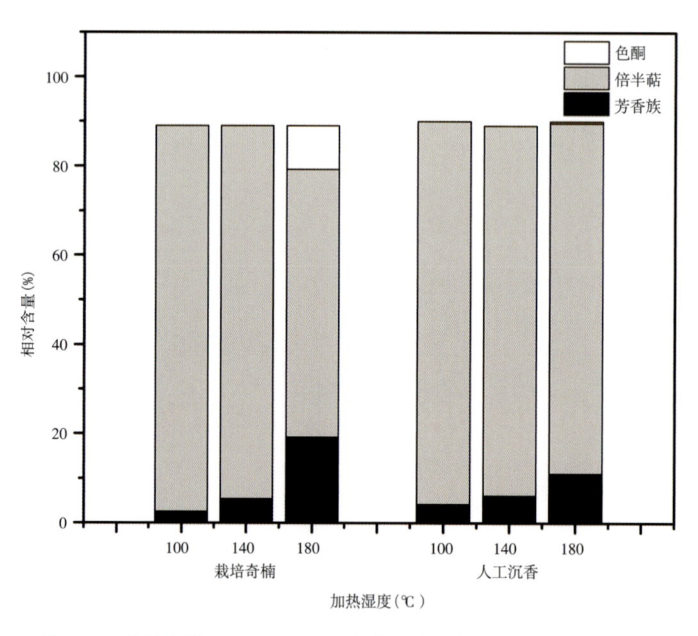

图 4-39　栽培奇楠和人工沉香不同加热温度下挥发性物质的相对含量

样能够裂解产生苯甲醛。这些裂解产生的芳香族化合物大多具有香甜或青草气息，进一步丰富了加热时栽培奇楠和人工沉香的香味。

为了探究栽培奇楠和人工沉香在较低温度以及高温下挥发性成分的差异，对低温（100℃）和高温（180℃）下两种沉香的挥发性成分强度进行了对比分析。在100℃时，栽培奇楠（图4-40a）挥发性成分峰强度低于人工沉香（图4-40b），当加热温度达到180℃时，两者挥发性成分的释放量无明显区别（图4-41）。倍半萜类化合物的挥发温度比色酮类化合物挥发温度低，因此在温度较低时，人工沉香和栽培奇楠释放的化合物都以倍半萜类化合物为主，而栽培奇楠中色酮类化合物含量高于人工沉香，但倍半萜类化合物的相对含量低

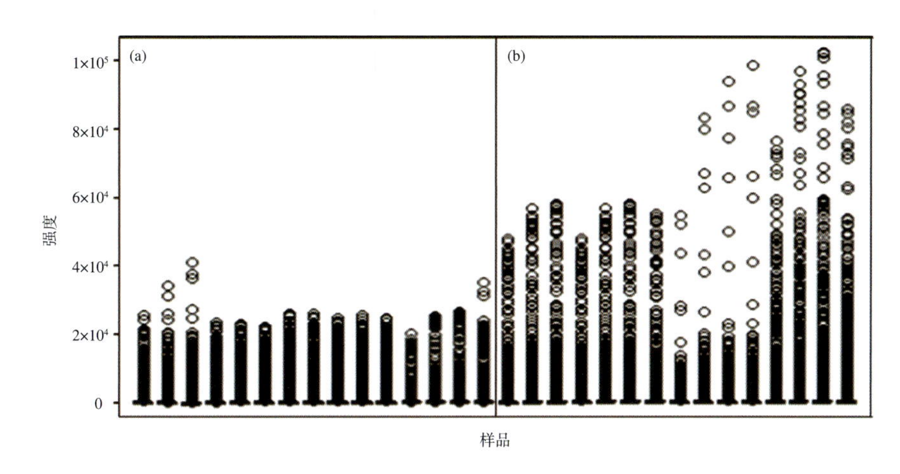

图4-40　100℃下加热过程中栽培奇楠(a)和人工沉香(b)的挥发性成分强度

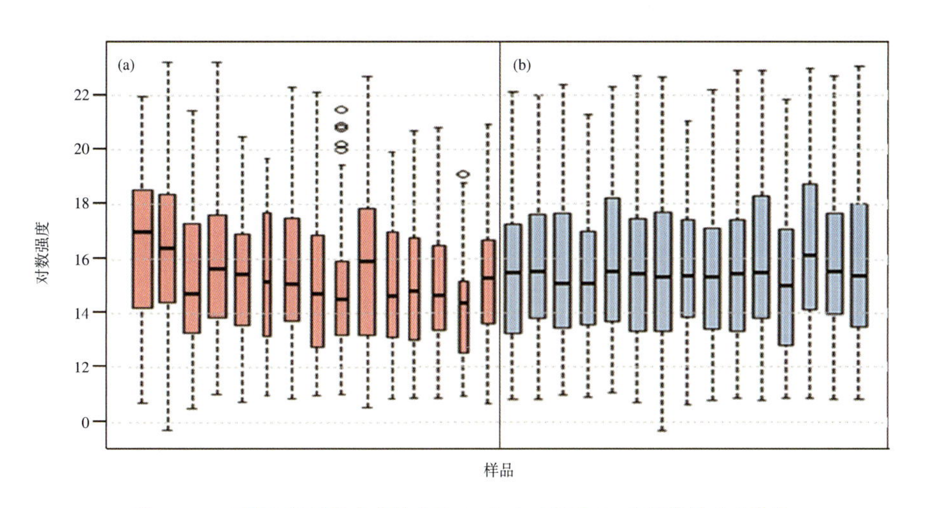

图4-41　180℃加热过程中栽培奇楠(a)与人工沉香(b)的挥发性成分强度

于沉香，因此人工沉香中挥发性成分峰强度高于栽培奇楠（图 4-40）。随着温度升高，倍半萜成分释放加快，且色酮类化合物也会部分挥发，同时色酮类化合物发生裂解产生芳香族化合物，这使得栽培奇楠释放的挥发性成分强度整体显著增加。而在人工沉香中色酮类化合物尤其是 2-(2- 苯乙基) 色酮与 2-[2-(4- 甲氧基苯基) 乙基] 色酮含量低，释放的色酮类化合物很少，通过色酮裂解产生的芳香族化合物也较低（图 4-39），温度升高挥发性成分增加以倍半萜类为主，因此统计结果显示两者释放化合物的整体强度相近（图 4-41）。

对 180℃加热温度下的 HS-GC-MS 数据进行 OPLS-DA 模型分析（图 4-42a），OPLS-DA 模型得到变量 R^2（X）为 53.2%，R^2（Y）为 98.4%，Q^2 为 91.7%，该模型具有良好的预测能力。此外，对该模型进行 800 次置换交叉验证其有效性。结果表明（图 4-42b），该模型没有过拟合风险（R^2=0.137<0.5，Q^2=-0.468<0），且具有显著的统计学意义。

如图 4-42 所示，OPLS-DA 得分图显示栽培奇楠与人工沉香样品可以完全分离。评分区左侧为栽培奇楠，右侧为人工沉香，由此说明栽培奇楠与人工沉香在 180℃加热过程中产生的挥发性成分存在显著差异。如表 4-8 所示，根据 VIP 值选出 18 个栽培奇楠与人工沉香显著差异化合物，这些差异化合物包括对沉香香气有重要贡献的苯甲醛、苄基丙酮等。除苯甲醛和苄基丙酮，更多的芳香族化合物如苯乙酮、香草醛、茴香酮，只在加热后的人工沉香和栽培奇楠中出现，推测这些化合物是沉香中色酮类裂解产生的。人工沉香中苄基丙

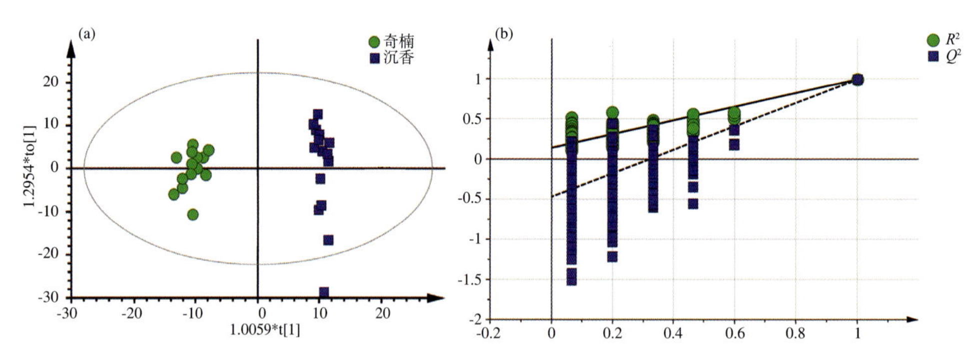

图 4-42　HS-GC-MS 分析的栽培奇楠与人工沉香 OPLS-DA 模型得分图 (a) 和交叉验证图 (b)

酮的强度高于栽培奇楠，这可能与沉香中的沉香四醇高温可裂解产生苄基丙酮有关。而栽培奇楠富含2-(2-苯乙基)色酮，高温加热不仅可裂解释放苯甲醛，还能部分挥发，因此这两个化合物在栽培奇楠中更高。人工沉香中苄基丙酮、(-)-匙叶桉油烯醇、(E)-异瓦伦醛更高，这些化合物都对沉香气味贡献较大，表明加热后的人工沉香可具有更丰沛的花香、蜜香和草药气味，这些化合物可能是导致栽培奇楠和人工沉香在高温下香气差异的主要化合物。

表 4-8 熏香过程中区分栽培奇楠与人工沉香的主要化合物

序号	推荐化合物	Cas. No	TIC (log_2)		气味特征
			沉香	奇楠	
1	糠醛	98-01-1	18.54	19.84	强烈的青草气味，带有水果气味
2	苯甲醛	100-52-7	13.30	18.14	强烈刺激的甜苦味，杏仁、樱桃气味
3	甲氧基甲苯	538-86-3	14.89	17.18	水果、依兰、风信子花气味
4	苯乙酮	98-86-2	19.85	21.11	甜，山楂、含羞草、杏仁、金合欢气味
5	香草醛	121-33-5	16.99	16.91	甜，香草、乳脂巧克力
6	苄基丙酮	2550-26-7	17.33	16.87	花香
7	α-愈创木烯	3691-12-1	15.98	15.62	泥土、草药、果味
8	茴香酮	104-20-1	17.58	17.16	甜，树莓干、玫瑰、樱桃气味
9	α-布藜烯	3691-11-0	15.74	17.72	温暖木味
10	艾莫里烯	10219-75-7	16.63	18.28	草药
11	(-)-匙叶桉油烯醇	77171-55-2	19.61	14.32	蜜香
12	葎草烷-1,6-二烯-3-醇	/	14.29	19.22	温和甜花香
13	沉香螺醇	1460-73-7	19.18	17.57	辛辣木味
14	布藜醇	22451-73-6	15.11	16.25	强烈玫瑰味
15	圆柚酮	4674-50-4	18.79	20.64	葡萄皮、柑橘、栀子、木味
16	木香醇	515-20-8	14.94	17.83	新鲜树叶、花香
17	(E)-异瓦伦醛	137695-18-2	17.83	16.53	薄荷、草药
18	2-(2-苯乙基)色酮	61828-53-3	14.02	20.00	燃烧后呈现沉香气味

5. 燃香成分对比

沉香线香是最主要的沉香产品之一，其香气需要点燃释放。著者团队通过GC-MS研究了栽培奇楠、人工沉香以及白木线香燃烧过程中产生烟气的化学成分。图4-43、图4-44和图4-45分别表示了白木线香、栽培奇楠线香和人工沉香线香燃烧后产生的烟气成分的GC-MS谱图。栽培奇楠燃香产生的烟气成分中主要存在 36 个化合物，人工沉香主要存在 36 个，两者共(续)45 个化合物，包括 10 个脂肪族化合物（乙酸、丙酸、棕榈酸、硬脂酸、壬醛、癸醛、1- 十五烯、1- 十七烯、1- 十九烯、二十一烷）、21 个芳香族化合物（糠醛、糠醇、苯乙炔、苯乙烯、2(5H)- 呋喃酮、苯甲醛、苯酚、对甲基苯甲醚、对愈创木酚、对甲酚、麦芽酚、对甲氧基苯乙烯、萘、苄基丙酮、茴香醛、苯并 -γ- 吡喃酮、香草醛、二苯并呋喃、茴香丙酮、2- 甲基色酮、丁香醛）、12 个倍半萜类化合物（香橙烯环氧化物、γ- 榄香烯、姜黄酚、顺 - 桉叶烷 -6- 烯 -11- 醇、紫蜂斗菜烯、α- 乙酸阔叶缬草醇酯、缬草烯醛、异香橙烯环氧化物、α- 桉叶油醇、香橙烯、蓝桉醇、沉香螺旋醇）和 2 个色酮类化合物（2-(2- 苯乙基）色酮、2-[2-(4- 甲氧基苯基）乙基] 色酮。表 4-9 整理了其中相对含量较高的 24 种化合物。

表 4-9　两种沉香线香烟气成分定性结果

序号	保留时间 (min)	相似度	RI 值	推荐化合物	分子量	分子式	相对含量	
							栽培奇楠	人工沉香
1	1.58	98	876	乙酸	60	$C_2H_4O_2$	0.58	6.37
2	2.98	95	909	糠醛	96	$C_5H_4O_2$	0.18	2.34
3	3.34	92	919	糠醇	98	$C_5H_6O_2$	0.15	1.04
4	3.60	94	925	苯乙烯	102	C_8H_6	0.05	/
5	5.45	98	969	苯甲醛	106	C_7H_6O	0.50	1.53
6	6.66	98	998	苯酚	94	C_6H_6O	0.99	4.02
7	11.48	98	1110	麦芽酚	126	$C_6H_6O_3$	1.20	9.63
8	14.72	96	1169	萘	128	$C_{10}H_8$	0.19	0.72
9	18.60	96	1237	苄基丙酮	148	$C_{10}H_{12}O$	0.29	3.84
10	19.09	96	1245	对甲氧基苯甲醛	136	$C_8H_8O_2$	0.62	2.26
11	26.84	95	1374	苯并 -γ- 吡喃酮	146	$C_9H_6O_2$	0.32	/
12	33.63	85	1488	二苯并呋喃	168	$C_{12}H_8O$	0.21	/
13	33.73	94	1490	茴香丙酮	178	$C_{11}H_{14}O_2$	/	5.61
14	34.46	91	1502	2- 甲基色酮	160	$C_{10}H_8O_2$	2.11	/
15	41.71	86	1632	蓝桉醇	222	$C_{15}H_{26}O$	0.21	0.46
16	41.97	90	1637	沉香螺旋醇	222	$C_{15}H_{26}O$	0.18	1.83
17	42.87	91	1654	丁香脂素	182	$C_9H_{10}O_4$	0.91	2.68
18	49.45	95	1779	4a,5- 二甲基 -3-（1- 甲基亚乙基）-4,4a,5,6,7,8- 六氢 -2（3H）- 萘酮	218	$C_{15}H_{22}O$	0.58	1.41
19	50.91	75	1806	α- 乙酸阔叶缬草醇酯	280	$C_{17}H_{28}O_3$	1.40	0.91

序号	保留时间 (min)	相似度	RI 值	推荐化合物	分子量	分子式	相对含量	
							栽培奇楠	人工沉香
20	51.06	75	1809	缬草醛	218	$C_{15}H_{22}O$	0.37	2.60
21	53.93	81	1858	异香橙烯环氧化物	220	$C_{15}H_{24}O$	0.80	/
22	59.86	75	1955	α- 桉叶油醇	222	$C_{15}H_{26}O$	0.53	2.59
23	77.67	96	2304	2-(2- 苯乙基) 色酮	250	$C_{17}H_{14}O_2$	72.93	8.39
24	87.02	96	2562	2-[2-(4- 甲氧基苯基) 乙基] 色酮	280	$C_{18}H_{16}O_3$	4.74	/

与上述溶剂提取物和熏香的分析数据相比，线香燃烧后形成的烟气中含有较多的低分子量挥发性成分。有些化合物如脂肪族类、糠醛、糠醇等可能来源于线香中木材部分的高温裂解。有些芳香族化合物如对甲氧基苯甲醛、苯并 -γ- 吡喃酮以及 2- 甲基色酮等，来源于沉香特征成分色酮类化合物的高温裂解。这些低分子量的挥发性成分多具有强烈且独特的气味属性，能够赋

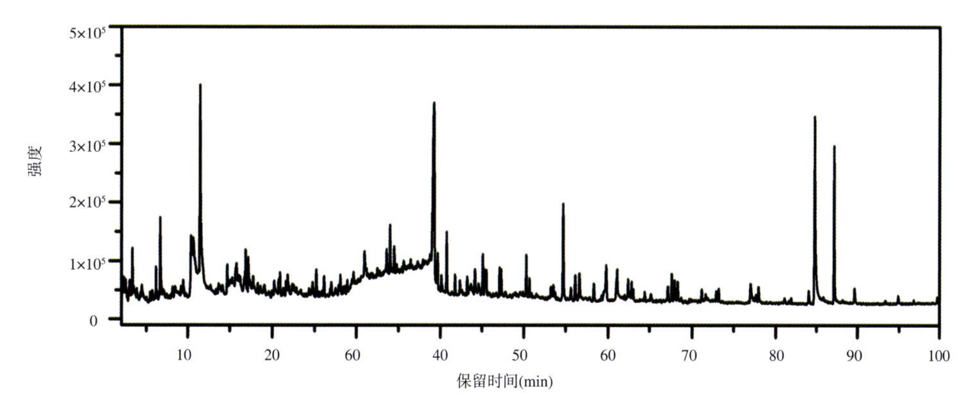

图 4-43　白木线香燃香烟气成分 GC-MS 图谱

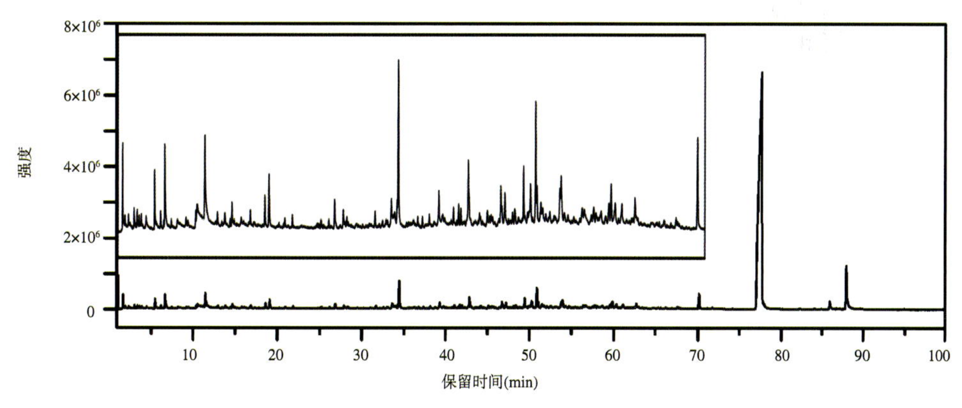

图 4-44　栽培奇楠线香燃香烟气成分 GC-MS 图谱

予线香烟气丰富的气味。倍半萜类化合物易挥发，在燃香过程中大部分倍半萜类化合物仍以原有形式挥发至空气中（表4-9）。由图4-45和图4-46可知，沉香制成的线香燃烧后释放的烟气成分复杂多变，是沉香燃香独特馥郁气味的物质基础，也是沉香香韵无法人工合成的重要原因。

栽培奇楠和人工沉香的烟气成分来源复杂，主要由树脂中的挥发性物质、裂解产物以及木材裂解产物组成。栽培奇楠、人工沉香和白木的烟气成分中差异最大的成分是2-(2-苯乙基)色酮。白木线香的烟气中未检测到此成分，在栽培奇楠线香烟气中检测到大量的2-(2-苯乙基)色酮和2-[2-(4-甲氧基苯基)乙基]色酮。其中与人工沉香差异最大的成分是2-(2-苯乙基)色酮，在

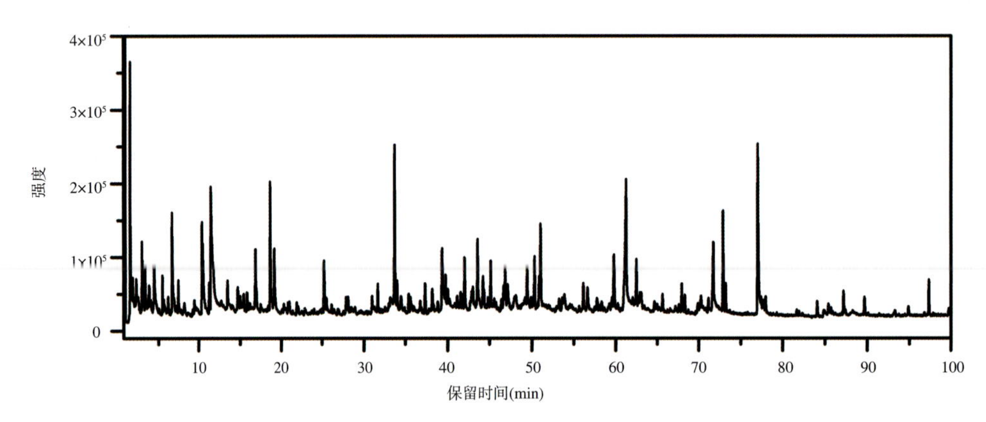

图4-45　人工沉香线香燃香烟气成分GC-MS图谱

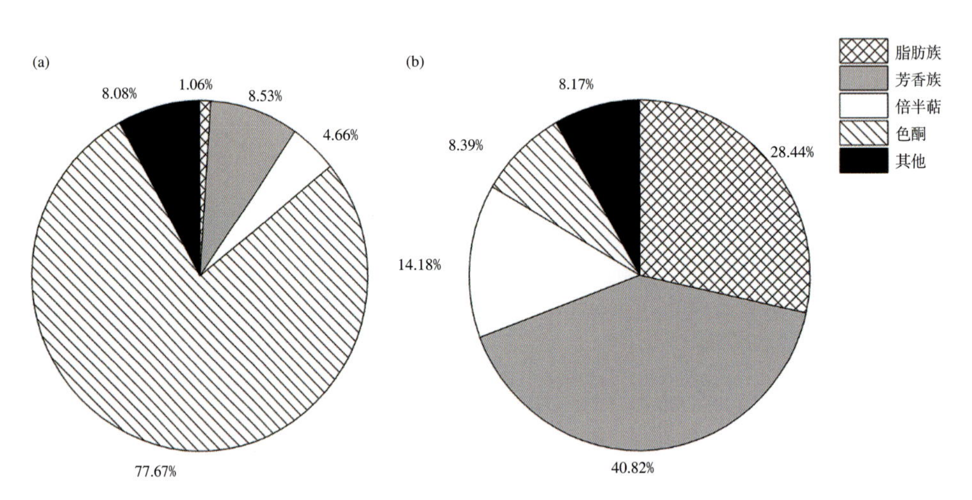

图4-46　栽培奇楠(a)与人工沉香(b)烟气成分中各类物质占比

栽培奇楠线香的烟气中该色酮相对含量为 72.93%，而人工沉香仅为 8.39%。这是由于栽培奇楠中该色酮含量极高，在燃烧过程中部分挥发至空气中成为烟气成分的一部分。如图 4-46 所示，由于栽培奇楠烟气成分中含有大量的色酮类化合物（77.67%），从而导致其倍半萜类化合物（4.66%）、芳香族化合物（8.53%）和脂肪族化合物（1.06%）的相对含量较人工沉香低，而人工沉香中色酮类化合物、倍半萜类化合物、芳香族化合物和脂肪族化合物的相对含量分别为 8.39%、14.18%、40.82% 和 28.44%。以上结果说明沉香烟气成分组成与其树脂化学组成密切相关，这就解释了为何不同种类沉香制得的线香燃烧后的香气存在差异。

栽培奇楠、人工沉香和白木线香的烟气成分中检测到大量的脂肪族化合物。当温度在 150 ~ 250 ℃时，木材中的半纤维素会发生降解反应，产生甲酸、乙酸、丙酸，当加热温度在 250 ~ 500 ℃时，木材绝大部分组分均发生强烈的裂解反应产生脂肪族化合物以及酚类物质。由此可推断烟气中脂肪族化合物以及部分芳香族化合物为木材高温燃烧裂解产物。栽培奇楠和人工沉香线香烟气中脂肪族类化合物也存在一定差异，一些长链脂肪族化合物如棕榈酸、硬脂酸等仅在人工沉香线香的烟气成分中检测到，而在栽培奇楠线香烟气成分中未检测到。

栽培奇楠、人工沉香和白木线香的烟气成分中存在糠醛、苯酚、对甲基苯甲醚等多种芳香族化合物，两种沉香线香的芳香族化合物种类也有一定差异。人工沉香的线香烟气中没有苯并 -γ- 吡喃酮、二苯并呋喃、苯乙炔、2-甲基色酮这 4 种物质，而栽培奇楠的线香烟气中没有检测到茴香丙酮。栽培奇楠线香烟气中的芳香族化合物相对含量较多的成分为 2- 甲基色酮、麦芽酚、苯酚、丁香醛、茴香醛、苯甲醛、苯并 -γ- 吡喃酮，占其总芳香族化合物的 80%，而人工沉香线香烟气中芳香族化合物相对含量较多的成分为麦芽酚、茴香丙酮、苯酚、苄基丙酮、对甲酚、对甲基苯甲醚、糠醛，占其总芳香族化合物的 80%。如前所述，不同种类色酮高温裂解释放的芳香族化合物也不同，因此燃烧烟气中的这种差异也主要源于栽培奇楠和人工沉香树脂部分化学成分的差异。笔者在栽培奇楠线香烟气中发现苯并-γ-吡喃酮和2-甲基色酮两化合物，这两个化合的结构与色酮类化合物部分结构类似，说明燃烧高温能进一步使沉香中色酮类裂解释放更多种类的芳香族化合物，丰富沉香气味。有些芳香族化合物如苄基丙酮是沉香树脂中的常见成分，其挥发性强，极易挥发到空气中，因此不仅在高温烟气成分中检测到，室温和熏香中也能检测到。

栽培奇楠与人工沉香线香中的烟气成分存在大量倍半萜类化合物。烟气成分中的倍半萜类化合物与前述提取物和熏香中的倍半萜类化合物相似，这是由于倍半萜类化合物具有较高的热稳定性，只有在加热温度达到500℃以上时，结构才会发生变化，因此线香在点燃后沉香中的部分倍半萜类化合物仍以原有形式挥发至空气中。周瑢（2016）仅在部分沉香样品燃烧后的烟气成分中检测到少量的倍半萜类化合物，但检测到大量的单萜类化合物，这些单萜类化合物是由倍半萜类化合物裂解产生，说明当沉香燃烧温度过高时，倍半萜同样会发生裂解。倍半萜类化合物具有多种生物活性，也是沉香具有药理作用的重要原因之一，其中沉香螺旋醇具有安定中枢神经的作用，能够延长小鼠睡眠时间，降低小鼠自发运动，α-桉叶油醇可用于治疗三叉神经血管系统中的神经源性炎症，例如偏头痛。

栽培奇楠与人工沉香线香的烟气成分中的主要香气的物质仍以芳香族化合物和倍半萜类化合物为主。其中芳香族化合物分子量低且沸点较低，挥发相对较快，香气浓郁，具有甜香、花香等香气属性。而分子量较大的倍半萜类化合物挥发相对较慢，但香气更为持久并有穿透力，倍半萜类化合物除了具有花香、甜香等香气属性外，还具有温暖的木香及中草药等沉香香气特征，两者共同作用赋予沉香燃香独特丰富的香气。

由于栽培奇楠树脂中含有大量的2-(2-苯乙基)色酮和2-[2-(4-甲氧基苯基)乙基]色酮，两者在燃烧过程中产生的更多的苯甲醛与茴香醛，两者均具有强烈的甜香气，苯甲醛还具有杏仁的香气，茴香醛具有山楂的香气，两者与其他香气物质的混合共同构成了奇楠独有的气味，因此栽培奇楠与人工沉香相比，点燃后的香味变化多。

三、生物活性的对比

如前文所述，沉香提取物具有多种生物活性。栽培奇楠与人工沉香的化学成分存在较大差异，对于两者的生物活性是否也有区别，著者团队以结香15个月的栽培奇楠和结香36个月人工沉香作为材料，开展了抗氧化活性和抗菌活性的相关研究。

沉香作为传统中药，方剂数量较多，北宋初太医院编著的《太平圣惠方》，记录了含有沉香的配方达到111个，其中载有一首沉香汤配方，起到妇女难产后行气的功效："沉香一两，水马一两，飞生乌毛一分……待至临欲平安时，用汤如人体，即从心上洗三五遍，其汤冷，即平安"。李时珍记录沉香"入丸散，以纸裹置怀中，待燥研之，或入乳钵以水磨粉，晒干亦可。若入煎剂，惟磨汁临时入之"，强调了入汤剂时现磨现入，防止沉香香气挥发过多，影响药效。可见，沉香通常以水煎方式做成药剂使用。此外，《海药本草》首次提出沉香"宜酒煮服之；诸疮肿，宜入膏用"，记载了当时沉香最常见的服用方式是以酒煮之。民间将沉香泡酒饮用的习惯一直延续至今。

基于沉香使用方法，笔者团队首先研究了水提和不同乙醇浓度的人工沉香与栽培奇楠提取物的化学成分差异，并测定抗氧化活性（ABTS自由基法、铁还原法）。研究发现，人工沉香的热水提取物是以沉香四醇为主的四氢色酮类化合物，而栽培奇楠由于缺少四氢色酮类化合物，热水提取物中的化合物较少。当溶剂中的乙醇浓度提高，人工沉香与栽培奇楠中的提取物含量和色酮种类都有所增加。栽培奇楠的提取物含量增加更明显，主要成分是以2-(2-苯乙基)色酮和2-[2-（4-甲氧基苯基）乙基]色酮为主的FTPECs化合物。栽培奇楠提取物具有较强的抗氧化能力，其水提取物、35%乙醇和55%乙醇提取物，对ABTS自由基的清除率分别为40.1%、82.4%和94.0%，而人工沉香的ABTS自由基清除率分别为66.1%、76.8%和88.2%（图4-47）。

清除率越高说明自由基清除能力越强。当乙醇浓度增加到35%和55%时，栽培奇楠提取物对ABTS自由基的清除率要高于人工沉香（图4-47）。在$FeSO_4$铁原子的还原能力实验中，出现了类似的结果。每克栽培奇楠水提取物，35%乙醇和55%乙醇提取物清除的$FeSO_4$分别为0.36mmol、1.50mmol和3.45mmol，人工沉香为0.64mmol、1.17mmol和1.35mmol。人工沉香和栽培奇楠提取物对ABTS和$FeSO_4$两类氧化物的清除能力都随乙醇浓度的升高而增强，主要是乙醇含量升高，从中提取出的化合物增加。人工沉香水提取物含量高于栽培奇楠，因而人工沉香水提取物清除ABTS的能力更强。乙醇浓度增加后，栽培奇楠提取物多于沉香，清除自由基能力也更强（图4-47）。这一结果表明水煎法人工沉香利用率更高，但不适用于栽培奇楠。已有多个研究显示色酮类化合物具有抗氧化活性。由表4-10可知，人工沉香水提取物中的沉香四醇等四氢色酮是抗氧化活性的主要贡献者，35%和55%乙醇提取物中的FTPECs如6-羟基-2-[2-(4-羟基-3-甲氧基苯基)乙基]色酮等增加(向盼等,2017)，抗氧化活性随之增强。栽培奇楠的35%和55%乙醇提取物中，FTPECs色酮成分的含量高于人工沉香，因而抗氧化活性也更强。

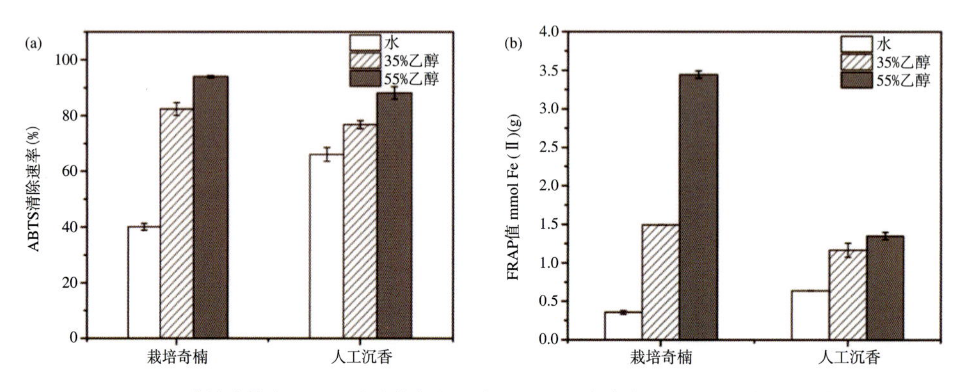

图4-47 栽培奇楠与人工沉香的抗氧化能力 (a)ABTS清除率；(b)铁原子还原能力

表 4-10　栽培奇楠与人工沉香提取物中 2-(2- 苯乙基) 色酮类化合物定性与定量分析

保留时间（min）	[M+H]+	MS/MS 碎片	化合物	奇楠			沉香		
				W	35% ET	55% ET	W	35% ET	55% ET
14.28	319.1177	301 283 91	沉香四醇[①]	0.09	0.06	0.04	1.50	1.19	1.23
14.63	349.1282	331 313 121	4- 甲氧基沉香四醇[①]	/	/	/	0.26	0.19	0.20
15.66	319.1170	301 283 91	异沉香四醇[①]	/	/	/	0.17	0.15	0.16
33.53	313.1072	137 167	6- 羟基 -2-[2-(4- 羟基 -3- 甲氧基苯基) 乙基] 色酮[②]	/	0.11	0.27	0.02	0.07	0.12
42.48	267.1002	107 161	2-[2-(3- 羟基苯基) 乙基] 色酮[②]	/	0.12	0.43	/	0.07	0.18
43.41	297.1114	137 161	2-[2-(3- 羟基 -4- 甲氧基苯基) 乙基] 色酮[②]	/	0.11	0.27	/	0.04	0.10
45.74	297.1116	137 160	2-[2-(3- 甲氧基 -4- 羟基苯基) 乙基] 色酮[②]	/	0.50	0.99	/	/	/
50.92	267.1017	107 161	2-[2-(4- 羟基苯基) 乙基] 色酮[②]	/	0.09	0.42	/	0.07	0.22
53.31	297.1116	121	6- 羟基 -2-[2-(4- 甲氧基苯基) 乙基] 色酮[②]	/	0.15	0.75	/	0.13	0.40
54.83	267.1016	91	6- 羟基 -2-(2- 苯乙基) 色酮[①]	/	0.07	0.47	/	0.20	0.54
62.51	311.1072	91	6,7- 二甲氧基 -2-(2- 苯乙基) 色酮[①]	/	0.09	0.28	/	0.14	0.40
68.45	281.1487	121 77	2-[2-(4- 甲氧基苯基) 乙基] 色酮[②]	/	1.01	4.80	/	0.04	0.44
69.91	251.1133	91 160	2-(2- 苯乙基) 色酮[①]	/	1.70	10.87	/	0.16	0.70

注：W 表示水；35% ET 示 35% 乙醇；55% ET 示 55% 乙醇；①：通过对照品定性；②：通过 MS 信息定性。

采用琼脂打孔法对栽培奇楠和人工沉香 0%（即水）、35% 乙醇、55% 乙醇的热提法提取物抑制大肠杆菌和白色念珠菌活性进行评价。抑菌效果，见表 4-11，栽培奇楠与人工沉香水、乙醇提取物对大肠杆菌均未显示出抑菌活性。对于白色念珠菌，栽培奇楠和人工沉香水提取物均具有抑制作用，栽培奇楠和人工沉香水提取物的抑菌圈直径分别为 11.13mm 和 12.82mm，人工沉香水提取物的抑制效果优于栽培奇楠。但是两种沉香乙醇提取物对白色念珠菌均未显示出抑制效果，可见，沉香提取物具有抑菌活性，但是不具有广谱抑菌性，因此需要进一步明确栽培奇楠和人工沉香提取物对不同细菌和真菌的抑菌活性。

表 4-11 栽培奇楠和人工沉香提取物的抑菌圈直径

名称	提取方法	抑菌圈直径（mm）	
		大肠杆菌	白色念珠菌
人工沉香	水	/	12.82
	35% 乙醇	/	/
	55% 乙醇	/	/
栽培奇楠	水	/	11.13
	35 乙醇	/	/
	55% 乙醇	/	/
阴性对照	/	/	/
阳性对照	/	16.73	24.62

注：琼脂孔直径为 6mm，DMSO 溶剂为阴性对照，大肠杆菌以 1mg/L 的硫酸卡那霉素作为阳性对照，白色念珠菌以 0.1mg/L 的酮康唑为阳性对照。

线香也是栽培奇楠和人工沉香最主要的产品形式之一，线香点燃后产生的烟气的抑菌效果如图 4-45 所示。栽培奇楠线香与人工沉香线香产生的烟气对大肠杆菌、金黄色葡萄球菌、铜绿假单胞菌三种常见致病菌抑菌活性显著，杀灭率均可达 99%，且两者无明显差异。原因之一是栽培奇楠与人工沉香烟气中均含有对甲氧基苯甲醛、乙酸等物质，其中对甲氧基苯甲醛具有很强的抗菌活性，而且抗菌广谱，对多种细菌不但具有抑菌活性同时还具有杀菌作用。并且有学者也证实了对甲氧基苯甲醛在较低浓度下即能发挥抑制金黄色葡萄球菌作用，乙酸也对金黄色葡萄球菌以及大肠杆菌具有抑制作用。倍半萜类化合物以及 2-(2- 苯乙基) 色酮类作为沉香的主要特征成分，也具有抑菌活性。栽培奇楠和人工沉香烟气成分中 2-(2- 苯乙基) 色酮与 2-[2-（4- 甲氧基苯基）乙基] 含量存在显著差异，但其他挥发性成分差异不明显，两者对于以上三种细菌的抑菌活性并无明显差异（图 4-48），这可能是由于 2-(2- 苯乙基) 色酮类化合物对这些细菌并无明显抑制作用，沉香烟气中的芳香族化合物以及倍半萜类化合物是抑制杀灭大肠杆菌、金黄色葡萄球菌以及铜绿假单胞菌的主要活性物质。

比较两种沉香燃香对空气中细菌微生物的杀灭效率，结果如图 4-48 所示。两种线香烟气成分对空气中自然菌的抑制效果明显，其中栽培奇楠线香烟气对空气自然菌杀灭率高达96.3%，人工沉香线香则为93.1%，栽培奇楠线香对空气中自然菌抑制效果略优于人工沉香线香，可能与栽培奇楠烟气中含有大量的2-(2-苯乙基)色酮类化合物有关。空气中的微生物种类多，其组成受环境影响大，不同场所空气中有害微生物组成及含量存在巨大差异，有害微生物在空间内滋生，繁殖后可污染空气，引起疾病，对空气质量、人体健康以及公共卫生安全产生巨大影响。栽培奇楠和人工沉香燃烧的烟气对未知微生物组成的自然菌杀灭能力均大于90%，栽培奇楠略优于人工沉香，表明两者在空气净化方面均具有良好的应用前景。

此外，文献报道了沉香线香燃香过程对于焦虑、抑郁行为有明显的改善作用（弓宝 等, 2023），同时，吸入沉香线香熏香挥发性成分可显著抑制失眠活动，具有较好的改善睡眠作用（弓宝 等, 2022）。

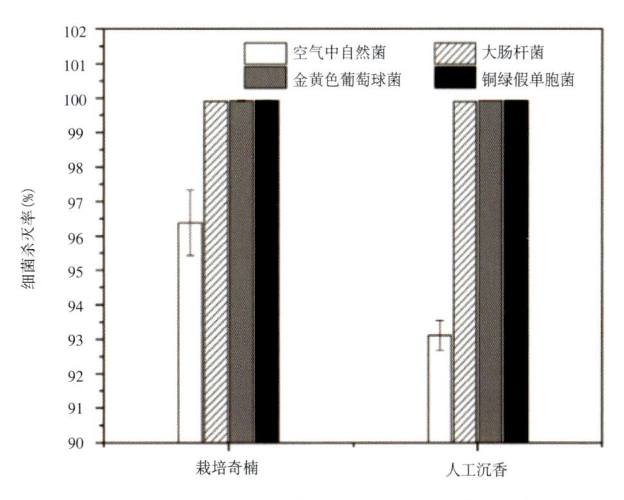

图4-48　两种沉香线香燃烧产生烟气的细菌杀灭率

沉
香
CHEN
XIANG

第五章 沉香相关标准和解析

沉香在我国具有悠久的使用历史，涉及林业、医药、香料、文化、收藏、工艺美术、日化产品等多个重要领域。近年来，随着沉香资源人工种植规模的扩大和现代结香技术的迅速发展，沉香的应用广度和深度不断拓展，逐渐步入大众的日常生活，日益获得国内外的普遍关注。目前，由于沉香真伪鉴别、质量分级、沉香产品加工等环节缺乏科学指导，造成伪劣沉香及产品泛滥、消费信息不对等现状，无法满足消费者对产品质和量的需求，极大限制了沉香产业的快速发展。本章着重介绍沉香领域重要标准及其制订依据，涉及沉香真伪鉴别、沉香质量分级、栽培奇楠的鉴定与质量分级，以及沉香珠串、沉香燃香及沉香提取物等重要产品，

旨在促进沉香产业科学健康发展。

第一节　沉香真伪鉴别方法与解析

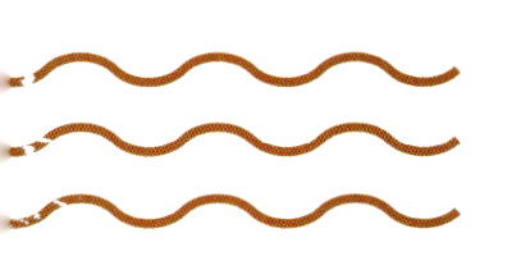

随着沉香应用领域的扩展，沉香市场快速发展的同时也暴露出诸多问题：一方面，沉香价格较高，导致市场上不断出现各种假沉香，造假手段与造假技术日益多样，以经验识别为主的传统鉴定方式，由于缺乏科学系统的检测标准，无法满足国内沉香行业健康发展的要求；另一方面，沉香属（*Aquilaria*）是《濒危野生动植物种国际贸易公约》（CITES）附录Ⅱ的管制物种，该属中的白木香（*Aquilaria sinensis*）是我国《国家重点保护野生植物名录（第一批）》（1999 年）Ⅱ级保护植物，相关标准的缺失将影响国内外正常的贸易与监管工作。

目前，关于沉香入药要求的规定涉及两个文件，一是《中国药典》（2020 版），该文件针对的是国产白木香树种通过人工结香技术形成的沉香，对野生沉香和其他沉香属树种形成的沉香并不适用；二是进口药材标准，该文件对印度尼西亚、马来西亚、越南的沉香属树种形成的沉香进行了规定。林业行业标准《沉香》（LY/T 2904-2017），除栽培奇楠外，适用于所有沉香属树种形成的沉香，包括野生和人工结香技术形成的沉香，适用范围较广。

上述文件是从沉香感官特征、树种识别和沉香特征化学性质方面进行沉香真伪的判别，由于适用范围不同，具体规定有所差异，下面针对这三部分主要技术环节进行解析。

一、沉香感官特征

通过感官特征鉴别沉香真伪，依赖长期积累的经验和知识，“望、闻、摸、熏”四字辨别法可以帮助广大沉香爱好者快速、简易的进行沉香真伪判别（图5-1）。

望就是拿在手里看沉香基调色泽和沉香特殊的油脂线纹。

判断要点一：沉香木质纤维的基本色调多偏淡黄色和米白色，渗透出油线或树脂。沉香表面的自然状态略显粗糙，如果表面呈现类似金丝楠木那样的金光发亮，或者像红酸枝那样色泽整体偏红，或者类似黑檀一样整体色泽过于深黑，基本可以排除沉香的可能性。

判断要点二：沉香是受伤后结出的含有树脂的部分，没有整齐的“树年轮”，油线是不规则的，如果看到一块原料有明显的“树年轮”状态，可以排除沉香的可能性。

判断要点三：沉香的树脂条纹，比较典型的是点划线，品相好的，像老虎额头的条纹。这点是最关键的一条，也是最具特征的一个判断点。

图 5-1　真品沉香珠串和原料

闻 沉香特有的甜、酸、苦、涩、辛、辣、麻，以及高级沉香的奶油果香味，是判断沉香真伪及等级最核心、关键的点。如果所有的气味特征都具足，应是一块上等沉香，但即使缺少几个特征，也不影响对一块沉香真伪的判断。一般而言，常温状态下，这些特征比较难外溢，需要借助熏蒸的加热方式来帮助判断。具体特征描述如下。

甜——品质上乘的沉香，具有类似甘蔗、水蜜桃、梨子或者哈密瓜的甘甜味。甘甜归五行的脾经，有理气、助思维的感觉。

酸——一种微微的酸，当甘甜遇到微酸的时候，会产生一种幸福感。酸在五行属肝经。肝经疏通了，全身有力。

苦——这是大自然植物普遍具有的一种味道，类似竹叶、茶叶的那种清苦，并不被人排斥。顶级沉香——野生奇楠，就有这种苦的味道，如果不具备，就不能称之为奇楠。苦涩在五行中，归属肾经。

涩——一种像小孩喝中药、难入口的感觉，好的野生奇楠，比中药味还要涩。

辛——代表着一种凉凉的感觉，优质的红土沉香、上等野生奇楠都具有凉凉的穿透性，透过嗅觉凉凉的甘甜，就有一种“天门被打开，直通三界”的感觉。沉香这种强有力的穿透性，是判断真伪及品质优劣的重要指标之一。星洲系的沉香，尽管缺乏一些甘甜味，但普遍具有这种强有力的辛凉感，也是一种特质。辛在五行中，归属肺经，肺经一通全身气息畅通。

辣——有的沉香会有明显的辛辣味，海南尖峰岭、广西北流、上等的越南野生奇楠都含有辛辣味，点燃熏蒸出来的香气给人一种力量感。

麻——主要针对奇楠而言，麻是奇楠独有的味觉特征。麻在舌尖上，像是用针尖微微刺激的感觉。嗅觉和味觉的叠加，能使沉香和奇楠的品鉴更加精准。

摸 一块沉香拿到手里后，第一感觉是重量。正常的情况下，因为沉香含有树脂，有一定的重量比例，不会太轻，也不会像玉石那样的重。另外，摸手感，沉香比较干，比较硬，表面有木纹感；野生奇楠相对比较柔，稍稍有一点潮湿黏手的感觉，用指甲微微掐一下，会留有指甲印。用手指甲稍稍刮一下沉香的表面，如果里面露出大面积白色的木纹，有可能是表面涂油的伪品沉香。

熏就是在加热状态下，品闻沉香的香气。加热有两种方式，一种是隔火熏蒸，火焰不直接触碰沉香，而是隔着陶瓷或者云母片间接加热；另外一种方法就是直接用火焰烧熏沉香，这种高温烧熏下，几秒钟之内，沉香的香气就会随着一股青烟被带出来，可以瞬间辨别沉香特有香气，真伪鉴别的准确率非常高。

二、沉香属树种鉴别

林业行业标准《沉香》(LY/T 2904-2017)确立的沉香定义为：“沉香属树种在生长过程中形成的由木质部组织及其分泌物共同组成的天然混合物质。”包含下面几层含义。

一是沉香的基原植物是沉香属树种。市场上所说的橄榄科(Burseraceae)、樟科(Lauraceae)、大戟科(Euphorbiaceae)均不正确。瑞香科(Thymelaeaceae)植物有48属650种以上，包括沉香属(*Aquilaria*)、拟沉香属(*Gyrinops*)、瑞香属(*Daphne*)、草瑞香属(*Diarthron*)等。其中沉香属约21种，分布在印度尼西亚、马来西亚、越南、柬埔寨、老挝、泰国、缅甸、印度、菲律宾、新加坡、新几内亚岛、文莱、不丹及我国。我国有白木香和云南沉香，主要分布在广东、海南、广西、云南和福建。由于该标准制定时，没有收集到足够的拟沉香属样本，故不包含在内。

二是强调沉香是在沉香属树种生长过程中形成的。这是描述沉香是树体受天然或人为伤害这些外界因素刺激后逐渐形成的，树体一旦死亡，结香过程便会终止。市场上对低质沉香木进行压缩、浸渍这类方式均属于后加工，而非生长过程中自然形成。

三是沉香是由木质部组织及其分泌物共同组成的天然混合物质。结香过程中分泌的倍半萜类、色酮类等物质沉积在木质部组织里呈一体状，而不能像桃胶、松脂一样可与木质部组织分离。

木材的构造特征是基因在一定环境条件下的表达产物，不同科、属、种的木材有不同的构造特征，但各种细胞及组织的存缺及其在各属、种木材里的排列存在一定的规律，因此木材的构造特征是木材识别的重要依据，但同属内的树种极难仅靠木材构造进行区分。

沉香宏观构造能够呈现其颜色、纹理及结构特征，可采用肉眼或10倍左右的放大镜观察试样（图5-2）。没有结香的木材呈黄白色散孔材，久露于空气中材色变深，心边材无区别，有光泽；生长轮不明显，轮间有深色线。放大镜下可观察到少量管孔，大小略一致，均匀散生分布；可观察到木射线，数目中等，极细。肉眼下可见内涵韧皮部，较多，呈多孔式（岛屿型），均匀分布于次生木质部内。结香部位木材颜色变深，呈黄褐色、深褐色、黑色线条或斑块状。

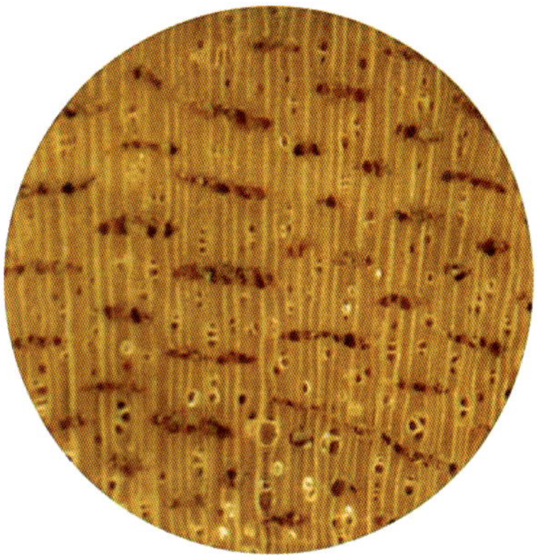

图5-2　沉香宏观构造横切面片

微观构造特征观察需将样品制成切片，置于光学显微镜下观察，从三个不同方向的切面可以观察到更全面的信息。如图5-3所示，导管横切面为圆形或卵圆形；径列管孔多为复管孔（多为2～4个）或管孔团，少数单独。单穿孔，穿孔板略倾斜。管间纹孔式互列，导管-射线间纹孔式似管间纹孔式。轴向薄壁组织较少，呈环管状。木纤维胞壁薄，单纹孔狭缘，部分略呈圆形，纹孔口裂隙状或“X”形。木射线非叠生；单列射线为主，2列射线可见，多数射线组织异形单列，少数异形Ⅲ型或Ⅱ型。内涵韧皮部较多，系多孔式（岛屿型），均匀分布。

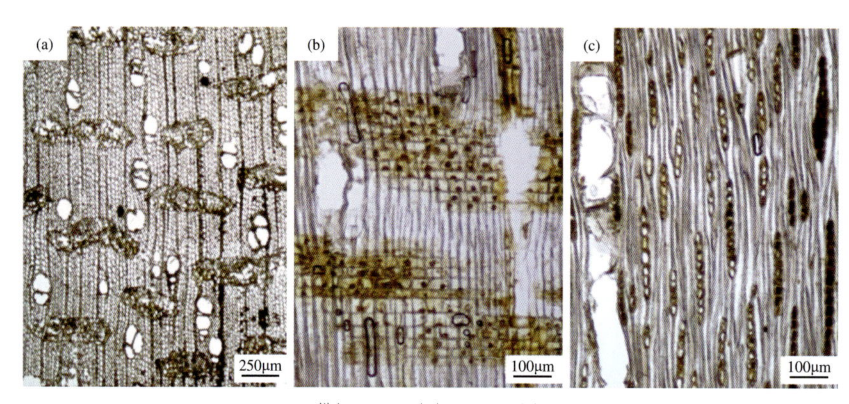

(a) 横切面；(b) 径切面；(c) 弦切面

图 5-3　木质部微观构造照片

三、沉香特征化学性质鉴别

沉香独特的性能来源于其分泌物复杂的化学组成，主要包括倍半萜类、色酮类、脂肪族类和芳香族类四大类，以 2-(2- 苯乙基) 色酮类化合物和倍半萜类为主。这些有效成分的形成虽受外界环境的影响，但也由植物物种的相关基因控制，具有良好的特征性、稳定性和专属性。目前沉香特征化学性质的鉴别手段，主要包括以下三种。

1. 乙醇提取物含量

沉香中树脂含量与香味浓淡和药效有着直接的关系，乙醇提取物含量是沉香所含分泌物多少的衡量指标。市购沉香样品中，乙醇提取物含量 10% 以上的占 90% 左右（图 5-4），因此，《中国药典》（2020 版）、林业行业标准《沉

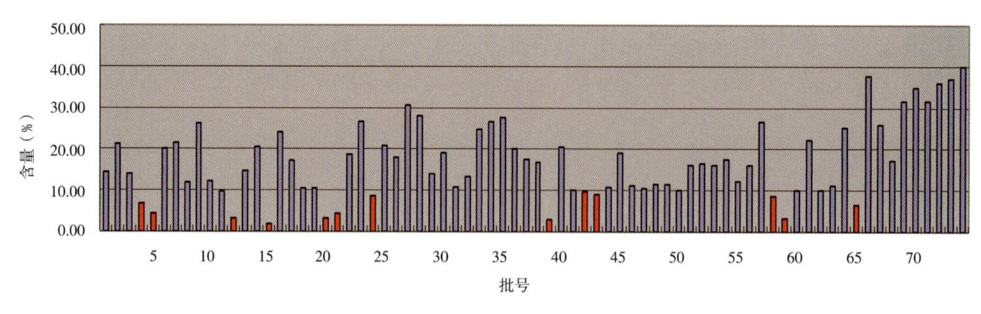

图 5-4　部分沉香样品的乙醇提取物含量

香》（LY/T 2904-2017）均规定沉香乙醇提取物含量不得少于10%。然而，松香、树脂常被填充至沉香，致使伪品沉香中有极少的样品存在乙醇提取物过高的现象。因此，乙醇提取物含量的鉴定专属性较差，不能单独作为沉香真伪的评判标准，但可为正品沉香品质提供参考。

2. 显色反应

又名微量升华反应，是将沉香中倍半萜物质转化为有色化合物的化学反应，可测试样品中是否含有倍半萜类物质。正品沉香样品大部分呈樱红色，少数呈现浅红色、紫堇色或浅紫色，操作简单、结果直观。但是，专属性稍差，造假掺入的物质也有可能会发生同样的显色反应。

3. 色谱法

具有分离、鉴别、量化的三重功能，通过建立沉香的色谱指纹图谱，对各成分色谱峰（斑点）顺序、比例、相互制约关系进行分析，挖掘沉香的质量信息，成为鉴别沉香的重要方法。

薄层色谱主要是通过和对照品比对，观察色谱图像在相应的位置上是否显现相同颜色的荧光斑点，来快速、简单、粗略地判断样品中的特征色酮类物质是否存在，以及是否存在一些掺杂物。如图5-5所示，沉香的特征斑点的比移值、颜色均一致，虽然有些样品的特征斑点较淡，但依然存在。而未结香的沉香属木材和伪品沉香的薄层色谱，与沉香样品有所区别，一是部分样品的特征斑点缺失；二是部分样品的色谱中出现异常颜色的斑点。薄层色

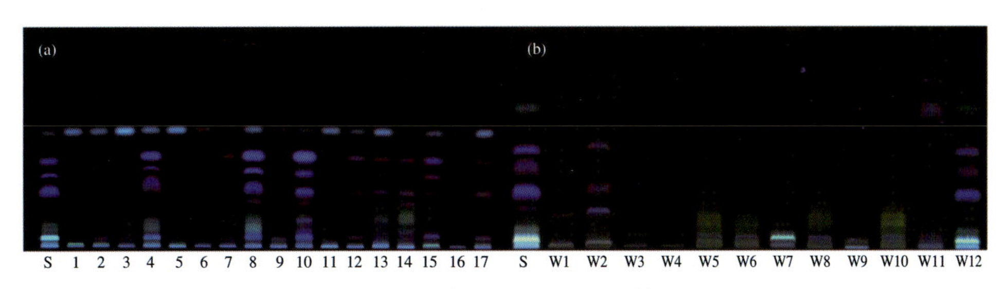

(a) 部分沉香样品；(b) 部分伪品沉香样品

图5-5　部分沉香样品和部分伪品沉香样品的薄层色谱图谱（S为沉香对照样）

谱用于沉香特征化学性质的鉴别，操作简便、快速、经济，可以提供直观形象的彩色图谱，适合日常的快速分析检验。但是，由于结香时间、树龄、产地等因素对沉香化学成分的影响，使得沉香化学成分的种类、含量差异较大，在薄层鉴别时造成斑点不清晰的现象，增加了鉴别的主观性，降低了鉴别的准确性；而且薄层色谱的分离效率低，一个斑点往往代表几种物质，有时会造成“假阳性”结果，引起误判。

高效液相色谱法是一种高效、高灵敏度、分析速度快的质量评价方法。由于沉香中色酮类化合物，除沉香外，只在禾本科（Poaceae）白茅（*Imperata cylindrica*）、白羊草（*Bothriochloa ischaemum*）和葫芦科（Cucarbitaceae）甜瓜（*Cucumismelo*）中发现，具有专属性，可作为沉香鉴别的重要指标性成分。高效液相色谱法是针对样品中的色酮类物质进行精确表征的方法［《中国药典》（2020 版）中也收录了该方法］。由于人工沉香和野生沉香成分的显著差异，其高效液相特征图谱有明显不同。为改善《中国药典》（2020 版）方法野生沉香高效液相特征图谱峰堆积严重、分离度较低的问题，林业行业标准《沉香》（LY/T 2904-2017）系统考察了梯度洗脱条件对峰形、分离度等的影响，开发了兼顾人工、野生沉香的图谱特点，同时适用于人工、野生沉香的分离方法。如图 5-6 所示，野生沉香和人工沉香的高效液相特征图谱规律性很强，虽然存在两种类型的高效液相特征图谱，但二者在 19 ~ 27min 都存在沉香四醇等 6 个相同的特征强峰。因此，这 6 个峰应为沉香的高效液相特征峰（图 5-7）。

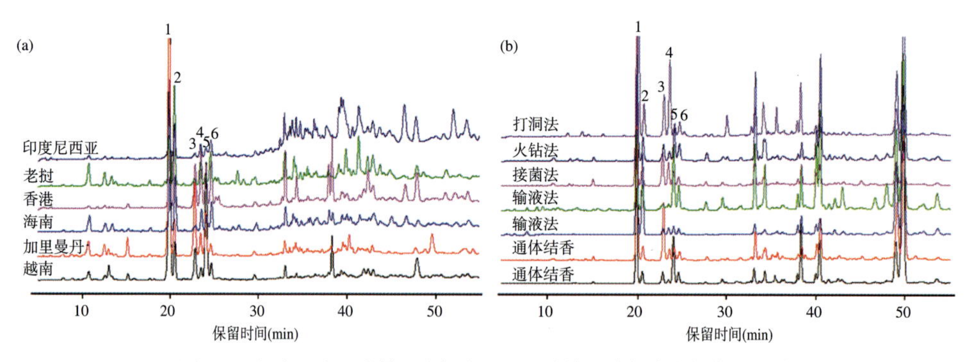

图 5-6　部分野生沉香样品和部分人工沉香样品的高效液相特征图谱

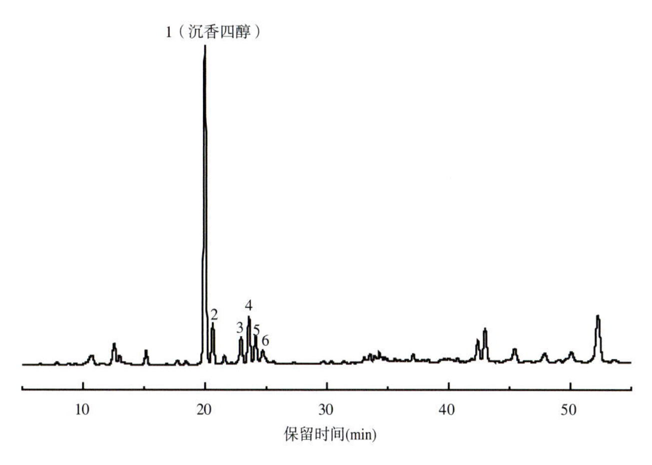

图 5-7　沉香的对照高效液相特征图谱

综上所述，林业行业标准《沉香》（LY/T 2904-2017）规定了树种鉴别和特征化学成分鉴别应符合的要求，见表 5-1。

表 5-1　沉香的木质部构造特征与树脂特征化学成分要求

检验项目		要求
沉香木质部构造	宏观构造	散孔材；生长轮不明显；轴向薄壁组织放大镜下通常不见；木射线数中等，极细至略细；内涵韧皮部数多，肉眼下可见，放大镜下明显
	微观构造	主为径列复管孔，单穿孔，管间纹孔式互列；导管射线间纹孔式似管间纹孔式；轴向薄壁组织甚少，环管状；木纤维胞壁薄；单列射线为主，2 列射线可见，射线组织为主异形单列，少数异形Ⅲ型或Ⅱ型；内涵韧皮部甚多，系多孔式（岛屿型）
沉香树脂	沉香乙醇提取物	≥ 10.0%
	显色反应	樱红色或紫堇色或浅红色或浅紫色，不应呈无色或浅黄色
	薄层色谱	在与沉香对照样色谱相应的位置上，显相同颜色的荧光斑点
	高效液相特征图谱	应呈现图 5-7 所示的 6 个特征峰，并应与沉香对照样色谱峰中的特征峰相对应，其中峰 1 应与沉香对照样峰 1 的保留时间相一致

第二节　沉香质量分级方法与解析

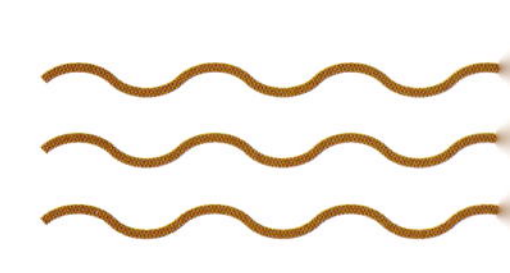

沉香的品质和价格密切相关，不同质量等级的沉香价格差异悬殊。对沉香质量进行分级，为沉香在市场上的流通提供质量依据，促进优质优价；引导以品质为导向的沉香产品生产，实现沉香产业的良性循环，促进沉香产业的健康发展。

传统沉香的质量分级多以经验识别为主，通过沉水与否，结合气味、形状等感官特征，进行品质分级。随着我国沉香行业的快速发展，以及沉香原料进口规模的增大，急需科学、系统的沉香质量分级检测技术。沉香乙醇提取物含量由于其定量的指标测定，成为评判沉香品质的重要方法。然而，市场上野生奇楠的价格和等级明显高于传统人工沉香和野生沉香，并得到整个行业的普遍认可，将野生奇楠和普通人工沉香、野生沉香同时进行质量分级，具有更重要的现实意义。然而，仅仅依靠乙醇提取物含量作为分级指标，很难和沉香的市场价值保持一致。

与沉香的真伪鉴别方法不同，沉香的品质体现在感官、乙醇提取物含量、化学成分等多个指标，难以通过单一指标评断沉香的好坏。林业行业标准《沉香质量分级》(LY/T 3223-2020)，除栽培奇楠外，适用于所有沉香属树种形成的沉香。该标准从沉香感官特征、乙醇提取物含量和沉香特征色酮含量三个方面对野生奇楠、野生和人工沉香进行了综合评价，将沉香分为特级、一级、二级、三级和四级，使用范围较广。下面针对该标准的主要技术环节进行解析。

一、沉香感官特征

树脂分布、色差、香气等传统经验方法，是沉香质量分级的方法之一。例如，早期学者按质地及表面树脂部分所占比例将国产沉香分为 4 个等级，其中身重结实，油色黑润，油格占整块 80% 以上的为一等沉香；稍现白木，油色黑润棕褐色，油格占整块 60% 以上的为二等沉香；白木较多，油格占整块 40% 以上的为三等沉香；白木比例大，质地疏松轻浮，油格占整块 25% 以上的为四等沉香。感官特征鉴别具有简单、迅速、易操作的特点，对沉香质量评价具有一定的指导意义。

①色泽和纹路：沉香的颜色和树脂、木质部分有关，好的沉香无明显低树脂沉香木，无白木；其树脂多为黑褐色或黄棕色，色泽会随着结香时间推移越来越深，油脂线也越来越多。沉香的纹路呈线状、小片状、虎斑纹、蛇皮纹等，好沉香的纹路与木质部分浑然天成，形成相间斑纹。

②质地：沉香的质地与树脂含量、树材结构有关，越好的沉香树脂越丰富、含量越高，质地较均匀、柔软，色差不明显。

③常温和熏烧气味：香气是沉香质量的重要评判指标。常温下，摩擦沉香可散发出独特的芳香气味；熏烧后，沉香香气穿透力更强，且有明显的头香、本香和尾香变化。沉香香气根据产地、结香方式不同呈现不同的特点，如奶香、蜜香、花香、果香、辛味、凉味等。质量好的沉香，气味明显，富有变化的层次感。

④口感：品尝沉香味道，也是鉴别沉香质量的常用方法。沉香味道也随产地、结香时间等存在显著差异。野生奇楠咀嚼易黏牙，具麻、辣、苦味，可作为区分野生奇楠和人工、野生沉香的依据；咀嚼后剩余物也是分辨沉香质量的重要方面，好的沉香咀嚼后有少许纤维感，较差的沉香咀嚼

后成木渣。

⑤形状和大小：由于结香树木的大小、结香方式、结香位置的不同，以及理香时人为因素的影响，导致沉香的外观形状和大小有显著差异。例如，打洞、火钻等方式多形成块状，通体结香呈片状，板头、吊口等多呈盔帽状。油脂含量高、完整、规格较大的沉香可用于制作工艺品、收藏品，价值较高。

沉香感官特征分级方法简单、直观、易操作，具体评价过程中，为避免个人主观性带来的分级偏差，一般分级评价人员由多名嗅觉、味觉正常，经培训的成员组成。但由于感官分级方法主观性较强，作为独立的分级方法易造成误判，可作为辅助方法，结合定量指标形成更科学、规范的综合沉香质量分级方法。

二、沉香乙醇提取物含量

沉水与否一直是沉香质量评判的重要依据，通常将沉香放入水中，看是否沉水、或半浮半沉、或浮在水面，沉水沉香具有较高的市场价值。古时沉香依据沉水程度分为三级，完全沉于水者为一级，其质最佳；半沉半浮的沉香为二级；浮于水者为三级，其质较差。其实，沉水的程度跟树脂的含量呈正相关。图 5-8 展示了 30 批次沉香样品的乙醇提取物含量和密度的关系，可以发现这两个变量存在线性关系，即树脂越多，乙醇提取物含量越大，沉香密度越大，越容易沉水。但沉水情况不但受树脂影响，而且与木质部材性有

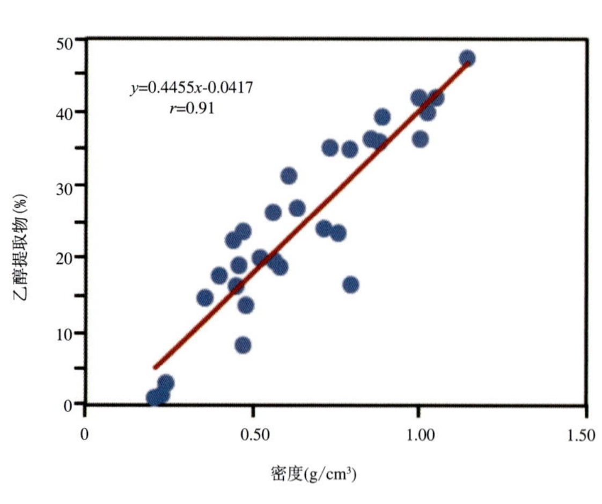

图 5-8　沉香乙醇提取物和密度的相关关系

关，因此，采用乙醇提取物含量代替沉水情况进行质量分级更科学，兼具准确性和传统分级方法。

野生奇楠被市场认为是高品质的沉香，通过测定35份野生奇楠的乙醇提取物含量发现，野生奇楠的乙醇提取物含量普遍较高，在18.46% ~ 75.67%，大于30.0%的样品占80.00%，该部分野生奇楠市场价格昂贵，多为收藏品，应属于特级。乙醇提取物含量小于30%的野生奇楠，虽然树脂含量不高，甚至低于品质好的野生沉香，但由于独特的香气，依然受到市场的青睐，在分级上应高于相同树脂含量的野生或人工沉香，列为一级。

在市场上，除野生奇楠外，沉水沉香被认为是品质最好的沉香。根据16份不同地区的野生、人工沉香乙醇提取物含量和沉水情况的关系可以看出（图5-9），大于40.0%的样品都沉水；30.0% ~ 40.0%的样品多处于九分沉或沉水浮（悬浮）。通过对174份人工、野生沉香样品的乙醇提取物含量进行检测，发现大于40%的仅有15.5%，该部分沉香多为沉水级野生沉香，

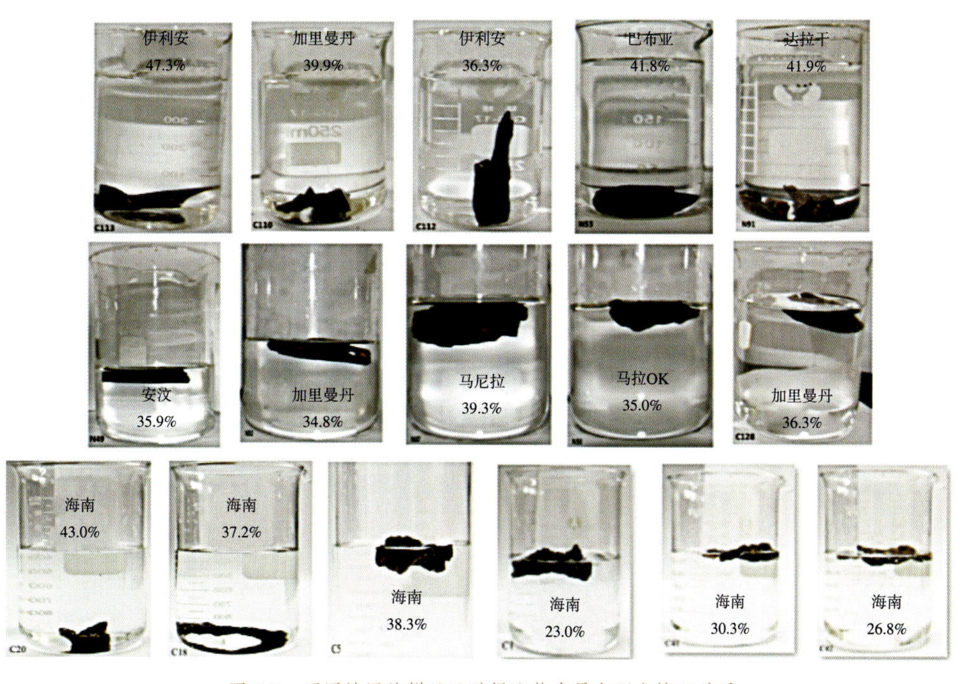

图5-9　不同地区的样品乙醇提取物含量和沉水情况关系

在市场上价格较高，仅次于特级野生奇楠，应和普通野生奇楠共同列为一级沉香。乙醇提取物含量在 30.0% ~ 40.0% 的九分沉或沉水浮沉香，多为较次的野生沉香和较好的人工沉香，占总量的 16.1%，应属于二级。乙醇提取物含量在 20.0% ~ 30.0% 的沉香占总量的 33.9%，多为质量较次的野生沉香和油脂含量较高的人工沉香，应属于三级。乙醇提取物含量在 10.0% ~ 20.0% 的沉香占总量的 34.5%，多为普通人工沉香，应属于四级。该分级方法在数据上呈现金字塔形状，乙醇提取物含量越高，样品数量越少，价格越高，符合市场情况。

三、特征色酮含量

分级过程中仅依靠感官特征和乙醇提取物含量，区分野生奇楠和人工、野生沉香，容易造成误判。2-[2-（4- 甲氧基苯基）乙基] 色酮和 2-(2- 苯乙基) 色酮作为沉香行业内普遍认可的高价值野生奇楠的主要成分，对于沉香的质量分级具有重要的作用。13 份野生奇楠样品的高效液相特征图谱可以看出（图 5-10a），部分野生奇楠中，沉香四醇含量较低，甚至没有，但是 2-[2-（4- 甲氧基苯基）乙基] 色酮和 2-(2- 苯乙基) 色酮含量较高，按面积归一法计算相对含量之和在 27.35% ~ 61.29%。

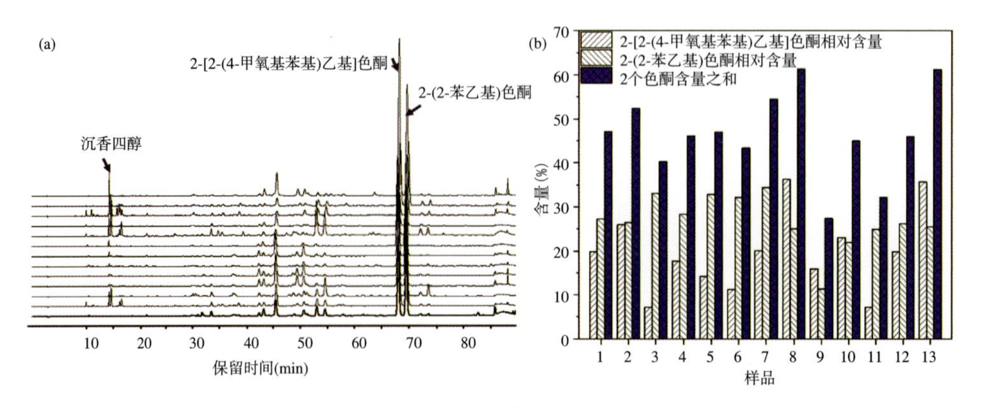

图 5-10　野生奇楠样品高效液相特征图谱 (a) 及两个关键色酮相对含量 (b)

与野生奇楠不同，不同地区的人工、野生沉香样品，均以沉香四醇等 5,6,7,8- 四氢 -2-(2- 苯乙基) 色酮化合物为主。图 5-11a 展示了海南、广东、云南、广西、香港、老挝、柬埔寨、缅甸、越南、马来西亚、印度尼西亚、安汶等国内外 30 份人工、野生沉香样品的高效液相特征图谱，其 2-[2-（4- 甲氧基苯基）乙基] 色酮和 2-(2- 苯乙基) 色酮相对含量之和在 0.00% ~ 3.46%，只有一个样品两峰相对含量之和高达 15.92%，但依然远低于野生奇楠样品。可见，2-[2-(4- 甲氧基苯基) 乙基] 色酮和 2-(2- 苯乙基) 色酮作为野生奇楠的特征成分，对其进行定量分析，可以作为区分野生奇楠和沉香，实现对特级和一级沉香样品的质量分级。

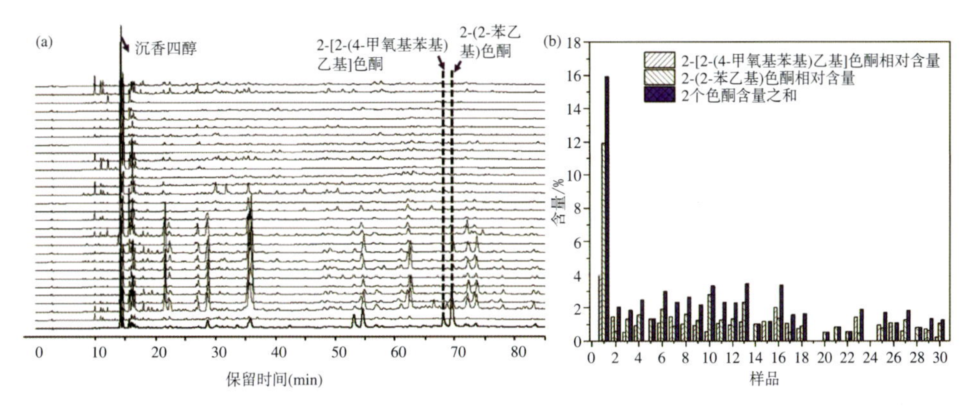

图 5-11　人工、野生沉香高效液相特征图谱 (a) 及两个关键色酮相对含量 (b)

因此，本书对沉香的质量分级充分考虑了市场需求和科学指标，采用感官特征和特征色酮定量区分野生奇楠和传统沉香，并根据树脂含量将野生奇楠分为特级和一级，将人工、野生沉香分为一级、二级、三级和四级（表 5-2）。

表 5-2　沉香等级要求

等级	感官特征	沉香乙醇提取物 (%)	2-[2-(4-甲氧基苯基) 乙基] 色酮和 2-(2-苯乙基) 色酮相对含量相对含量之和 (%)
特级	整体分泌物丰富，质地较均匀、柔软，色差不明显；无明显低分泌物沉香木，无白木；室温香气明显；咀嚼易黏牙，具麻、辣、苦味，有少许纤维感	X ≥ 30.0	≥ 25.0
一级	整体分泌物丰富，质地柔软，略有色差或不明显；允许少量低分泌物沉香木，无明显白木；室温香气明显；咀嚼易黏牙，具麻、辣、苦味，有少许纤维感	30.0 > X ≥ 20.0	
	整体分泌物丰富，质地较均匀、坚实，色差不明显；无明显低分泌物沉香木，无白木；室温香气略明显；咀嚼后剩余物为木渣	X ≥ 40.0	< 25.0
二级	整体或结香面分泌物丰富，略有色差或不明显；允许少量低分泌物沉香木，无明显白木；室温香气略明显；咀嚼后剩余物为木渣	40.0 > X ≥ 30.0	
三级	整体或结香面分泌物较丰富，常有色差；常有少量白木；室温香气常略明显；咀嚼后剩余物为木渣	30.0 > X ≥ 20.0	
四级	整体或结香面分泌物较丰富，常有色差；常有少量白木；室温香气常微弱；咀嚼后剩余物为木渣	20.0 > X ≥ 10.0	/

第三节　栽培奇楠的鉴别、质量分级方法与解析

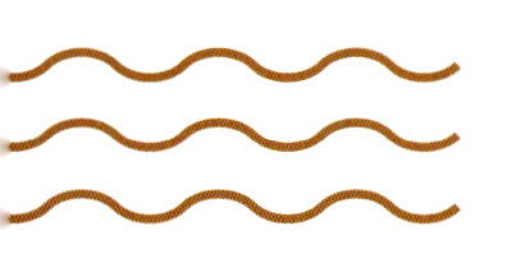

在众多的沉香品类中，奇楠自古就是公认的高品质沉香。由于奇楠树脂含量高，香味清凉醒神，在不同的温度下会散发出不同的味道，受到广大消费者的喜爱。但由于价格昂贵，一直用于制作工艺品及收藏。近年来随着沉香良种资源选育工作和栽培技术的迅速发展，市场上出现了从白木香树种中选育的易结香品种。该品种通过无性繁殖方式繁育的苗木，长大后受物理伤害形成的沉香，外观多数泛绿，分泌物丰富，香气和化学成分与野生奇楠类似，俗称栽培奇楠或人工嫁接奇楠。该品种在市场的推动下，已在广东、海南等地大力推广种植，原料被广泛应用于珠串、线香、精油等产品，已成为极具特色的林产经济作物。

栽培奇楠在2016—2017年开始在市场大力推广，其化学组成和传统沉香不同，主含2-[2-（4-甲氧基苯基）乙基]色酮和2-(2-苯乙基)色酮；而传统沉香中含量较高的沉香四醇较低或不存在，导致栽培奇楠不在《中国药典》（2020版）和林业行业标准《沉香》（LY/T 2904-2017）、《沉香质量分级》（LY/T 3223-2020）的范围内，目前仍无标准可依。栽培奇楠真伪鉴别和分级方法的缺失，严重影响了栽培奇楠的市场贸易和推广。

惠东县大力推广栽培奇楠的种植，为规范奇楠产业的健康有序发展，引导品质生产的目标导向，实现奇楠的经济、社会和健康效益，首次制定了团

体标准《绿棋楠（奇楠）沉香》（T/HDCX 001-2021），从感官特征、树种鉴别和特征化学性质方面进行奇楠真伪鉴别，并依据感官特征、乙醇提取物含量和关键色酮含量对奇楠进行了质量分级。下面从真伪鉴别和质量分级两个方面，针对主要技术环节进行解析。

一、栽培奇楠真伪鉴别

栽培奇楠作为沉香属的一个新品种，真伪鉴别方法与沉香既有相同之处，又具有其独特性。本节从感官特征、树种鉴别和特征化学性质三个方面，列出了奇楠的鉴别方法。

1. 感官特征

栽培奇楠的外观呈不规则片状、块状或条状，有的为小碎块；表面凹凸不平，偶有沟槽或孔洞；分泌物丰富，油润，质地较软；棕黄色至棕黑色，多数泛绿，木材纹理主要为直纹理，自然清晰。在室温下有明显特征香气，具麻、辣、苦味，咀嚼后剩余物为木渣。

2. 树种鉴别特征

栽培奇楠与传统沉香同为沉香属树种，宏观构造和微观构造特征与沉香树种鉴别方法相同。宏观构造中内涵韧皮部较多；结香部位木材颜色变深，呈斑块状。微观构造显示栽培奇楠木射线为单列及双列木射线，部分样品可见多列木射线，树脂主要分布在内涵韧皮部、木射线及导管中，可参考图4-17。

3. 特征化学性质

栽培奇楠的特征化学性质虽与传统沉香不同，但主要体现在化学成分的含量上，总体成分类别相同，主含倍半萜类和色酮类，针对这两类化学成分，分别采用显色反应和色谱法进行鉴别。

显色反应的主要目的是测试样品中是否含有倍半萜类物质，栽培奇楠的显色反应多呈樱红色、紫堇色、浅红色或浅紫色（图 5-12）。

薄层色谱和高效液相色谱均可鉴别沉香中的色酮成分，但是，奇楠样品的薄层色谱出现了斑点不清晰、拖尾等现象，显然不适用于奇楠的鉴别。因此，采用高效液相色谱较为合适。栽培奇楠样品的高效液相特征图谱规律性很强，匹配度很高，但由于其关键成分不是沉香四醇，而是 2-[2-（4- 甲氧基苯基）乙基] 色酮和 2-(2- 苯乙基) 色酮，不适用于《沉香》（CY/ T 2904—2017）的梯度洗脱条件；《沉香质量分级》（LY/ T 3223—2020）的高效液相洗脱条件，可以呈现奇楠的特征色酮成分，但是所用时间较长，具体执行过程中会造成浪费，因此，对栽培奇楠的鉴别方法进行了优化。优化后的高效液相特征图谱，如图 5-13 所示，有 3 个明显的特征峰，且峰 2 和峰 3 为强峰。经鉴定，峰 1 为 2-[2-（3- 羟基 -4- 甲氧基苯基）乙基] 色酮；峰 2 为 2-[2-（4- 甲氧基苯基）乙基] 色酮；峰 3 为 2-(2- 苯乙基) 色酮。

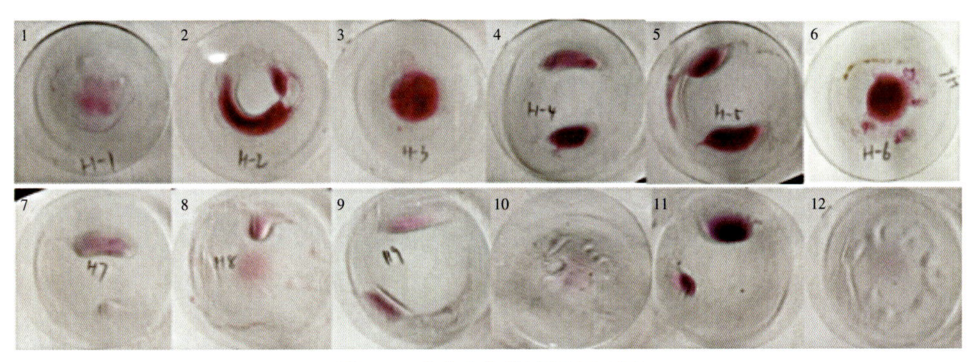

图 5-12　栽培奇楠样品的显色反应

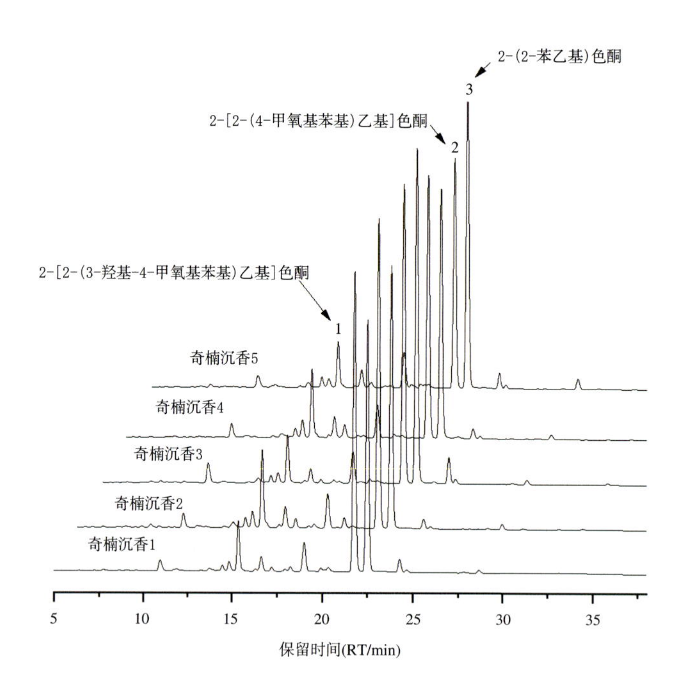

图 5-13　栽培奇楠的高效液相特征图谱

二、栽培奇楠质量分级

奇楠沉质量分级同样从感官特征、乙醇提取物含量和特征色酮总含量三个方面进行综合评价，将奇楠分为特级、一级和合格。

在奇楠真伪判别方法中，对感官特征进行了详细描述，在质量分级方法中，由于样品的定量指标与样品中白木和朽木的去除情况有很大的关系，直接影响到乙醇提取物含量和两个关键色酮的含量。因此，奇楠的质量分级方法，首先根据感官特征（质地、白木多少）进行品质区分，具体方法不再赘述。本文重点解析乙醇提取物含量及两个关键色酮定量作为质量分级的依据。

1. 乙醇提取物含量

沉香乙醇提取物作为目前公认的评价沉香中树脂含量和质量分级的重要指标，同样适用于奇楠的品质评价。图 5-14 显示，30 份栽培奇楠的乙醇提取

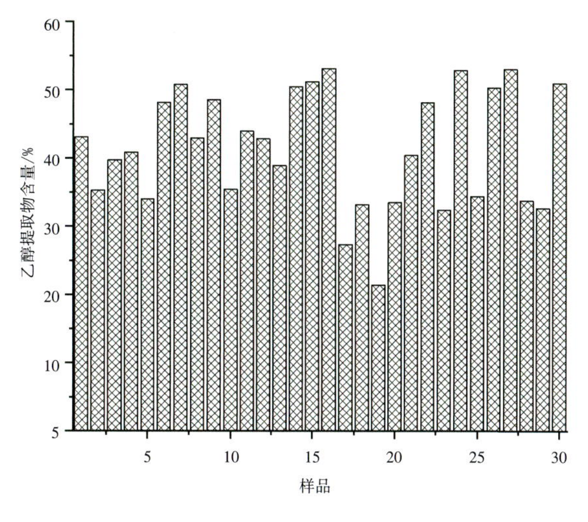

图 5-14　奇楠样品的乙醇提取物含量

物含量，在 21.45% ~ 53.12%。白木清理干净的样品，乙醇提取物含量均大于 20%；大于 30% 的样品高达 93.3%；大于 40% 的样品为 56.7%。可见，奇楠的油脂含量明显高于传统沉香，因此，其分级标准也较高，将乙醇提取物含量 ≥ 40.0% 的定为特级，30% ~ 40% 的定为一级，20% ~ 30% 的定为合格。

2. 特征色酮含量

2-(2- 苯乙基) 色酮和 2-[2-（4- 甲氧基苯基）乙基] 色酮是栽培奇楠的特征性成分，其含量明显高于传统人工、野生沉香，和野生奇楠接近，可作为重要的指标辅助油脂含量进行奇楠的品质评价。区别与林业行业标准《沉香质量分级》(LY/T 3223-2020) 采用面积归一法对两个关键色酮的相对含量定量，本标准采用“一标多测”方式，利用 2-(2- 苯乙基) 色酮标准品对两个标志性色酮物质进行绝对定量，准确性更高。定量分析发现 (图 5-15a)，栽培奇楠的 2-[2-（4- 甲氧基苯基）乙基] 色酮含量在 2.56% ~ 23.16%，2-(2- 苯乙基) 色酮含量在 7.42% ~ 23.88%，两个色酮含量之和为 12.53% ~ 35.37%。而且，奇楠的乙醇提取物与两个色酮含量总和存在一定的线性关系 (图 5-15b)，为了防止和乙醇提取物出现分级矛盾，特征色酮只用于区别奇楠和普通人工沉香，只做最低含量要求 (≥ 10.0%)，不做细分。

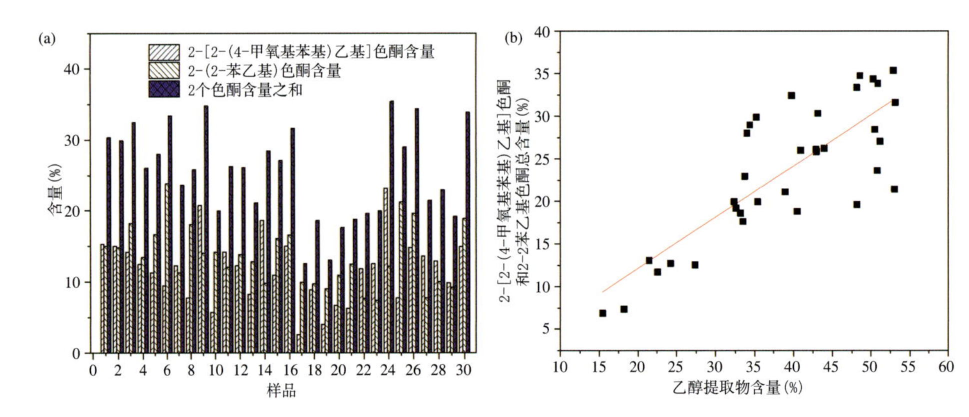

图 5-15　两个关键色酮含量定量 (a) 以及与乙醇提取物含量关系 (b)

综上所述，《绿棋楠（奇楠）沉香》（T/HDCX 001-2021）将栽培奇楠分为特级、一级和合格三个质量等级。各等级应符合表 5-3 的要求。

表 5-3　栽培奇楠质量分级要求

<table>
<tr><th>等级</th><th>感官特征</th><th>沉香乙醇提取物（X）(%)</th><th>2-[2-(4-甲氧基苯基）乙基] 色酮和 2-(2-苯乙基）色酮的总含量 (%)</th></tr>
<tr><td>特级</td><td>质地较均匀，无明显白木</td><td>X ≥ 40.0</td><td rowspan="3">≥ 10.0</td></tr>
<tr><td>一级</td><td>质地较均匀，允许少量白木</td><td>40.0 > X ≥ 30.0</td></tr>
<tr><td>合格</td><td>允许少量白木</td><td>30.0 > X ≥ 20.0</td></tr>
</table>

注：1. 用目测估计白木覆盖的面积与被测样品表面积的百分比高于 95%，即为明显；
2. 用目测估计白木覆盖的面积与被测样品表面积的百分比不高于 20%，即为少量；
3. 特殊要求由供需双方协商确定。

第四节　沉香珠串的鉴别、质量分级方法与解析

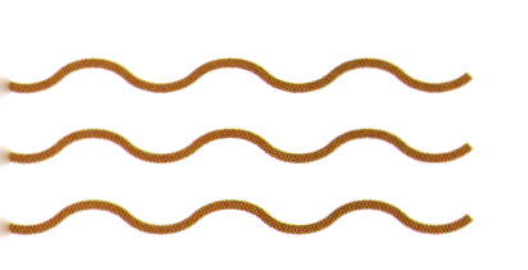

块状沉香，树脂丰富，纹理美观，极具观赏性，多用于制备珠串。尤其栽培奇楠，在室温下香气独特浓郁宜人，制作成圆形、椭圆形、随形、艺术图形等珠串或配饰，深受消费者喜爱，已成为一种时尚，在实体店、电子平台均具有较大的销售规模，有巨大的消费前景。受利益诱惑，市场上出现了沉香珠串品质良莠不齐、造假等现象，这对沉香产业健康发展十分不利。

目前珠串质量分级多采用气味、油脂颜色、串珠大小、沉水与否进行判断，具有很大的随机性和主观性，往往造成纠纷，沉香（包括奇楠）珠串产品相关标准的制定，对于消费者分辨珠串产品质量，具有重要指导作用。本节以沉香珠串标准为例，解析沉香珠串的产品鉴别和质量分级两部分内容。

一、沉香珠串质量鉴别

沉香珠串按材料主要分为两大类：所有的串珠均为沉香的珠串；以沉香串珠为主，配以金、银、玉石等非沉香类材料混搭而成的珠串。按串珠形状可分为圆（球）形沉香珠串和其他形状沉香珠串。本节以栽培奇楠珠串为例，从原辅材料、气味和外观、规格尺寸和偏差对珠串产品质量鉴别进行说明。

1. 原辅材料

沉香串珠原料加工前应清洁，造用无霉变、无明显腐朽木材，不能有拼接，具体串珠的真伪鉴别可参考第五章第一节和第三节内容。混搭的金、银、翡翠、水晶及络绳等材料应符合相关标准的规定，络绳应具有一定坚韧度和弹性。

2. 珠串的气味和外观

前面已经介绍了沉香的鉴别方法，对于珠串产品，在气味和颜色上应和沉香的真伪鉴别保持一致。除此之外，珠串在整体性上应表现为色泽较统一，纹理一致，形状均匀；作为产品，不应有腐朽、虫眼、开裂、孔眼轴心偏斜、孔边有毛刺等瑕疵。

3. 规格尺寸和偏差

对于圆（球）形串珠，其直径（R）市场上主要有 $R \leq 0.8cm$，$0.8cm < R \leq 1.5cm$，$1.5cm < R \leq 2.0cm$，和 $R > 2.0cm$ 尺寸，允许偏差根据基础尺寸大小，分别在 $\pm 0.03cm$、$\pm 0.05cm$、$\pm 0.08cm$ 和 $\pm 0.10cm$ 比较合适。

二、沉香珠串质量分级

沉香珠串的质量等级和其价值密切相关，评测分泌物分布是最直观的等价评价方法，也是衡量沉香珠串的重要指标。对于分泌物丰富、质地较均匀、色差不明显、无明显白木的串珠，应判定为优级。

此外，珠串的整体质量也是评估珠串品质的重要指标。对于圆（球）形串珠，可通过测量直径和质量，评估珠串品质。例如，根据市场上的沉水与否评价，沉水沉香被认为是优级沉香，其密度应 $\geq 1g/cm^3$，而八分沉水的沉香可判定为一级，密度应 $\geq 0.8g/cm^3$，合格沉香珠串的密度应大于白木，且五分沉以上，密度应 $\geqslant 0.55 g/cm^3$，根据这三个理论密度值计算串珠质量，理论质量公式如下：

$$W=\rho\times(4/3)\times\pi\times(D/2)^3\times N$$

式中：W 是理论质量，单位为 g；ρ 是理论密度，单位为 g/cm^3；D 是实测平均直径，单位为 cm；N 是串珠数量。

根据三个等级的理论密度，优级、一级和合格的理论质量应分别 $\geqslant 0.52\times D\times N$，$\geqslant 0.42\times D\times N$，$\geqslant 0.29\times D\times N$（表 5-4）。实际测试发现，未结香白木珠串的质量 $<0.29\times D\times N$。18 份栽培奇楠珠串，1 份高品质样品满足质量 $\geqslant 0.52\times D\times N$，此外还发现，5 颗串珠中 3 颗几乎全部没入水中，另外 2 颗 90% 以上在水面以下，均没有达到沉水级别，可见，串珠密度计算会受内部通孔大小影响，存在误差，因此，对于优级串珠，需同时满足质量和每个串珠沉入水底的要求。

表 5-4　栽培奇楠珠串质量分级要求

项目		优级	一级	合格
分泌物分布		分泌物丰富，质地较均匀，色差不明显；无明显白木	分泌物丰富，质地较均匀，略有色差；无明显白木	分泌物较丰富，分布不均匀，常有色差；允许少量白木
圆（球）形	质量（g / 串）	$\geqslant 0.52\times R^3\times N$	$\geqslant 0.42\times R^3\times N$	$\geqslant 0.29\times R^3\times N$
	水中沉浮	每个串珠沉入水底	/	/
其他形状	水中沉浮	每个串珠沉入水底	串珠体积的大部分（80% 及以上）在水面以下	串珠体积的一半及以上在水面以下

注：R 为圆（球）形珠串中随机抽取的 5 个，或不足 5 个时全部栽培奇楠串珠的平均直径，保留至 0.01cm；N 为珠串中栽培奇楠串珠个数。

对于其他形状的串珠，因较难测量体积、计算理论质量，需根据水中沉浮情况进行分级。其中优级产品，所有串珠逐个检测；其他等级产品，取 5 个串珠逐个检测，不足 5 个时逐个检测。串珠体积的大部分（80% 及以上）在水面以下为一级，串珠体积的一半及以上在水面以下为合格。

以下附上圆（球）形栽培奇楠珠串的质量和尺寸对照表（表 5-5），以供参考。

表 5-5　圆（球）形栽培奇楠珠串的质量（不含络绳）和尺寸对照参考表

基本尺寸（cm）	优级		一级	合格
	单珠（g）	珠串（g）	珠串（g）	珠串（g）
0.60	0.11	12.20（108 个）	9.78 ~ 12.20（108 个）	6.71 ~ 9.78（108 个）
0.80	0.27	28.94（108 个） 5.90（22 个）	23.15 ~ 28.94（108 个） 4.72 ~ 5.90（22 个）	15.92 ~ 23.15（108 个） 3.24 ~ 4.72（22 个）
1.00	0.52	56.52（108 个） 9.4（18 个）	45.22 ~ 56.52（108 个） 7.54 ~ 9.42（18 个）	31.09 ~ 45.22（108 个） 5.18 ~ 7.54（18 个）
1.20	0.90	15.37（17 个）	12.30 ~ 15.37（17 个）	8.46 ~ 12.30（17 个）
1.40	1.44	21.54（15 个）	17.23 ~ 21.54（15 个）	11.85 ~ 17.23（15 个）
1.60	2.14	30.01（14 个）	24.01 ~ 30.01（14 个）	16.50 ~ 24.01（14 个）
1.80	3.05	39.68（13 个）	31.74 ~ 39.68（13 个）	21.82 ~ 31.74（13 个）
2.00	4.19	50.24（12 个）	40.19 ~ 50.24（12 个）	27.63 ~ 40.19（12 个）

第五节　沉香燃香的鉴别、质量分级方法与解析

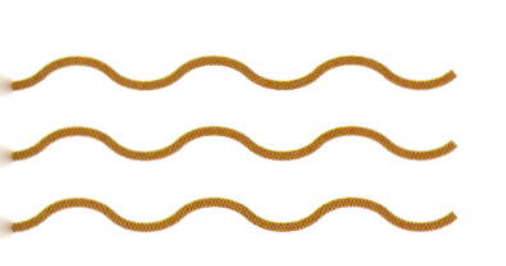

沉香燃香有着源远流长的历史，沉香点燃后，不仅香气怡人，使人内心平静安宁，而且具有清新空气、杀菌、抗病毒的效果，使得沉香燃香深受消费者喜爱，已成为沉香产业极具特色的明星产品。由于沉香燃香的质量好坏直接关系到使用者的身体健康，因此，其产品质量问题，直接关系到沉香产品的经济、社会和健康效益，建立沉香燃香的产品检验方法，对产品进行质量控制和检验，对于促进沉香燃香产业的健康发展至关重要。

目前市场上的沉香燃香产品琳琅满目，按照不同的标准，有多种分类方式。例如，按是否添加植物黏粉可分为含黏粉类和无黏粉类；按形状可分为线香、盘香和一些艺术香；按原料是否含有奇楠可分为沉香纯品类、沉香与奇楠复配类。目前尚没有国家、行业相关标准指导沉香燃香产品的质量控制和检验。本节以沉香燃香企业标准为例，从燃香的沉香特性指标和一般性指标两部分解析沉香燃香产品的质量鉴别，并提出质量分级方法。

一、沉香燃香质量鉴别

1. 沉香特性指标

沉香燃香燃烧时所散发的香气高雅、沉静、清甜、悠扬，能使人心平气和，进入祥和平静的状态。之所有深受消费者喜爱，源于其原料中独特的沉香成分。因此，原料、感官特征和理化特征对于沉香燃香特性的鉴别非常重要。

（1）原料

沉香燃香的原料主要包括沉香和植物黏粉，原料的油脂含量、颗粒度、添加量与燃香的质量有关。燃香制作应使用水分 10.0%，乙醇提取物≥ 10.0%，清洁、无霉变、无明显腐朽的沉香原料，允许含少量白木，但油脂含量的高低决定了沉香燃香的质量好坏。由于过高的粒径会导致沉香燃香表面粗糙，因此粉碎后用于制作燃香的粒径应不大于 0.125μm（120 目）。

植物黏粉一般采用榆树皮粉或楠木皮粉，气味小，具有较好黏接和助燃性能，粒径应不大于 0.125μm（120 目）。线香多含有植物黏粉，添加量大小影响成型性和质量，一般小于 15%；盘香一般植物黏粉的添加量略高；艺术香多不添加植物黏粉，模具高压成型。

由于栽培奇楠油脂含量较高，和沉香复配制作燃香产品时，奇楠添加量应加以控制，过高会导致燃香难以点燃或中途熄灭。

（2）感官特征

市场上的沉香燃香颜色多为土黄色、黄棕色和褐色，色泽均匀，添加奇楠的燃香样品会随着奇楠的添加量增加而呈现较深的颜色。香体粗细均匀，无断裂、变形和缺损。

多数燃香室温下具有明显或浓郁的沉香特征香气，部分样品采用的沉香原料较差，或使用提过精油的原料，室温下不存在沉香特征香气或较弱，点燃后均具有沉香香气，但木质烟味存在显著差异。

（3）理化特征

在沉香燃香理化特征中，最重要的是应检测到沉香的特征成分，因此，需对其倍半萜和色酮成分进行鉴别。根据本章提出的对沉香和奇楠的鉴别方法，燃香中沉香倍半萜类成分鉴别可采用显色反应，应呈樱红色、紫堇色、浅红色或浅紫色。色酮类成分鉴别可采用高效液相色谱法。由于传统沉香和奇楠在成分上的显著差异，只含传统沉香原料的纯品类燃香和传统沉香与奇楠混合使用的复配类燃香，其高效液相特征图谱也存在显著差异。按《中国药典》（2020版）高效液相方法，纯品类沉香燃香的液相特征图谱应呈现6个特征峰，如图5-16a所示；复配类沉香燃香按林业行业标准《沉香质量分级》（LY/T 3223-2020）的高效液相特征图谱分析方法，应呈现8个特征峰，如图5-16b所示。

沉香四醇作为沉香中重要的色酮指标，《中国药典》（2020版）规定其含量≥0.1%，无论是纯品类还是复配类沉香燃香，均含有一定量的传统沉香原料，因此，沉香四醇可作为定量指标，对沉香原料起到鉴别作用，测试14批次市场上纯品类和复配类沉香燃香，沉香四醇含量在0.10%～0.39%，但是，由于奇楠中不含沉香四醇或含量较少，复配类沉香燃香中沉香四醇含量明显低于纯品类，为了防止误判，建议沉香四醇含量≥0.1%只作为纯品类沉香燃香的定量指标。

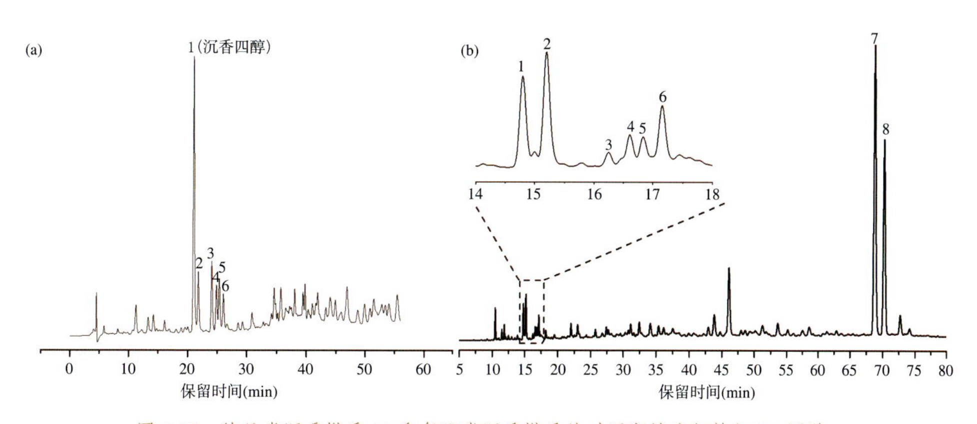

图5-16　纯品类沉香燃香(a)和复配类沉香燃香的对照高效液相特征(b)图谱

另外，水分是影响燃香性能的重要指标，对于南方生产企业，考虑到天气潮湿，水分要求可在沉香和奇楠原料要求的基础上加以放宽。

2. 一般性指标

除沉香特征性指标外，作为燃香产品，沉香燃香应符合燃香类产品的一般性指标，以下对沉香燃香的一般性指标进行解析。

（1）外形及规格

线香的直线度体现产品的均匀性和抗潮能力，取一支香，将直尺边部轻靠线香的最凹处或最凸处，测量直尺边部与线香的最凹处或最凸处间的距离，可计算线香的直线度，沉香线香的直线度一般应小于3%。

平整度和脱圈性是盘香产品的重要指标。合格的盘香，应能穿过间距为8mm的透明玻璃平行卡板。圈体分开时，除连结点外，其他部分均易完整分开，分开后香体不应断裂，视为脱圈性满足要求。

规格尺寸方面，线香一般需测试直径和长度，盘香需测试盘直径和香体直径。目前，市场上沉香燃香直径多为1.2mm、1.5mm、1.8mm和2.0mm，允许偏差为 ±0.15mm；长度多为210mm和105mm，允许偏差分别为 ±10mm和 ±5mm。盘香的盘直径多为47mm和62mm，允许偏差分别为 ±5mm和 ±6mm；香体直径多为2.2mm，允许偏差为 ±0.2mm。除大宗产品外，特殊规格和形状的产品，可由供需双方商定，但允许偏差一般不超过规定尺寸的5%。

（2）燃烧性能

国家标准《燃香类产品安全通用技术条件》（GB 26386-2011）对燃香类产品的燃烧安全性能进行了强制要求，燃烧性能包括燃点时间、使用性能和安全性能。燃点时间测试应取一支（单圈）香，在室温（25±3）℃、相对湿度（65±15）%、无强制对流空气的环境中进行，若产品明示燃点时间，则不应少于明示时间。使用性能是指在室内不通风的条件下点燃燃香至燃尽，中途不应自行熄灭。安全性能是指香体点燃熄灭火焰后，不应再产生可见的火焰。

（3）有害物质限量

国家标准《燃香类产品安全通用技术条件》（GB 26386-2011）对有害物质限量指标的规定包括燃烧后有害物质最大限量和可迁移元素最大限量，且属于强制要求，沉香燃香产品需遵守相关规定。

二、沉香燃香质量分级

感官特征和乙醇提取物是沉香原料质量分级的重要指标，同时也可用于指导沉香燃香的质量分级。燃香的感官特征包括颜色和香气，色深常说明沉香原料树脂含量较高，一般质量较优；好的燃香在室温下即可闻到沉香的特征香气，醇厚自然，点燃后香气更加浓郁，略有木质烟味。如若沉香颜色较浅，且室温下香气弱或无香气，点燃后木质烟味浓，这说明燃香所用原料质量较差，或为提油后残渣所制的劣质香。

沉香燃香的乙醇提取物含量不但包含沉香中的化学成分，还含有黏粉中的提取物成分，分析发现，所检测燃香样品的乙醇提取物含量均大于10%，其中大于20%的占57.1%，大于25%的占28.6%。因此，建议参考沉香乙醇提取物含量和感官特征作为质量分级依据，将沉香燃香分为优级、一级和合格三个等级。各等级应符合表5-6规定。

表5-6　沉香燃香质量分级要求

等级	乙醇提取物（X）(%)	感官特征
优级	X ≥ 25.0	色深，多呈褐色；室温香气明显、醇厚，点燃后香气浓郁，略具木质烟味
一级	25.0 > X ≥ 20.0	色较深，多呈黄棕色；室温香气明显，点燃后香气浓郁，略具木质烟味
合格	20.0 > X ≥ 10.0	色略深，多呈土黄色；室温略具香气，点燃后香气明显，木质烟味略重

参考文献

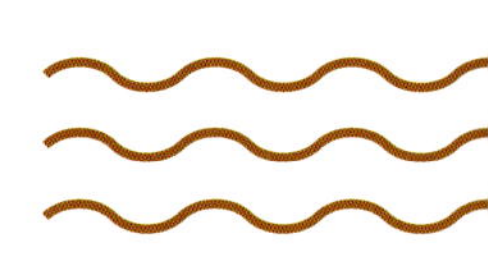

白发平, 靳若宁, 唐硕, 等, 2022. 中药沉香化学成分、药理作用及其应用研究进展[J]. 中国野生植物资源, 41(12): 61-66.

陈细钦, 王灿红, 冯剑, 等, 2022. 6种代表性沉香精油的化学成分及抗氧化、抗炎活性比较分析[J]. 中草药, 53(18): 5720-5730.

陈晓东, 谢明容, 刘少烽, 等, 2015. 镰刀菌诱导结香对白木香倍半萜合成酶基因表达与倍半萜含量的影响研究[J]. 中国药学杂志, 50(21): 1861-1868.

陈晓颖, 高英, 李卫民, 2012. 不同结香方法与国产沉香挥发性化学成分的相关性研究[J]. 中国药房, 23(11): 017-020.

陈晓颖, 黄跃前, 陈玉婵, 等. 沉香挥发性成分与其抗肿瘤活性的灰色关联度分析[J]. 中成药, 2018, 40(1): 224-227.

陈彧, 周国英, 彭江涛, 等. 土沉香优势结香真菌分离筛选及鉴定[J]. 热带林业, 2023, 51(1): 46-51.

陈媛, 晏婷婷, 李汉东, 等. 惠东绿棋楠沉香构造及化学特征分析[J]. 木材科学与技术, 2022, 36(1): 49-56.

陈媛, 晏婷婷, 尚丽丽, 等. 人工诱导结香技术所产沉香的质量评价[J]. 木材工业, 2018, 32(6): 18-22.

冯剑, 侯文成, 陈兰, 等, 2022. 基于《中华人民共和国药典》的奇楠种质产沉香的质量分析与评价[J]. 中国现代中药, 24(3): 432-437.

付跃进, 唐利娜, 陈媛, 等, 2020.基于化学成分分析的沉香质量分级方法[J]. 林产工业, 57(10): 26-30.

弓宝, 王灿红, 王新腾, 等, 2022. 沉香线香燃香吸入助睡眠作用及机制探究[J]. 世界科学技术-中医药现代化, 24(4): 1567-1574.

弓宝, 王灿红, 吴玉兰, 等, 2023. 沉香线香燃香调节多神经递质途径的抗焦虑/抑郁作用及机制[J]. 中国新药杂志, 32(13): 1368-1376.

侯文成, 王灿红, 冯剑, 等, 2019. 通体结香技术产沉香提取物对SD大鼠的慢性毒性研究[J]. 中国药学杂志, 54(23): 1970-1975.

胡泽坤, 2022. 奇楠沉香与传统沉香主要香气成分及生物活性比较研究[D]. 北京: 中国林业科学研究院.

黄国尧, 2016. 沉香香熏改善抑郁状态的临床研究[D]. 济南: 山东中医药大学.

康科星, 戴好富, 王佩, 等, 2017. 柯拉斯那沉香的倍半萜类化学成分研究[J]. 中草药, 48(22): 4601-4607.

雷莉, 张婷, 高东, 等, 2019. 沉香熏香疗法对失眠障碍患者的临床疗效研究[J]. 中风与神经疾病杂志, 36(7): 4.

雷智东, 2015. 沉香抗菌活性成分的研究[D]. 广州: 广东药学院.

李薇, 2014. 白木香与人工打洞沉香的化学成分与生物活性研究[D]. 海口: 海南大学.

梁宇, 孔德文, 周启蒙, 等, 2019. 沉香气体吸入给药通过影响神经递质调节小鼠睡眠的作用研究[J]. 中药药理与临床, 35(6): 71-77.

廖格, 2016. 人工沉香中2-(2-苯乙基)色酮类化合物的分离鉴定与动态变化规律[D]. 海口: 海南大学.

林峰, 梅文莉, 吴娇, 等, 2010. 人工结香法所产沉香挥发性成分的GC-MS分析[J]. 中药材, 33(2): 222-225.

刘高峰, 周再知, 黄桂华, 等, 2023. 氮气诱导土沉香结香及挥发性成分分析[J]. 热带作物学报, 44(3): 638-646.

刘欣怡, 王露露, 袁靖喆, 等, 2022. 栽培奇楠的显微结构研究[J]. 热带作物学报, 43(5): 986-1000.

吕开原, 雷智冬, 刘元瑞, 等, 2020. 沉香的倍半萜类化学成分研究[J]. 中草药, 51(9): 2390-2394.

马华明, 2013. 土沉香[*Aquillaria sinesis* (Lour.) *Gilg*]结香机制的研究[D]. 北京: 中国林业科学研究院.

梅文莉, 左文健, 杨德兰, 等, 2013. 沉香结香机理、人工结香及其化学成分研究进展[J]. 热带作物学报, 34(12): 2513-2520.

邱聪花, 2023. 沉香HPLC指纹图谱研究[J]. 中成药, 45(6): 2049-2053.

上官京, 2022. 同时蒸馏萃取法提取不同结香方法所得沉香精油的成分分析[J]. 福建分析测试, 31(5): 17-21.

尚丽丽, 陈媛, 晏婷婷, 等, 2018. 沉香高效液相特征图谱[J]. 林业科学, 54(7): 104-111.
田浩, 董文化, 王昊, 等, 2019. 一种国外沉香中2-(2-苯乙基)色酮类化合物研究[J]. 热带作物学报, 40(8): 1626-1632.
王灿红, 弓宝, 刘洋洋, 等, 2021. 通体结香技术产沉香的镇痛抗炎作用研究[J]. 生物资源, 43(4): 363-369.
王灿红, 彭德乾, 刘洋洋, 等, 2021. 沉香醇提物对哮喘小鼠的平喘作用及其机制研究[J]. 中国中药杂志, 46(16): 4214-4221.
王灿红, 王帅, 彭德乾, 等, 2019. 沉香挥发油成分-靶点预测研究[J]. 中国药学杂志, 54(23): 1958-1964.
王东光, 2016.. 白木香结香促进技术研究[D]. 北京: 中国林业科学研究院.
王浩楠, 2020. 沉香挥发油对氧化损伤经元GABA及$GABA_A$受体基因表达的影响[D]. 广州: 广州中医药大学.
王帅, 周岳, 马富超, 等, 2016. 通体沉香对小鼠催眠和自主活动抑制作用[J]. 国际药学研究杂志, 43(6): 1082-1087.
魏建和, 杨云, 张争, 等, 2010. 输液法在白木香树上生产沉香的方法[P]. CN 101755629B.
吴玉兰, 弓宝, 刘洋洋, 等, 2023. 沉香香粉熏香吸入促睡眠作用及机制研究[J]. 中国现代中药, 25(1): 83-89.
向盼, 曾艳波, 梅文莉, 等, 2017. 人工打洞沉香的化学成分及生物活性研究[J]. 中药材, 40(10): 2339-2343.
熊礼燕, 李丽月, 林励, 等, 2014. 沉香挥发油对H_2O_2致PC12细胞氧化损伤的保护作用[J]. 中药新药与临床药理, 25(1): 28-32.
徐亦曾, 王琛, 2023. 基于网络药理学与分子对接探讨沉香治疗缺氧性肾损伤的作用机制[J]. 中国中西医结合肾病杂志, 24(1): 42-46.
杨峻山, 陈玉武, 1983. 国产沉香化学成分的研究Ⅰ. 白木香酸和白木香醛的分离和结构测定[J]. 药学学报 (3): 191-198.
姚诚, 董继晶, 李懿柔, 等, 2021. 不同结香方法所得沉香的抗炎镇痛作用比较研究[J]. 中药与临床, 12(4): 27-30.
叶海燕, 2023. 3种人工结香的沉香质量分析[J]. 福建林业科技, 50(1): 23-30.
张航, 马家乐, 昝妮利, 等, 2022. 沉香中倍半萜类化学成分研究[J]. 中国中药杂志, 47(16): 4385-4390.
张静斐, 吴惠勤, 黄晓兰, 等, 2018. 3种人工结香方法所得沉香挥发性成分的SPME/GC-MS分析[J]. 分析测试学报, 37(1): 10-16.
张琳, 王昊, 董文化, 等, 2023. 栽培奇楠沉香化学成分及其抗炎活性研究[J]. 中草药, 54(3):

695-703.

张鹏, 薛世玉, 李小飞, 等, 2022. 白木香响应真菌侵染与机械损伤胁迫的生理机制[J]. 林业科学研究, 35(3): 47-54.

张兴丽, 2013. 伤害诱导的白木香防御反应与沉香形成的关系研究[D]. 北京: 北京林业大学.

中华人民共和国药典委员会, 2020. 中华人民共和国药典[S]. 北京: 中国医药科技出版社.

AHN S, MA C T, CHOI J M, et al. 2019. Adiponectin-secretion-promoting phenylethylchromones from the agarwood of *Aquilaria malaccensis*[J]. Journal of natural products, 82(2): 259-264.

CASTRO K P, ITO M, 2021 Individual and combined inhalational sedative effects in mice of low molecular weight aromatic compounds found in agarwood aroma[J]. Molecules, 26(5): 1320.

DAHHAM S S, HASSAN L E A, AHAMED M B K, et al., 2016 In vivo toxicity and antitumor activity of essential oils extract from agarwood (*Aquilaria crassna*)[J]. BMC complementary and alternative medicine, 16(1): 1-11.

DAHHAM S S, TABANA Y M, IQBAL M A, et al., 2015 The anticancer, antioxidant and antimicrobial properties of the sesquiterpene *β*-caryophyllene from the essential oil of *Aquilaria crassna*[J]. Molecules, 20(7): 11808-11829.

GAO X L, 2019 Anti-inflammatory effect of Chinese agarwood essential oil via inhibiting p-STAT3 and IL-1*β*/IL-6[J]. Chinese Pharmaceutical Journal, 1951-1957.

GOGOI R, SARMA N, BEGUM T, et al., 2023 Agarwood (*Aquilaria malaccensis* L.) a quality fragrant and medicinally significant plant based essential oil with pharmacological potentials and genotoxicity[J]. Industrial Crops and Products.

GUO J, WANG W, FANG H, et al. 2002. Agarofuan derivatives, their preparation, pharmaceutical composition containing them and their use as medicine: U.S. Patent 6, 486, 201[P].

HASHIM Y Z H Y, PHIRDAOUS A, AZURA A., 2014 Screening of anticancer activity from agarwood essential oil[J]. Pharmacognosy research, 6(3): 191-193.

HUO H X, ZHU Z X, PANG D R, et al., 2015 Anti-neuroinflammatory sesquiterpenes from Chinese eaglewood[J]. Fitoterapia, 106: 115-121.

INOUE E, SHIMIZU Y, MASUI R, et al., 2016 Agarwood inhibits histamine release from rat mast cells and reduces scratching behavior in mice: effect of agarwood on histamine release and scratching behavior[J]. Journal of Pharmacopuncture, 19(3): 239-245.

JIANG Z, MOU J, FENG J, et al., 2024. Comparative Analysis of Volatile Components in Chi-Nan and Ordinary Agarwood Aromatherapies: Implications for Sleep Improvement[J].

Pharmaceuticals, 17(9): 1196.

LI C G, PAN L, HAN Z Z, et al., 2020 Antioxidative 2-(2-phenylethyl)chromones in Chinese eaglewood from *Aquilaria sinensis*[J]. Journal of Asian Natural Products Research, 22(7): 639-646.

LIAO G, MEI W L, DONG W, et al., 2016 2-(2-Phenylethyl) chromone derivatives in artificial agarwood from *Aquilaria sinensis*[J]. Fitoterapia, 110: 38-43.

LIU Y Y, CHEN D L, YU Z X, et al., 2020 New 2-(2-phenylethyl)chromone derivatives from agarwood and their inhibitory effects on tumor cells[J]. Natural product research, 34(12): 1721-1727.

MA S, YAN T, CHEN Y, et al., 2024. Chemical composition and bioactivity variability of two-step extracts derived from traditional and "QiNan" agarwood (*Aquilaria spp.*)[J]. Fitoterapia, 176: 106012.

MI C N, MEI W L, WANG H, et al., 2019 Four new guaiane sesquiterpenoids from agarwood of *Aquilaria filaria*[J]. Fitoterapia, 135: 79-84.

OKUGAWA H, UEDA R, MATSUMOTO K, et al., 1996 Effect of jinkoh-eremol and agarospirol from agarwood on the central nervous system in mice[J]. Planta Medica, 62 (1): 2-6.

OKUGAWA H, UEDA R, MATSUMOTO K, et al., 2000 Effects of sesquiterpenoids from "Oriental incenses" on acetic acid-induced writhing and D2 and 5-HT2A receptors in rat brain[J]. Phytomedicine, 7(5): 417-422.

SHIBATA S, SUGIYAMA T, UEKUSA Y, et al., 2020 Five new 2-(2-phenylethyl)chromone derivatives from agarwood[J]. Journal of natural medicines, 74(3): 561-570.

SUGIYAMA T, NARUKAWA Y, SHIBATA S, et al., 2018 Three new 5, 6, 7, 8-tetrahydroxy-5, 6, 7, 8-tetrahydrochromone derivatives enantiomeric to agarotetrol from agarwood[J]. Journal of natural medicines, 72(3): 667-674.

TAKEMOTO H, ITO M, SHIRAKI T, et al., 2008 Sedative effects of vapor inhalation of agarwood oil and spikenard extract and identification of their active components[J]. Journal of natural medicines, 62: 41-46.

WANG M R, LI W, LUO S, et al., 2018 GC-MS study of the chemical components of different *Aquilaria sinensis* (lour.) gilgorgans and agarwood from different asian countries[J]. Molecules, 23(9): 2168.

WANG S L, LIAO H R, CHENG M J, et al., 2018 Four new 2-(2-phenylethyl)-4H-chromen-4-one derivatives from the resinous wood of *Aquilaria sinensis* and their inhibitory activities on neutrophil pro-inflammatory responses[J]. Planta Medica, 84(18): 1340-1347.

WANG S L, TSAI Y C, FU S L, et al., 2018 2-(2-Phenylethyl)-4 H-chromen-4-one derivatives from the resinous wood of *Aquilaria sinensis* with anti-Inflammatory effects in LPS-induced Macrophages[J]. Molecules, 23(2): 289.

WANG S, WANG C, YU Z, et al., 2018 Agarwood essential oil ameliorates restrain stress-induced anxiety and depression by inhibiting HPA axis hyperactivity[J]. International journal of molecular sciences, 19(11): 3468.

XIANG P, CHEN H, CAI C, et al., 2020 Six new dimeric 2-(2-phenylethyl)chromones from artificial agarwood of *Aquilaria sinensis*[J]. Fitoterapia, 142: 104542.

XIE Y, SONG L, LI C, et al., 2021 Eudesmane-type and agarospirane-type sesquiterpenes from agarwood of *Aquilaria* agallocha[J]. Phytochemistry, 192: 112920.

YADAV K D, MUDGAL V, AGRAWAL J, et al., 2013 Molecular docking and ADME studies of natural compounds of agarwood oil for topical anti-inflammatory activity[J]. Current computer-aided drug design, 9(3): 360-370.

YANG D L, LI W, DONG W H, et al., 2016 Five new 5, 11-epoxyguaiane sesquiterpenes in agarwood "Qi-Nan" from *Aquilaria sinensis*[J]. Fitoterapia, 112: 191-196.

YANG L, QIAO L, XIE D, et al., 2012 2-(2-Phenylethyl)chromones from Chinese eaglewood[J]. Phytochemistry, 76: 92-97.

YANG L, QIAO L R, ZHANG J J, et al., 2012 Two new sesquiterpene derivatives from Chinese eaglewood[J]. Journal of Asian natural products research, 14(11): 1054-1058.

YANG Y, MEI W L, KONG F D, et al., 2017 Four new bi-2-(2-phenylethyl)chromone derivatives of agarwood from *Aquilaria crassna*[J]. Fitoterapia, 119: 20-25.

YANG Y L, LI W, WANG H, et al., 2019 New tricyclic prezizaane sesquiterpenoids from agarwood[J]. Fitoterapia, 138: 104301.

YAN T, MA S, CHEN Y, et al., 2024. The odorants profiles and bioactivities of agarwood essential oils from two germplasm of Aquilaria sinensis trees by different extraction methods[J]. Industrial Crops and Products, 216: 118719.

YU Z, WANG C, ZHENG W, et al., 2020 Anti-inflammatory 5,6,7,8-tetrahydro-2-(2-phenylethyl) chromones from agarwood of *Aquilaria sinensis*[J]. Bioorganic Chemistry, 99: 103789.

ZHAO Y M, YANG L, DONG W H, et al., 2019 Three new 2-(2-phenylethyl)chromone derivatives from agarwood of *Aquilaria crassna* Pierre ex Lecomte (Thymelaeaceae) in Laos[J]. Phytochemistry Letters, 32: 134-137.

YAN T, HU Z, CHEN Y, et al., 2023 The key odor-active components differed in cultured agarwood from two germplasms of *Aquilaria. sinensis* trees[J]. Industrial Crops and Products,

194: 116185.

CHEN H, YANG Y, XUE J, et al., 2011 Comparison of compositions and antimicrobial activities of essential oils from chemically stimulated agarwood, wild agarwood and healthy *Aquilaria sinensis* (Lour.) gilg trees. Molecules, 16(6): 4884-4896.

CHEN X, LIU Y, YANG Y, et al., 2018 Trunk surface agarwood-inducing technique with *Rigidoporus vinctus*: An efficient novel method for agarwood production[J]. Plos One,13(6): e198111.

CHHIPA H, DESHMUKH S K., 2019 Diversity of endophytic fungi and their role in artificial agarwood production in *Aquilaria* tree[M]. Springer, Singapore, 479-494.

CUI J L, GUO S X, SHAOBIN F U, et al., 2013 Effects of inoculating fungi on agilawood formation in *Aquilaria sinensis*[J]. Chinese Science Bulletin, 58(26): 3280-3287.

DAS A, BEGUM K, AKHTAR S, et al., 2023 Genome-wide investigation of Cytochrome P450 superfamily of *Aquilaria agallocha*: Association with terpenoids and phenylpropanoids biosynthesis[J]. International Journal of Biological Macromolecules, 234: 123758.

LIU J, LI T, CHEN T, GAO J, et al., 2022 Integrating multiple omics identifies *Phaeoacremonium rubrigenum* acting as *Aquilaria sinensis* marker fungus to promote agarwood sesquiterpene accumulation by inducing plant host phosphorylation[J]. Microbiol Spectr, 10(4): e0272221

LIU Y, CHEN H, YUN Y, et al., 2013 Whole-tree agarwood-inducing technique: an efficient novel technique for producing high-quality agarwood in cultivated *Aquilaria sinensis* Trees[J]. Molecules,18(3): 3086-3106.

LIU P, ZHANG X, YANG Y, et al., 2019 Interxylary phloem and xylem rays are the structural foundation of agarwood resin formation in the stems of *Aquilaria sinensis*[J]. Trees, 33(2): 533-542.

MA S, HUANG M, FU Y, et al., 2023 How closely does induced agarwood's biological activity resemble that of wild agarwood[J] Molecules, 28(7): 2922.

MA Y, RAN J, LI G, et al., 2023 Revealing the Roles of the JAZ Family in Defense Signaling and the Agarwood Formation Process in *Aquilaria sinensis*[J]. International Journal of Molecular Sciences, 24(12): 9872.

TAN C S, ISA N M, ISMAIL I, et al., 2019 Agarwood induction: current developments and future perspectives[J]. Frontiers in plant science, 10: 122.

TIAN C, WU A, YAO C, et al., 2021 UHPLC-QTOF-MS based metabolite profiling analysis and the correlation with biological properties of wild and artificial agarwood[J]. Journal of

Pharmaceutical and Biomedical Analysis, 194: 113782.

WANG Y, HUSSAIN M, AN X, et al., 2022 Assessing the bacterial communities composition from differently treated agarwood via 16S rRNA gene metabarcoding[J]. Life, 12(11): 1697.

XU J, DU R, WANG Y, et al., 2023 RNA-sequencing reveals the involvement of sesquiterpene biosynthesis genes and transcription factors during an early response to mechanical wounding of *Aquilaria sinensis*[J]. Genes, 14(2): 464.

ZHANG X L, LIU Y Y, WEI J H, et al., 2012 Production of high-quality agarwood in *Aquilaria sinensis* trees via whole-tree agarwood-induction technology[J]. Chinese Chemical Letters, 23(6): 727-730.

CHEN Y, YAN T, ZHANG Y, et al., 2020 Characterization of the incense ingredients of cultivated grafting Kynam by TG-FTIR and HS-GC-MS[J]. Fitoterapia, 142: 104493.

KANG Y, LIU P, LV F, et al., 2022 Genetic relationship and source species identification of 58 Qi-Nan germplasms of *Aquilaria* species in China that easily form agarwood[J]. Plos One, 17(6): e0270167.

KAO W Y, HSIANG C Y, HO S C, et al., 2021 Novel serotonin-boosting effect of incense smoke from Kynam agarwood in mice: the involvement of multiple neuroactive pathways[J]. Journal of Ethnopharmacology, 114069.

LI X, CUI Z, LIU X, et al., 2022 Comparative morphological, anatomical and physiological analyses explain the difference of wounding-induced agarwood formation between ordinary agarwood nongrafted plants and five grafted Qi-Nan clones (*Aquilaria sinensis*)[J]. Forests, 13: 1618.

YANG L, YANG J L, DONG W H, et al., 2021 The characteristic fragrant sesquiterpenes and 2-(2-phenylethyl) chromones in wild and cultivated “Qi-Nan” agarwood[J]. Molecules, 26(2): 436.

ZHANG P, LI X, CUI Z, et al., 2022 Morphological, physiological, biochemical and molecular analyses reveal wounding-induced agarwood formation mechanism in two types of *Aquilaria sinensis* (Lour.) Spreng[J]. Industrial Crops and Products, 178: 114603.